促进企业环保投资行为研究

——基于内部控制视角

杨柳◎著

Research on Promoting Enterprise Environmental Protection Investment Behaviors

Based on Internal Control Perspective

中国社会科学出版社

图书在版编目（CIP）数据

促进企业环保投资行为研究：基于内部控制视角 / 杨柳著．—北京：中国社会科学出版社，2023.5

ISBN 978-7-5227-2104-0

Ⅰ．①促…　Ⅱ．①杨…　Ⅲ．①企业环境管理—环保投资—研究　Ⅳ．①X196

中国国家版本馆 CIP 数据核字（2023）第 112729 号

出 版 人　赵剑英
责任编辑　黄　晗
责任校对　王玉静
责任印制　王　超

出　　版　中国社会科学出版社
社　　址　北京鼓楼西大街甲 158 号
邮　　编　100720
网　　址　http://www.csspw.cn
发 行 部　010-84083685
门 市 部　010-84029450
经　　销　新华书店及其他书店

印　　刷　北京君升印刷有限公司
装　　订　廊坊市广阳区广增装订厂
版　　次　2023 年 5 月第 1 版
印　　次　2023 年 5 月第 1 次印刷

开　　本　710×1000　1/16
印　　张　19.5
字　　数　320 千字
定　　价　98.00 元

凡购买中国社会科学出版社图书，如有质量问题请与本社营销中心联系调换
电话：010-84083683
版权所有　侵权必究

前　　言

绿色发展已经成为当今世界潮流，代表着当今时代科技革命和产业变革的方向，代表着人民对美好生活的向往和人类社会文明进步的方向。党的十八大以来，以习近平同志为核心的党中央高度重视生态文明建设和生态环境保护，将生态文明建设纳入中国特色社会主义事业“五位一体”总体布局和“四个全面”战略布局，中国政府开展了一系列新理念、新思想、新战略，推动着生态环境质量持续改善。中国生态文明建设挑战重重，压力巨大，矛盾突出，形势严峻。随着“双碳”目标的提出，改变污染性的经济结构迫在眉睫，而改变经济结构的主要抓手是改变投资结构，增加环保投资。由于外部性无法内生化，环保项目往往收益不足，回报率低于市场要求的回报率，企业对环保投资的认识更多地表现在对外部压力的反应，尚未将其作为企业战略管理中的主动行为，更未将环保投资作为实现价值创造不可或缺的行动。因此中国政府持续加大环保投资力度，然而中国每年的环保投资需求约为 4 万亿元，中央和地方政府的环保投资资金仅占 10%。由于实现“双碳”目标是一场广泛而深刻的经济社会系统性变革，而不是一个单纯的专业问题，需要企业在内的利益相关者共同参与，充分调动企业环保投资行为的积极性是提高环境保护投资效率和效果的有效途径，企业主动环保投资将有助于加快推动绿色低碳发展目标的实现。

本书共分为八章，首先采用规范分析方法对中国环境保护制度背景、理论基础与国内外文献进行梳理，明确本书的研究问题。其次采用定量与定性相结合的方法，在探究中国上市企业环保投资行为特点和问题的基础上，从内部控制要素出发，结合了企业社会责任三领域模型、利益相关者理论、制度理论、资源基础观、高阶理论等多重理论，构建内部控制对企业环保投资影响及其经济后果的理论分析框架。再次采用最小二乘法、固定效应模型、TOBIT 模型、工具变量法、Heckman 两阶段模型、Logit 模型、调节效应模型、中介效应模型等实证研究方法，利用 2007—2018 年中国 A 股上市公司数据分析内部控制要素对企业环保投资的影响及其经济后果。另外，为了实现更加深入研究且具有较高实际应用价值的结果目标，本书根据制度战略观和内容特征对企业环保投资进行分类，将企业环保投资细分为企业前瞻性环保投资和企业治理性环保投资两类做进一步实证研究。最后在理论分析和实证分析的基础上，结合国家战略方针和政策，从政策制定者、公众、企业层面提出协调组织内外部因素与企业环保投资行为关系的具体政策建议：强化政府在环境治理中的引导者与监督者角色，强化公众自身环保理念、责任感与监督行为，强化企业内部控制对其环保投资主体责任的促进作用，重视企业内部控制对其环保投资绩效的积极影响，将对促进企业主动承担环保责任发挥积极作用。本书的研究丰富了企业投资在绿色化层面的理论文献，同时有助于促进以政府为主导、企业为主体、公众共同参与环境治理体系的构建。

目　录

第一章 绪论

第一节 研究背景

改革开放40多年来，虽然中国经济稳定高速增长，但是环境污染问题日渐突出。2005年国务院发布的《关于落实科学发展观加强环境保护的决定》提出“经济、社会发展与环境保护相协调”，把环境保护摆在更加重要的战略位置。2015年党的十八届五中全会提出了创新、协调、绿色、开放、共享的新发展理念，把绿色发展作为中国经济社会发展的基本理念。2017年党的十九大报告提出中国特色社会主义进入了新时代，将绿色发展置于突出位置，拉开了绿色发展新时代的序幕，这意味着传统粗放型经济发展模式向绿色经济发展模式转变。2020年9月中国政府明确提出2030年“碳达峰”与2060年“碳中和”目标。改变污染性的经济结构是实现“双碳”目标的办法，而通过增加环保投资改变投资结构是改变经济结构的主要抓手。由图1-1可知，为了实现环保战略目标，中国政府持续加大环保投资力度。其中，2018年全国环境污染治理投资总额为8987.6亿元，占GDP的1.0%，占全社会固定资产投资总额的1.4%；2019年全国环境污染治理投资总额为9151.9亿元，占GDP的0.9%，占全社会固定资产投资总额的1.6%；2020年全国环境污染治理投资总额为10638.9亿元，占GDP的1%，占全社会固定资产投资总额的2.0%①。然而，中国每年的环保投资需求约为4万亿元，中国中央和地方政府的环保投资资金仅占10%。可见，中国环保投资需求和实际投入的资金缺口仍然很大。现阶段，中国环保投资结构以政府投资为主，而政

① 数据来源于中国生态环境部发布的各年《中国生态环境统计年报》，https：//www.mee.gov.cn/hjzl/sthjzk/sthjtjnb/。

府环保投资是有限的，单纯依靠政府环保投资，忽视市场机制和社会机制，不仅造成环境保护投资效率总体偏低，提升速度缓慢，也不利于形成环保投资的内生增长机制。[①] 因此，中国亟须调动企业环保投资的积极性满足环保投资的需求。

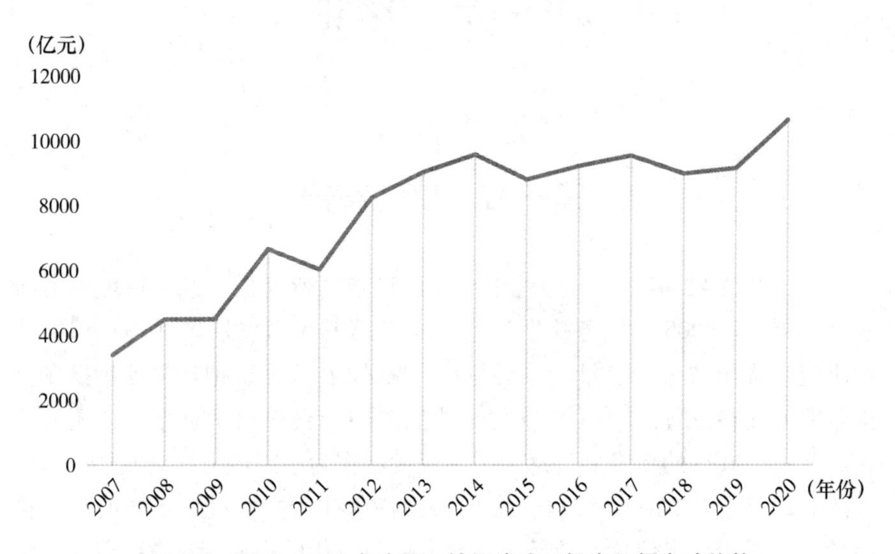

图1－1　2007—2020年中国环境污染治理投资总额变动趋势

实际上，中国80%左右的污染是由企业的生产经营活动造成的，“蓝藻危机”“镉污染”“铜酸水渗漏”“血铅超标”“铬废料堆积成城市毒瘤”等一系列水污染、空气污染、固废处理不当等重大环境污染事件均与企业环境管理不善有关，环境质量引起了社会的普遍关注。“人民日益增长的物质文化需要”转变为“人民日益增长的美好生活需要”，人们不满足于企业仅仅提供一般产品和服务，更期待着企业主动承担环保责任，从源头上控制环境污染。人们期待着享有绿色产品的同时，拥有绿水蓝天。随着环境保护战略地位不断提升，政府和公众对企业落实环保责任的要求更高更严。企业不仅是市场主体，也是污染的生产者，理应承担环境保护责任。环保投资是企业履行环保责任，防污、治污，从而控制不断恶化的环境问题，改善企业环境质量的重要手段。

---

① 陈鹏、逯元堂、程亮、冯恺：《环境保护投资的管理创新与绩效评价研究》，《中国人口·资源与环境》2012年第22期。

第二节　研究目的与意义

一　研究目的

环境资源作为公共产品，具有消费的非排他性、非竞争性等特点，这使得环境资源在使用过程中存在普遍的“搭便车”现象，导致环境资源过度利用，环境污染问题凸显。促进企业履行环保责任，离不开政府的强制性监管。但政府干预行为本身存在局限性，经常出现政府干预不足或是政府干预过度的“政府失灵”现象。可见，单纯依靠政府监管是不够的。

唯物辩证法认为矛盾是事物发展的动力和源泉，内因是事物发展的根本原因，外因是事物发展的必要条件，外因通过内因而起作用。在企业绿色发展问题上，企业组织、社区群众、政府强制措施和优惠措施等外部因素是企业环保投资行为的外因，将加速或延缓企业绿色发展进程，但不管外因的作用有多大，都必须通过内因才能起作用，因此企业要独立自主、自力更生，发挥或开发企业自身优势，主动出击获取绿色竞争力，在企业环保投资与经营目标矛盾中寻求实现企业双赢的路径。本书在探究中国企业环保投资行为特点和问题的基础上，从组织内部出发，深挖企业环保投资的影响因素和实现企业环保投资绩效的路径，为中国实现绿色发展目标提供理论和现实依据。

二　研究意义

（一）理论意义

1. 丰富绿色发展理论

本书根据 Schwartz 和 Carroll（2003）[①] 提出的企业社会责任三领域理论模型，结合利益相关者理论、制度理论、资源基础观、高阶理论，基于中国国情，构建基于内部控制视角的企业环保投资影响因素和经济后果的理论分析框架，使相关理论在企业投资行为绿色化层面上得以结合和拓展，综合性、系统性的研究弥补了过去相关研究的局限性，在丰富既有文

① Schwartz M. S.，Carroll A. B.，“Corporate Social Responsibility: A Three-Domain Approach”，*Business Ethics Quarterly*，Vol. 13，No. 4，2003，pp. 503 – 530.

献的同时，推动相关学科的发展。

2. 深化企业环保投资的影响因素研究

本书基于内部控制视角，深挖企业异质性因素，从企业制度响应、履行道德责任、经济追求三个方面研究组织内外部因素对企业环保投资行为影响和实现路径。另外，将企业环保投资行为按照一定原则细分为企业前瞻性环保投资和治理性环保投资，研究组织内外部因素对企业不同类型环保投资的不同影响和实现路径，使企业环保投资行为研究更加深入。

3. 拓展实现企业环保投资绩效的路径研究

本书从内部控制视角着重研究了董事会治理对企业环保投资和环境绩效的影响，明确了董事会治理因素通过企业环保投资实现环境绩效的路径。另外，本书研究了内部控制质量通过企业环保投资实现经济绩效的路径，使企业环保投资经济后果的研究更为丰富。

（二）实践意义

1. 为政府制定相关政策提供依据

在“十三五”规划中明确提出了生态环境质量总体改善的主要目标，本书的研究结论有利于政府明确企业不同类型环保投资行为关键的内外部影响因素，这既为政府正确指导和有效促进企业环保投资行为发展提供新借鉴，也为构建政府为主导、企业为主体和公众共同参与的环境治理体系提供新思路，更为政府解决“人民日益增长的美好生活需要同不平衡不充分发展之间的矛盾”提供新方法。

2. 为企业提高绿色发展能力提供依据

深入研究企业环保投资行为的实现机制，有利于企业加强内部治理，促进企业调动积极性，利用或培养自身优势获取绿色竞争力的先机，为实现环保绩效和经济绩效双赢提供新思路。也有利于调动全社会的力量，从外部监督的角度促进企业环保投资行为，实现企业环保投资的长效机制。

第三节　研究内容与思路

一　研究内容

（一）理论研究

第一章为绪论。该部分介绍本书的研究背景、研究目的与意义、研究内容与思路、研究方法与创新及贡献。通过对中国环保战略转变历程、经济发展与环境污染投资现状分析，发现中国环保投资一直以政府环保投资为主，缺乏环保投资的内生增长机制。因此，充分调动企业环保投资行为的积极性是提高环境保护投资效率和效果的有效途径。结合中国特殊的政治、经济、文化背景去探讨内部控制因素对企业环保投资的影响机制以及企业环保投资绩效实现路径，是一个非常重要但又未得到足够研究的问题。

第二章为文献综述与理论基础。在文献综述方面，本书从企业环保投资的影响因素与经济后果两方面对现有文献进行梳理。首先，将企业环保投资的影响因素分为三个方面进行回顾：一是基于合法性视角，研究环境规制对企业环保投资的影响；二是基于利益相关者视角，研究利益相关者（消费者、社会公众、供应商、竞争者）对企业环保投资的影响；三是基于组织内部特征，研究高管、环境管理系统及其他内部因素对企业环保投资的影响。其次，将企业环保投资对企业绩效的影响按照不同的研究结论进行梳理。最后，从研究领域、研究重点、研究方法三个方面对国内外研究文献进行评述。在理论基础方面，本章围绕企业环保投资影响因素及绩效阐述相关理论，分别分析了制度理论、资源基础观、利益相关者和高阶理论的内涵和基本形式，为本书研究奠定理论基础。

第三章为中国环境管理制度的发展历程与内容。由于企业环保投资决策在很大程度上受到国家环保战略、政策、法律法规的影响，本书有必要对中国的环境保护战略、政策与法律法规的发展历程进行概述。一方面，由于环保部门通常根据国家五年计划来制定环境保护的方针、政策和法律法规，因此本章按照每两个五年计划的时间间隔将中国的环境保护制度历程划分为六个阶段，以此来分析中国环境保护发展问题的历史沿革。另一方面，从环境保护财税制度、政府和企业环境信息披露制度、企业社会责任指引及其他相关制度三个方面分析影响企业环保投资行为的具体制度。

第四章为企业环保投资的概念界定与发展现状分析。第一，明确企业环保投资的定义。根据主要目的原则和资本化原则界定企业环保投资的定义。第二，明确企业环保投资统计原则。根据确定性原则和一致性原则对企业环保投资进行统计。第三，明确企业环保投资的分类。根据分类的理论依据和内容特征，将企业环保投资进一步细分为企业前瞻性环保投资和企业治理性环保投资两类。第四，明确企业环保投资的分类特征和分布特征。使用 Kruskal-Wallis H 检验、Mann-Whitney U 检验和 Kolmogorov-Smirnov Z 检验等方法对中国上市公司企业环保投资的分类特征和分布特征进行非参数检验与参数检验，突出不同行业、不同地区、不同经济发展水平、不同环境管制强度、不同生命周期阶段和不同产权性质下企业环保投资的分类特征和分布特征。

第五章为内部控制对企业环保投资影响及其经济后果的理论分析。本书在阐述内部控制定义及要素基础上，根据企业社会责任三领域理论模型，结合利益相关者理论、制度理论、资源基础观、高阶理论，基于中国国情，构建基于内部控制视角的企业环保投资影响因素和经济后果的理论分析框架，使相关理论在企业投资行为绿色化层面上得以结合和拓展，为后续的实证研究奠定理论基础。

（二）实证研究

第六章为基于内部控制视角的企业环保投资影响因素实证研究。本章具体分为三节，分别围绕企业环保投资的制度动机、道德动机、经济动机，并结合企业内部控制要素中的异质性因素，深入分析了内部控制中的异质性因素对组织内外部因素与企业环保投资关系的调节作用。首先，实证分析了 CEO 两职合一对政府监管与企业环保投资关系的调节作用。其次，实证分析了企业绿色形象对公众环境关注度与企业环保投资关系的调节作用。最后，实证分析了环境管理成熟度对松弛资源与企业环保投资关系的调节作用，以及在不同生命周期阶段环境管理成熟度对松弛资源与企业环保投资关系的不同调节作用。

第六章第一节为政府监管、CEO 两职合一与企业环保投资。根据 Schwartz 和 Carroll（2003）[①] 对制度层面的定义认为，制度压力是企业环保行为的主要推动力。政府监管过程中使政府与企业之间产生信息不对称，增加企业不确定性风险，两职合一有利于 CEO 利用信息优势快速做出投资决策，从而影响企业环保投资行为。本节运用 OLS 回归模型和调节效应模型，从单维构念和多维构念的双重视角实证研究政府监管对企业环保投资规模的影响，以及 CEO 两职合一对政府监管强度与企业环保投

① Schwartz M. S., Carroll A. B., "Corporate Social Responsibility: A Three-Domain Approach", *Business Ethics Quarterly*, Vol. 13, No. 4, 2003, pp. 503 – 530.

资规模关系的调节作用（见图1-2）。

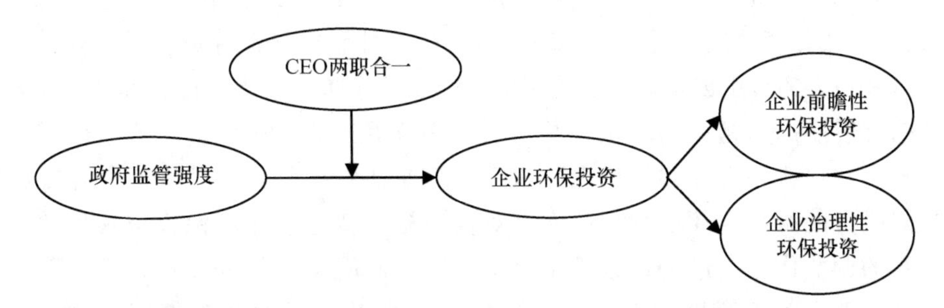

图1-2　政府监管强度、CEO两职合一与企业环保投资关系

第六章第二节为公众环境关注度、绿色形象与企业环保投资。根据Schwartz和Carroll（2003）① 对道德层面的定义认为，一般人群和利益相关者对企业道德责任的期望。随着公众环保意识的增强，公众逐渐形成了环保道德规范标准，公众可以通过监督市场行为关注企业环保责任履行情况，企业为了达到公众的道德规范标准考虑是否开展环保投资行为。另外，企业树立绿色形象有助于向公众传递企业承担环保责任信息，进一步调节公众关注度与企业环保投资之间的关系。因此，本节运用Logit模型实证研究影响企业环保投资概率的内外部因素，为构建模型提供依据。运用OLS回归模型和调节效应模型，从单维构念和多维构念的双重视角实证研究公众关注度对企业环保投资行为的影响，以及绿色形象对公众关注度和企业环保投资关系的调节作用（见图1-3）。

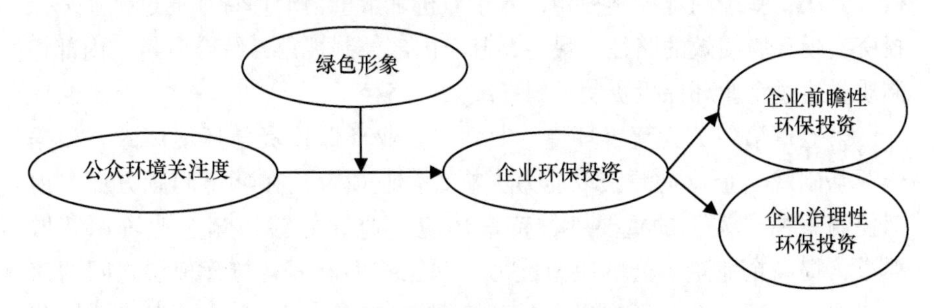

图1-3　公众环境关注度、绿色形象与企业环保投资关系

---

① Schwartz M. S., Carroll A. B., "Corporate Social Responsibility: A Three-Domain Approach", *Business Ethics Quarterly*, Vol. 13, No. 4, 2003, pp. 503-530.

第六章第三节为资源松弛、环境管理成熟度与企业环保投资。根据Schwartz 和 Carroll（2003）[①] 对经济层面的定义认为，企业任何以提高利润和/或分享价值为目的的活动均具有经济性。松弛资源赋予了企业管理者最大的自由裁量权以及更多的投资项目选择权，那么管理者是否会对环境保护问题做出积极回应呢？本节运用 Tobit 模型和调节效应模型，从单维构念和多维构念的双重视角实证研究资源松弛度对企业环保投资的影响，环境管理成熟度对资源松弛度与企业环保投资规模关系的调节作用，进一步分析了处于不同生命周期阶段的企业，环境管理成熟度对资源松弛度与企业环保投资规模关系的调节作用异质性（见图 1－4）。

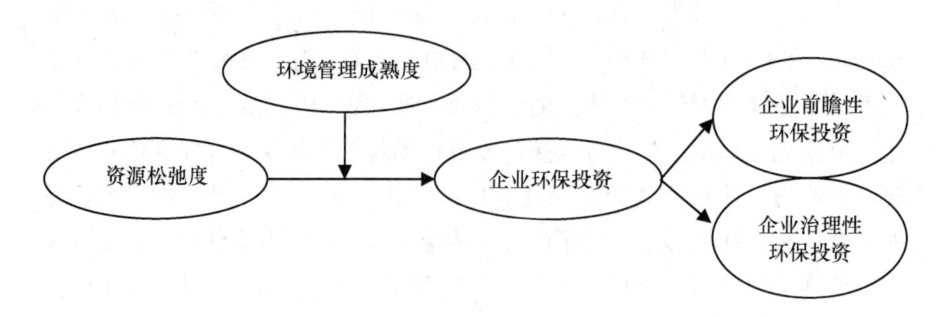

图 1－4　资源松弛度、环境管理成熟度与企业环保投资关系

第七章为基于内部控制视角的企业环保投资经济后果实证研究。本章具体分为两节，首先，将企业环保投资的经济后果分为环境绩效和财务绩效。其次，基于内部控制视角，着重分析了董事会治理特征通过企业环保投资实现环境绩效的路径。最后，基于内部控制视角，综合分析了内部控制质量通过企业环保投资实现财务绩效的路径。

第七章第一节为董事环境专业性、企业环保投资与环境绩效。根据资源基础观，企业资源获取能力影响着企业绩效，在环境问题方面，内部控制重视“人”的重要性，董事环境专业性能够拓宽企业资源获取渠道，提高企业董事会的决策能力，并能缩小董事会与管理层之间的信息鸿沟，从而对企业环保投资与环境绩效产生影响。企业环保投资以节

① Schwartz M. S. , Carroll A. B. , “Corporate Social Responsibility: A Three-Domain Approach”, *Business Ethics Quarterly*, Vol. 13, No. 4, 2003, pp. 503－530.

能减排为主要目标，有助于环境绩效的实现。企业环保投资在董事环境专业性与环境绩效之间是否发挥着中介作用呢？本节运用 PSM 得分匹配法分析了董事环境专业性对企业环保投资及环境绩效的影响，进一步从单维构念和多维构念的双重视角分析了董事环境专业性对企业不同类型环保投资的影响。并使用固定效应模型分析了企业环保投资对环境绩效的影响，检验企业环保投资在董事环境专业性与环境绩效之间的中介作用，并进一步分析了企业不同类型环保投资对环境绩效的不同影响（见图 1－5）。

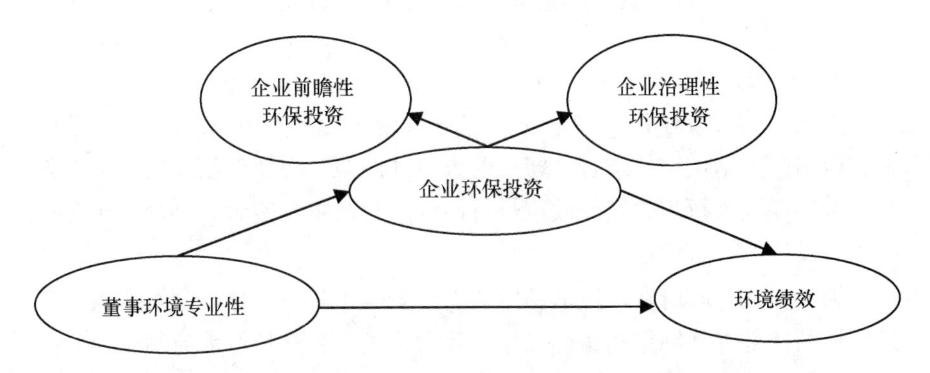

图 1－5　董事环境专业性、企业环保投资与环境绩效关系

第七章第二节为内部控制质量、企业环保投资与财务绩效。内部控制要素之一的监督是指企业对内部控制实施质量的评价，主要通过指标内部控制质量来反映。随着内部控制质量的提高，企业内部环境管理制度化程度越高，这不仅可以规范企业决策行为，强化企业组织结构的合理性，还推动了企业将利益相关者的需求和相应的社会责任有机嵌入其中，对企业绩效产生积极影响，也对企业环保实践活动产生重要影响。然而，企业环保投资是否在内部控制治理与财务绩效之间的发挥中介作用呢？本节运用 OLS 回归模型和中介效应模型，检验了内部控制质量对财务绩效的影响，内部控制质量对企业环保投资的影响，以及企业环保投资对财务绩效的影响。从单维构念和多维构念的双重视角实证研究企业不同类型环保投资在内部控制对财务绩效影响的滞后效应（见图 1－6）。

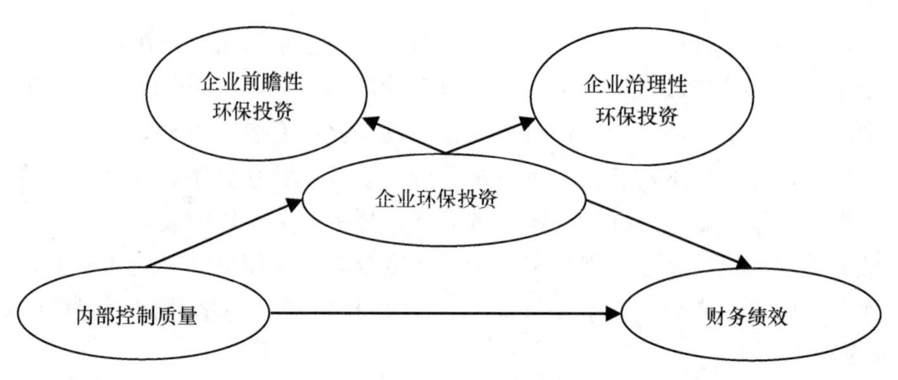

图 1-6　内部控制质量、企业环保投资与财务绩效关系

（三）研究总结与政策建议

第八章为对策建议。本章在上述章节的理论分析和实证分析的基础上，得出研究结论。并结合国家战略方针和政策，对协调组织内外部因素与企业环保投资行为关系的政策进行研究，对政策制定者、公众、企业提出以下具体的政策建议。

第一，强化政府在环境治理中的引导者与监督者角色。分别从政府应积极推动环境规制制定和执行工作；政府应健全公众环境参与制度，提高公众环境关注度；政府应完善企业环境信息披露制度三个方面提出建议。

第二，公众应强化自身环保理念、责任感与监督行为。分别从公众应加强主人翁意识和环保责任感；公众应通过合法途径对企业生产经营行为进行监督两个方面提出建议。

第三，企业应强化内部控制对其环保投资主体责任的促进作用。分别从企业应重视预防性环境保护战略定位；企业应重视董事会监督与咨询功能的协同作用，完善董事会结构；企业应重视披露差异化优势环境信息，增强环境信息披露质量；企业应重视提高管理者的环保意识，增强企业履行环保责任的主动性四个方面提出建议。

第四，企业应重视内部控制对其环保投资绩效的积极影响。分别从企业加强内部环境建设；企业应积极构建企业文化，传递绿色共建理念；企业应加强环保风险识别与控制；企业应加强组织内外信息与沟通；企业应加强持续性监督和建立环保责任内部控制评价体系五个方面提出建议。

二　研究思路

本书按照“提出问题—分析问题—解决问题”的思路，对企业环保投资动因及经济后果进行研究（见图1－7）。

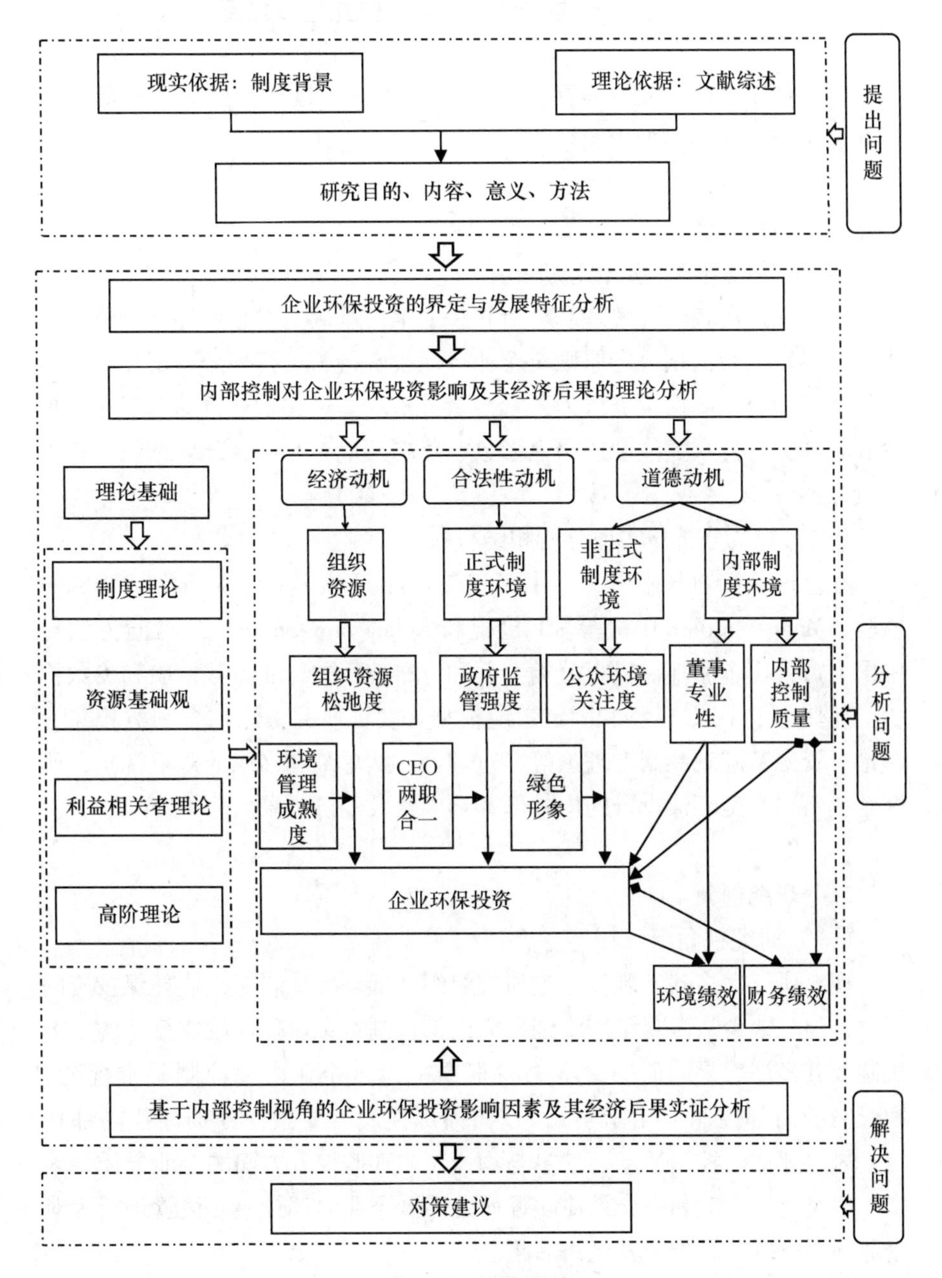

图1－7　研究思路

第四节　研究方法、创新与贡献

本书严格遵循“定性—定量—定性”的研究过程，把动态和静态的方法有机结合，具体如下。

一　研究方法

（一）定量分析与定性分析相结合

本书在广泛查阅、整理和分析相关文献的基础上对企业环保投资的概念进行界定，并依据一定原则对企业环保投资行为进行划分，定性分析的目的在于为企业环保投资行为进行定量分析。通过文献分析和基于相关理论收集和分析公众关注度、绿色形象、董事环境专业性、环境绩效等相关变量数据。

（二）规范分析与实证分析相结合

在理论分析的基础上，本书不仅使用 Median 检验、Kruskal-Wallis H 检验、Mann-Whitney U 检验、T 检验和 Kolmogorov-Smirnov Z 检验方法对中国上市公司企业环保投资分类特征和分布特征进行非参数检验和参数检验，还使用了 Tobit 模型和固定效应模型等实证研究方法结合利益相关者理论、资源基础观和制度理论等多重理论，从单维和多维的双重视角，研究企业不同类型环保投资的内外部影响因素及经济后果。

二　研究创新

（一）研究视角新

现有研究大多基于制度理论研究组织外部环境规制对企业环保投资的影响，但是缺少从微观角度实证研究内部控制对企业环保投资行为的影响机制及其经济后果的研究。本书将根据中国《企业内部控制基本规范》和《企业内部控制应用指引》，按照内部控制五要素，分别寻找内部环境、风险评估、控制活动、信息与沟通、内部监控五方面的企业异质性因素，通过调节效应和中介效应实证研究明确企业内部自愿环境管理行为对企业环保投资的影响及其经济后果。

另外，现有文献缺少对企业环保投资行为进行分类研究，仅将企业环保投资作为单维构念，这样不利于明确企业不同类型环保投资行为的动因及经济后果。因此，在明确企业环保投资概念、结构和分类原则、特征的基础上，将企业环保投资分为企业前瞻性环保投资和企业治理性环保投资，通过实证研究推进对企业不同类型环保投资行为动因及经济后果的研究。

（二）研究观点新

由于环境污染的负外部性特征，使得政府环境规制、政府监管在解决环境污染问题中具有举足轻重的作用。但是，唯物辩证法认为矛盾是事物发展的动力和源泉，内因是事物发展的根本原因，外因是事物发展的必要条件，外因通过内因而起作用。本书认为企业提高内部控制质量有助于促进企业主动环保投资行为，内部控制要素可以调节组织内外部因素与企业环保投资的关系。另外，内部控制质量有助于提高企业环保投资规模的同时促进企业财务绩效的实现；加强内部控制质量是提高企业环保投资绩效水平的有效途径。

（三）研究方法新

随着研究的不断深入，国内外学者更多地使用实证研究方法。由于与环境相关的指标存在界定不统一、难以量化等问题，国外文献较多地使用了问卷调查的方式收集数据。本书为了从实际解决指标量化的问题，通过手工收集数据的方式，收集了大样本数据，获得了一手数据资料。

近年来，国外文献的实证开始关注内生性问题，但是国内采用实证方法对企业环保投资动因及经济后果进行研究时更多地采用传统 OLS 实证方法分析。本书在充分考虑内生性问题的前提下，采用了 Tobit 模型、固定效应模型、工具变量法、Heckman 两阶段模型等方式进行实证研究，有效地克服内生性问题，使研究结果更具有稳健性。

三 研究贡献

（一）拓展了企业环保投资的基础理论研究

由于现有研究对企业环保投资的概念界定不清，存在测量和理解难的问题。本书根据主要目的原则和资本化原则界定企业环保投资的概念，根据确定性原则和一致性原则对企业环保投资进行统计。并根据制度战略观和内容特征对企业环保投资进行分类，将企业环保投资进一步细分为企业前瞻性环保投资和企业治理性环保投资两类。基于中国国情，探讨影响企业环保投资行为的内外部因素，使相关理论在企业投资行为绿色化层面上得以结合和拓展，综合性、系统性研究弥补了过去相关研究的局限性，在丰富既有文献的同时，推动相关学科的发展。

（二）深化了企业环保投资影响因素研究

本书基于企业社会责任三领域模型从制度、道德和经济三层面出发，结合利益相关者理论、制度理论、资源基础观、高阶理论等基础理论，将外部因素和组织内部因素结合、硬约束和软约束相结合、人和物相结合分析各要素对企业环保投资的影响及实现路径。本书识别了影响企业环保投资行为及其经济后果的重要因素，其中三个重要因素跟“人”有关，即公众环境关注度、企业 CEO 两职合一、董事环境专业性。两个重要因素与“事”有关，即环境管理成熟度、内部控制质量。两个重要因素跟“物”有关，即绿色形象、资源松弛度。本书对不同因素与企业不同类型环保投资行为之间的关系进行研究，丰富和深化了企业环保投资影响研究。

（三）推进了内部控制对组织内外部因素与企业环保投资之间关系的调节效应研究

现有文献较多针对单一影响因素进行研究，缺少将组织内外部因素与企业环保投资相结合探讨调节效应的研究。本书结合中国特殊政治经济背景与内部控制因素，从企业异质性角度出发，分别检验了“CEO 两职合一”“绿色形象”对外部监督与企业环保投资关系的调节效应；“环境管理成熟度”对组织内部环境与企业环保投资关系的调节作用。首先，将 CEO 两职合一作为调节变量，揭示企业资源获取行为对政府监管强度与企业不同类型环保投资行为关系的调节作用；其次，将绿色形象作为调节变量，揭示资源获取意图对公众关注度与企业不同类型环保投资行为关系的调节作用。最后，将环境管理成熟度作为调节变量，揭示资源获取能力对资源松弛度与企业不同类型环保投资行为关系的调节作用。上述调节效应研究加强了组织内外部因素对企业环保投资影响的相互关联性。

（四）拓宽了企业环保投资绩效的实现路径

现有文献从不确定企业环保投资能产生积极绩效，到逐渐认可企业环保投资能够产生积极绩效，但是对绩效实现路径上的研究欠缺。本书将企业环保投资绩效分为环境绩效和财务绩效，深入分析了在实现环境绩效和财务绩效中企业环保投资所承担的角色。一方面，将企业环保投资作为董事环境专业性与环境绩效的中介变量，按照“决策—行为—结果”的路径研究了董事环境专业特征通过企业环保投资实现环境绩效的路径。另一方面，将企业环保投资作为内部控制质量与财务绩效的中介变量，按照“能力—行为—结果”的路径研究了内部控制质量通过企业环保投资实现财务绩效的路径。通过对企业环保投资绩效的实现路径分析，有助于企业坚定开展企业环保投资的信念，助力企业实现“双赢”的信心。

（五）有助于促进环境保护制度建设和创新

为了弥补市场失灵，政府常用强制性措施，如环境保护法规，具有立竿见影的效果。因此，现有研究大多基于制度理论研究环境规制对企业环保投资的影响。但是，政府干预存在干预不足或是干预过度的“政府失灵”现象。而现有文献却缺少从多元共治视角将公众关注度作为一种外部监督力量，实证研究其对企业环保投资行为的影响研究。本书通过理论研究和实证研究，明确了公众与企业在环境保护中所承担的角色，打破了以往环境保护以政府为主的观念，有助于促进环境保护制度创新，“由自上而下到自下而上”“由强制性向诱致性”的转变；有助于促进环境保护制度建设，形成“初级行动团体”，为中国生态文明社会建设提供制度保障。

第二章　文献综述与理论基础

第一节　文献综述

一　企业环保投资的影响因素文献回顾

（一）环境规制对企业环保投资影响的文献回顾

近代社会以牺牲环境利益为代价的发展模式受到国外学者们的广泛质疑，20 世纪 70 年代，企业绿色化运动在西方兴起，政府为了缓解环境破坏引发的社会问题，开始出台系列制度法规，同时，学术界开始基于合法性视角，研究环境规制与企业环保投资行为。环境规制影响企业环保投资行为文献主要依据以下三个假说展开研究，其中污染避难所假说和要素禀赋假说取决于一个国家和地区的相对优势而言，具体如下。

1. 污染避难所假说

第一个假说是污染避难所假说（Pollution Haven Hypothesis），该假说认为企业倾向于将他们的生产活动放置到环境标准较低的国家或地区，从而避免较高的环境合规成本。[①] Lucas 和 Hettige（1992）[②] 研究发现 OECD 国家在环境规制强度大的时期，发展中国家的污染密集型产品的生产和出口都有所增加，该研究支持了污染避难所假说。刘建民和陈

---

① Copeland B. R.，Taylor M. S.，"North-South Trade and the Environment." *The Quarterly Journal of Economics*，Vol. 109，No. 3，1994，pp. 755 – 787；Bagwell K.，Staiger R. W.，"The WTO as a Mechanism for Securing Market Access Property Rights：Implications for Global Labor and Environmental Issues"，*Journal of Economic Perspectives*，Vol. 15，No. 3，2001，pp. 69 – 88.

② Lucas R. E. B.，Wheeler D.，Hettige H.，*Economic Development*，*Environmental Regulation*，*and the International Migration of Toxic Industrial Pollution*，*1960 – 88*，World Bank Publications，1992.

果（2008）[①]、陈刚（2009）[②]利用中国省际面板数据，研究发现环境规制强度与 FDI 的流入负相关。沈坤荣等（2017）[③]认为，随着一个地区的环境规制日趋严格，属地企业存在就地进行技术创新的可能性，但是更倾向于就近迁至环境规制较弱的地区。董直庆和王辉（2019）[④]利用城市面板数据研究认为高环境规制地区容易导致污染产业向领地转移，支持了污染避难所假说。

Eskeland 和 Harrison（2003）[⑤]分别采用 1977—1987 年科特迪瓦的数据、1983—1988 年委内瑞拉的数据、1985—1990 年摩洛哥的数据以及 1984—1990 年墨西哥的数据检验跨国公司的投资行为进行研究，发现投资这四个国家的外国企业的能源效率显著提高以及使用更清洁的能源，另外研究了 1982—1993 年美国的对外投资行为，在加入其他控制变量和行业影响后，结果没有支持污染避难所假说。Cole（2004）[⑥]利用南北贸易流通数据，以 1980—1997 年 10 种空气和水污染排放量为样本，检验了在 OECD 国家和非 OECD 国家之间污染密集型产品的进出口额，研究结果没有支持污染避难所假说。童伟伟（2013）[⑦]使用 Tobit 模型，并利用 2005 年世界银行对中国 12400 家制造业企业的调查数据研究发现，对于有研发活动的企业而言，环境规制对中国企业出口有正向影响，而对于没有研发活动的企业而言，环境规制对中国企业出口没有显著影响，该结果说明污染避难所假说需要在一定条件下才能成立。

---

① 刘建民、陈果：《环境管制对 FDI 区位分布影响的实证分析》，《中国软科学》2008 年第 1 期。

② 陈刚：《FDI 竞争、环境规制与污染避难所——对中国式分权的反思》，《世界经济研究》2009 年第 6 期。

③ 沈坤荣、金刚、方娴：《环境规制引起了污染就近转移吗?》，《经济研究》2017 年第 5 期。

④ 董直庆、王辉：《环境规制的“本地—邻地”绿色技术进步效应》，《中国工业经济》2019 年第 1 期。

⑤ Eskeland G. S., Harrison A. E., “Moving to Greener Pastures? Multinationals and the Pollution Haven Hypothesis”, *Journal of Development Economics*, Vol. 70, No. 1, 2003, pp. 1 – 23.

⑥ Cole M. A., “Trade, the Pollution Haven Hypothesis and the Environmental Kuznets Curve: Examining the Linkages”, *Ecological Economics*, No. 48, 2004, pp. 71 – 81.

⑦ 童伟伟：《环境规制影响了中国制造业企业出口吗?》，《中南财经政法大学学报》2013 年第 3 期。

2. 要素禀赋假说

第二个假说是要素禀赋假说（Factor Endowment Hypothesis），该假说认为丰富的自然资源可以改善企业生产的可能性，因此，行业可能接受更严格的环境规制，为了从丰富的资源那里获得超过相应环境合规成本的收益，此时企业将进行环保投资，这一假说认为环境规制与企业环保投资行为存在正相关关系。[①] 如傅京燕（2008）[②] 研究发现贸易开放增加了外资流入，导致中国制造业结构更多地转向污染产业，强调环境规制对资源环境治理的重要性。李冰（2016）[③] 利用2008—2013年A股上市公司的528家样本数据研究发现，环境规制与企业环保投资规模正相关，并存在地区性差异，东部地区环境规制对企业环保投资规模的正向影响更显著。也有研究认为环境规制与企业环保投资规模负相关或不显著，张功富（2013）[④] 研究表明政府干预对企业环保投资决策没有影响，但随着企业投资机会的增加，企业环保方面的投资也会相应地增加。

要素禀赋假说不断被研究者证明，并得以发展。Leiter 等（2011）[⑤] 基于要素禀赋假说，使用环境支出和环境收入来衡量当地的环境规制强度，并采用1998—2007年欧洲国家9个特定行业投资数据研究发现，政府环境投资和政府环境收入（如与环境保护相关的税收收入）对企业有型商品投资、在建和改建项目投资、机械投资和生产性投资均有正向影响，但进一步研究证明环境规制与企业环保投资行为不是线性关系，当企业环境成本小于环境收益时，环境规制越严格，越能促进企业环保投资。当环境成本大于环境收益时，环境规制越严格，越不能激发企业环保投资，因此环境规制和企业环保投资之间呈非线性的倒“U”形关系。中国

---

① Copeland B. R., Taylor M. S., "Trade, Growth, and the Environment", *Journal of Economic Literature*, Vol. 42, No. 1, 2004, pp. 7 - 71.

② 傅京燕：《环境规制、要素禀赋与我国贸易模式的实证分析》，《中国人口·资源与环境》2008年第6期。

③ 李冰：《环境规制、政企关系与企业环保投资》，《财会通讯》2016年第21期。

④ 张功富：《政府干预、环境污染与企业环保投资——基于重污染行业上市公司的经验证据》，《经济与管理研究》2013年第9期。

⑤ Leiter A. M., Parolini A., Winner H., "Environmental Regulation and Investment: Evidence from European Industry Data", *Ecological Economics*, No, 70, 2011, pp. 759 - 770.

最具有代表性的文献是唐国平等（2013）①利用2008—2011年A股上市公司数据研究发现，环境规制处于较低水平，企业缺乏环保投资意愿。但环境规制与企业环保投资之间的关系不是线性的，两者呈“U”形关系。并进一步结合行业属性研究发现，重污染行业比非重污染行业企业的环保投资规模大，说明企业环保投资具有显著的行业差异。陈超凡（2018）②提出，不同类型的环境规制政策均与绿色经济效率呈现倒“U”形关系，即对其起到先促进后抑制的效应。

3. 波特假说

第三个假说是著名的波特假说（Porter Hypothesis），Porter和Linde（1995）③认为适当的环境规制通过刺激新技术应用促使企业进行更多的创新活动，而这些创新将提高企业的生产力，从而抵消由环境保护带来的成本，同时诱导资源的有效利用。Demirel和Kesidou（2011）④利用2005—2006年289家英国企业数据和Tobit模型研究发现，环境规制有效地促进了管道末端技术和环保研发投入。Horbach等（2012）⑤利用欧洲委员会的社区创新调查数据研究发现，环境规制是推动环保创新投资的重要因素，该结果支持了波特假说。生延超（2013）⑥运用逆向归纳法讨论了基于环保创新补贴与环境税约束的前提下，环境规制如何对企业环保技术创新投入产生影响，结论支持了波特假说，即环境规制可以促进企业环保技术创新，加大环境污染治理投入。Saygili（2016）⑦探索了环境规制

---

① 唐国平、李龙会、吴德军：《环境管制、行业属性与企业环保投资》，《会计研究》2013年第6期。

② 陈超凡、韩晶、毛渊龙：《环境规制、行业异质性与中国工业绿色增长——基于全要素生产率视角的非线性检验》，《山西财经大学学报》2018年第3期。

③ Porter M. E., Linde C. V. D., “Towards A New Conception of the Environment Competitiveness Relationship”, *Journal of Economic Perspectives*, No. 4, 1995, pp. 97 - 118.

④ Demirel P., Kesidou E., “Stimulating Different Types of Eco-innovation in the UK: Government Policies and Firm Motivations”, *Ecological Economics*, Vol. 70, No. 8, 2011, pp. 1546 - 1557.

⑤ Horbach J., Rammer C., Rennings K., “Determinants of Eco-Innovations by Type of Environmental Impact: The Role of Regulatory Push/Pull, Technology Push and Market Pull”, *Ecological Economics*, No. 78, 2012, pp. 112 - 122.

⑥ 生延超：《环保创新补贴和环境税约束下的企业自主创新行为》，《科技进步与对策》2013年第15期。

⑦ Saygili M., “Pollution Abatement Costs and Productivity: Does the Type of Cost Matter?”, *Letters in Spatial and Resource Sciences*, Vol. 9, No. 1, 2016, pp. 1 - 7.

对生产率的影响，研究结果表明环境规制越严格，企业就会在清洁生产和技术创新方面投入越多的资本。张菲菲等（2020）[①] 利用2011—2015年中国制造业细分行业的面板数据，采用Super-SBM模型和ML指数，研究发现重污染行业的环境规制强度能够推动绿色创新的发展。郭捷、杨立成（2020）[②] 使用环境友好型专利数衡量绿色技术创新研究发现，环境规制对绿色技术创新起到正向促进作用。

Leiter等（2011）[③] 认为虽然波特假说强调环境规制和创新的关系，将环境规制与创新投资以及投资的关系联系起来，即企业有动机投资更清洁的生产技术去降低排污成本，这些投资会产生更高的生产力，从而为企业赢得竞争优势。但是，如果环境合规成本很高，则有可能导致环保创新投资作用不重要，将环境规制对企业环保投资的积极影响转变为消极影响，所以波特假说成立需要在一定条件下才能成立。李婉红等（2013）[④] 利用2003—2010年16个污染密集型行业的面板数据研究发现，在控制行业规模和创新人力资源投入的条件下，环境规制强度与绿色技术创新投资正相关，但是在不控制两个变量的条件下，环境规制强度与绿色技术创新投资负相关。王锋正、郭晓川（2015）[⑤] 利用2003—2011年12个资源型产业面板数据得出波特假说成立具有条件性的结论。徐保昌、谢建国（2016）[⑥] 研究发现，技术创新随着环境规制强度由弱变强，两者呈现“U”形关系，超过既定的临界值后，波特假说才成立。

4. 不同环境规制形式对企业环保投资的影响研究

环境规制有不同形式，主要表现为市场性环境规制工具和命令控制性

① 张菲菲、张在旭、马莹莹：《制造业绿色创新效率及增长趋势研究》，《技术经济与管理研究》2020年第2期。

② 郭捷、杨立成：《环境规制、政府研发资助对绿色技术创新的影响——基于中国内地省级层面数据的实证分析》，《科技进步与对策》2020年第10期。

③ Leiter A. M., Parolini A., Winner H., “Environmental Regulation and Investment: Evidence from European Industry Data”, *Ecological Economics*, No, 70, 2011, p.. 759 - 770.

④ 李婉红、毕克新、孙冰：《环境规制强度对污染密集行业绿色技术创新的影响研究——基于2003—2010年面板数据的实证检验》，《研究与发展管理》2013年第6期。

⑤ 王锋正、郭晓川：《环境规制强度对资源型产业绿色技术创新的影响——基于2003—2011年面板数据的实证检验》，《中国人口·资源与环境》2015年第1期增刊。

⑥ 徐保昌、谢建国：《排污征费如何影响企业生产率：来自中国制造业企业的证据》，《世界经济》2016年第8期。

环境规制工具，工具不同发挥的效用也不同，其中市场性环境规制工具主要为税收和交易许可证等，命令控制性环境规制工具主要为性能标准和技术标准等。大多研究认为市场性环境规制工具更加能够激发企业积极主动的环保投资。Newell 等（1999）[①] 研究了能源价格和能源效率标准对创新投资的影响，发现能源价格变动可以诱发企业创新投资，进而促进了能源效率增长，能源效率标准和能源效率具有统计上的显著性，但对出售的家用电器的能源效率产生的影响不明显。Johnstone 和 Labonne（2006）[②] 认为环境规制提供了两种激励，一种是在既定的生产水平上减少污染的静态激励，另一种是刺激企业发展和采用更清洁技术的动态激励。实证研究发现环境规制的严格性增加了环保研发投资，且更灵活的环境规制，如污染税，对于环保研发投资有积极影响。Demirel 和 Kesidou（2011）[③] 使用 2005 年和 2006 年 289 家英国公司的数据，并利用 Tobit 模型实证检验了不同环境规制工具对不同类型企业生态创新投资的驱动作用，其中环境法规对管道末端技术投资和环境研发投资有促进作用；环境税作为一种市场性环境规制工具，对管道末端技术投资、环境研发和管道集成技术投资有重要正向影响。Meltzer（2014）[④] 研究发现，美国碳税能弥补政府补贴、贷款等政府政策的缺陷，进一步推动研发投入发展绿色技术。Eyraud 等（2013）[⑤] 利用 35 个发达国家和新型国家的能源数据集，实证研究发现，环保投资受到经济增长的推动，另外引入碳定价计划和电价补贴对环保投资有积极的显著影响。龙文滨等（2018）[⑥] 研究发现，环境行政政策对中小企业的环境表现有积极影响，而环境经济政策对中小企业的环境表现没

① Newell R. G., Jaffe A. B., Stavins R. N., "The Induced Innovation Hypothesis and Eenergy-Saving Technological Change", *The Quarterly Journal of Economics*, Vol. 114, No. 3, 1999, pp. 941 - 975.

② Johnstone N., Labonne J., "Environmental Policy, Management and R&D", *OECD Economic Studies*, No. 42, 2006, pp. 170 - 201.

③ Demirel P., Kesidou E., "Stimulating Different Types of Eco-innovation in the UK: Government Policies and Firm Motivations", *Ecological Economics*, Vol. 70, No. 8, 2011, pp. 1546 - 1557.

④ Meltzer J., "A Carbon Tax as a Driver of Green Technology Innovation and the Implications for International Trade", *Energy Law Journal*, No. 35, 2014, pp. 45 - 70.

⑤ Eyraud L., Clements B., Wane A., "Green Investment: Trends and Determinants", *Energy Policy*, Vol. 60, 2013, pp. 852 - 865.

⑥ 龙文滨、李四海、丁绒：《环境政策与中小企业环境表现：行政强制抑或经济激励》，《南开经济研究》2018 年第 3 期。

有显著影响，但是环境经济政策强化了环境行政政策对中小企业的环境表现。胡立新和韩琳琳（2016）[①] 利用2010—2013年A股上市公司257家样本分析了不同类型环境规制对企业环保投资的影响，研究发现，地方政府环境政策颁布数、地方政府排污费征收与企业环保投资规模正相关，但是地方政府环境污染治理投资额与企业环保投资规模负相关，地方政府环境宣传教育对企业环保投资规模没有显著影响。进一步研究发现，环境规制带来的不确定性对企业投资行为产生重要影响。汪海凤等（2018）[②] 利用中国A股工业上市公司样本，研究发现，环境规制抑制企业长期投资行为，其中不确定性起着重要中介作用。甘远平和上官鸣（2020）[③] 将环境管制分为显性环境管制和隐性环境管制，研究表明，在显性环境管制中，命令控制型环境管制强度与企业环保投资规模之间呈现倒“U”形关系，市场激励型环境管制强度与企业环保投资规模之间呈“U”形关系；而隐性环境管制与企业环保投资规模是线性关系。不同类型环境规制对企业投资影响效应差异显著，立法管制型环境规制导致企业短期化投资偏向。

现阶段，中国学者们更多的做法是在制度理论的基础上进一步结合行业特点、产权性质、地区差异研究不同环境规制对企业环保投资影响。一是结合行业特点，如问文等（2015）[④] 研究发现，排污权交易政策下，企业偏好于应对型环保投资战略，企业环保意识显著影响企业环保投资战略选择，并进一步验证了企业环保投资规模在重污染行业和非重污染行业之间的显著差异。刘常青和崔广慧（2017）[⑤] 利用2003—2014年A股上市公司的120家重污染行业公司的1234个样本研究发现，2007年1月1日起实施的《新会计准则》对企业环保投资规模有正向影响，其中国有企业环保投资额显著增加，但对非国有企业环保投资规模的影响不显著。李

---

① 胡立新、韩琳琳：《地方政府环保行为对上市公司环保投资影响研究》，《会计之友》2016年第17期。

② 汪海凤、白雪洁、李爽：《环境规制、不确定性与企业的短期化投资偏向——基于环境规制工具异质性的比较分析》，《财贸研究》2018年第12期。

③ 甘远平、上官鸣：《环境管制对企业环保投资的影响研究》，《生态经济》2020年第12期。

④ 问文、胡应得、蔡荣：《排污权交易政策与企业环保投资战略选择》，《浙江社会科学》2015年第11期。

⑤ 刘常青、崔广慧：《产权性质、新会计准则实施与企业环保投资——基于重污染行业上市公司的经验研究》，《财会通讯》2017年第6期。

月娥等（2018）[①] 从行业环境规制的视角对环境规制和环保投资的关系进行探究，研究结果表明两者间的呈现的是“U”形关系。二是结合产权性质，如毕茜和于连超（2016）[②] 利用2008—2014 年 A 股上市公司中的144家重污染行业企业样本研究发现，环境税与企业环保投资规模正相关，其中国有企业比非国有企业的环保投资规模大。三是结合地区差异，李冰（2016）[③] 利用2008—2013 年 A 股上市公司的 528 家样本数据研究发现，环境规制与企业环保投资规模正相关，并存在地区性差异，东部地区环境规制对企业环保投资规模的正向影响更显著。

（二）利益相关者对企业环保投资影响的文献回顾

在环境问题上，随着人们环保意识的增强，企业不仅仅要追求经济效益，也要执行长期的可持续思维，依赖非经济目标，从而实现企业的双重目标。学者们开始基于利益相关者理论阐述利益相关者对企业环保投资行为影响。利益相关者理论认为公司应该根据多方利益相关者的利益来制定战略，从而获得利益相关者的信任和支持。[④] 企业外部利益相关者包括消费者、社会公众、供应商和竞争对手等。Banerjee 等（2003）[⑤] 基于利益相关者理论和调查数据研究发现，公众环保关注、监管力量、竞争优势和高管承诺是影响企业环保行为的重要因素，进一步研究发现行业能够调节不同类型影响因素与企业环保行为的关系。Ganapathy 等（2014）[⑥] 进行文献回顾将环保投资的驱动因素进行总结，表示企业环保投资的驱动因素包括制度压力（通过政府法律）、强制压力（为了满足各种标准和顾客的要求）、模拟压力（来自同行和竞争对手的竞争）。肖华和张国清（2008）[⑦]

① 李月娥、李佩文、董海伦：《产权性质、环境规制与企业环保投资》，《中国地质大学学报》（社会科学版）2018 年第6 期。

② 毕茜、于连超：《环境税、媒体监督和企业绿色投资》，《财会月刊》2016 年第20 期。

③ 李冰：《环境规制、政企关系与企业环保投资》，《财会通讯》2016 年第21 期。

④ Freeman, R. E., *Stategic Management: A Stakeholder Approach*, Pieman Publishing Inc, 1984.

⑤ Banerjee S. B., Iyer E., Kashyap R. K., “Corporate Environmentalism: Antecedents and Influence of Industry Type”, *Journal of Marketing*, Vol. 67, No. 2, 2003, pp. 106 – 122.

⑥ Ganapathy S. P., Natarajan J., Gunasekaran A., et al., “Influence of Eco-innovation on Indian Manufacturing Sector Sustainable Performance”, *International Journal of Sustainable Development & World Ecology*, Vol. 21, No. 3, 2014, pp. 198 – 209.

⑦ 肖华、张国清：《公共压力与公司环境信息披露——基于“松花江事件”的经验研究》，《会计研究》2008 年第5 期。

研究认为政府环境管制、社会压力可以有效促进企业环保行为。蒋雨思（2015）[①] 利用86家企业的问卷调查数据研究发现，来自竞争、顾客的压力和机会对企业环保行为产生显著积极影响。

1. 消费者的影响

随着绿色治理理念逐渐深入人心，消费者关注生态环境、选择绿色产品、选择低碳出行方式，提倡良好的生态价值观，并提升自身生态环境保护意识和生态文明素养。绿色消费态度、主观规范和知觉控制影响消费者的绿色消费意向，进而影响绿色消费行为。[②] 现有研究一般基于消费者的消费行为模式对消费者与企业环保投资决策关系进行研究。[③] 大多数研究表明，消费者通过对企业环境态度的感知以及对企业的认同感，最终影响消费者的购买行为，然后对企业产生影响。[④] 一方面，消费者愿意支付更高的价格购买环境友好型产品[⑤]；另一方面，消费者对于绿色产品和环境友好型产品有更强烈的购买意愿和有愿意溢价购买的行为，这对企业环保投资有重要影响。[⑥] 熊中楷和梁晓萍（2014）[⑦] 研究发现，消费者环保意识与制造商最优单位碳排放量成正比例关系。Kesidou 和 Demirel（2012）[⑧]

---

① 蒋雨思：《外部环境压力与机会感知对企业绿色绩效的影响》，《科技进步与对策》2015年第11期。

② 劳可夫：《消费者创新性对绿色消费行为的影响机制研究》，《南开管理评论》2013年第4期；Li Y.，Lu Y.，Zhang X.，et al.，"Propensity of Green Consumption Behaviors in Representative Cities in China"，*Journal of Cleaner Production*，No. 133，2016，pp. 1328 – 1336.

③ 安志蓉：《企业环保投资机制研究》，博士学位论文，北京交通大学，2017年。

④ 单蒙蒙、尤建新、李元旭：《企业环境态度的消费者感知差异形成原因及其对策》，《上海管理科学》2013年第5期。

⑤ Ottman J.，Books N. B.，"Green Marketing: Opportunity for Innovation"，*The Journal of Sustainable Product Design*，Vol. 60，No. 7，1998，pp. 136 – 667；Rowlands I. H.，Scott D.，Parker P.，"Consumers and Green Electricity: Profiling Potential Purchasers"，*Business Strategy and the Environment*，Vol. 12，No. 1，2003，pp. 36 – 48.

⑥ Horbach J.，"Determinants of Environmental Innovation-New Evidence from German Panel Data Sources"，*Research Policy*，Vol. 37，No. 1，2008，pp. 163 – 173；Horte S. A.，Halila F.，"Success Factors for Eco-innovations and Other Innovations"，*International Journal of Innovation and Sustainable Development*，Vol. 3，No. 3 – 4，2008，pp. 301 – 327.

⑦ 熊中楷、梁晓萍：《考虑消费者环保意识的闭环供应链回收模式研究》，《软科学》2014年第11期。

⑧ Kesidou E.，Demirel P.，"On the Drivers of Eco-Innovations: Empirical Evidence from the UK"，*Research Policy*，Vol. 41，No. 5，2012，pp. 862 – 870.

对 2006 年 1566 家英国公司的环境创新投资影响因素进行研究，发现需求因素影响企业环保投资的决策，倘若把环保投资作为单维构念，那么消费者需求与企业环保投资行为显著正相关；而倘若把环保投资作为多维构念，那么消费者需求对不同类型的环保投资产生不同的影响。伊晟和薛求知（2016）[①] 采用中国 210 家制造业企业样本的调查问卷数据研究发现，企业与消费者的协作对企业的绿色产品创新和绿色流程创新具有显著的正向影响。曹洪军和陈泽文（2017）[②] 以山东、江苏、广东等地 216 家污染比较严重的企业为研究对象，结果表明消费者“绿色消费”意识和消费者对环保产品的青睐能够推动企业绿色创新战略的发展。但是，叶飞和张婕（2010）[③] 采用问卷调查形式收集数据和使用结构方程模型对制造业企业开展实证研究，结果表明消费者对绿色设计的影响并不显著。

2. 公众的影响

公众参与的出现最早可以追溯到 20 世纪 70 年代，当时受到环境法规的推动，将公众参与引入国家环境问题中。直到 20 世纪 90 年代，公众参与作为“开门”模式的协商方法在环境影响评价中被采纳，以确保可持续环境、生物多样性资源和当地居民生活安全。现有文献较多地讨论了公众参与环境影响评价的参与方式和途径，对环保决策的作用以及现有缺陷进行理论分析。[④] 因为公众参与模式充分吸收了当地人的知识和意见，建立公众信任，减少了由于利益和要求不同导致在资源使用者和其他利益相关者之间的抗议和对抗。Fritsch（2016）[⑤] 认为公众参与通过收集一系列

---

① 伊晟、薛求知：《绿色供应链管理与绿色创新——基于中国制造业企业的实证研究》，《科研管理》2016 年第 6 期。

② 曹洪军、陈泽文：《内外环境对企业绿色创新战略的驱动效应——高管环保意识的调节作用》，《南开管理评论》2017 年第 6 期。

③ 叶飞、张婕：《绿色供应链管理驱动因素、绿色设计与绩效关系》，《科学学研究》2010 年第 8 期。

④ Rajvanshi A.，“Promoting Public Participation for Integrating Sustainability lssues in Environmental Decision-Making：the Indian Experience”，*Journal of Environmental Assessment Policy and Management*，Vol. 5，No. 3，2003，pp. 295 – 319；Dungumaro E. W.，Madulu N. F.，“Public Participation in Integrated Water Resources Management：the Case of Tanzania”，*Physics and Chemistry of the Earth*，No. 28，2003，pp. 1009 – 1014.

⑤ Fritsch O.，“Integrated and Adaptive Water Resources Management：Exploring Public Participation in the UK”，*Regional Environmental Change*，No. 4，2016，pp. 1 – 12.

利益相关者的数据、信息和观点，增强了决策者的知识基础。通过公众参与有助于获知以前被忽视的政治缺陷，并增加公众决策的接受率。因此，公众参与是提高政策有效性的工具。① 随着公众参与方式在环境管理方面的优势逐渐凸显，中国学者开始尝试研究公众参与对中国环境污染治理的有效性。熊鹰（2007）② 使用博弈方法分析了公众参与对企业污染行为影响，说明公众参与不仅在短期内促进企业污染防治行为，随着公众参与度的提高，也对企业污染防治行为发挥长效监督作用。张国兴等（2019）③ 利用中国省际面板数据研究了公众环境监督和公众参与的环境政策对工业污染治理效率的影响，认为公众参与环境政策对工业污染治理效率具有较强的促进作用，并具有长期影响效应，进一步研究认为公众环境监督与公众参与政策之间存在良好的交互作用。杨柳等（2020）④ 以A股制造业上市公司作为研究对象，发现公众环境关注度对企业环保投资规模存在正向影响，与企业治理性环保投资相比，公众环境关注度仅对企业前瞻性环保投资规模产生正向影响。

另外一些文献从市场行为视角研究了公众对企业环保行为的影响。大多研究认为公众能对企业环境污染防治行为做出反应。公众可以作为消费者和投资者对违背道德规范的企业采用“用脚投票”的退出机制向企业表示抗议，督促企业尽快解决污染问题。⑤ 公众也能通过政治途径的呼吁

---

① Madero V., Morris N., "Public Participation Mechanisms and Sustainable Policy-Making: A Case Study Analysis of Mexico City's Plan Verde", *Journal of Environmental Planning and Management*, Vol. 59, No. 10, 2016, pp. 1728 – 1750.

② 熊鹰：《政府环境管制、公众参与对企业污染行为的影响分析》，博士学位论文，南京农业大学，2007年。

③ 张国兴、邓娜娜、管欣、程赛琰、保海旭：《公众环境监督行为、公众环境参与政策对工业污染治理效率的影响——基于中国省级面板数据的实证分析》，《中国人口·资源与环境》2019年第1期。

④ 杨柳、甘佺鑫、马德水：《公众环境关注度与企业环保投资——基于绿色形象的调节作用视角》，《财会月刊》2020年第8期。

⑤ Shane P. B., Spicer B. H., "Market Response to Environmental Information Produced Outside the Firm", *The Accounting Review*, No. 3, 1983, pp. 521 – 539; Stafford S. L., "Can Consumers Enforce Environmental Regulations? The Role of the Market in Hazardous Waste Compliance", *Journal of Regulatory Economics*, Vol. 31, No. 1, 2007, pp. 83 – 107; 沈红波、谢樾、陈峥嵘：《企业的环境保护、社会责任及其市场效应——基于紫金矿业环境污染事件的案例研究》，《中国工业经济》2012年第1期；肖华、张国清：《公共压力与公司环境信息披露——基于“松花江事件”的经验研究》，《会计研究》2008年第5期。

机制向企业表达环保诉求。[①] 因此，公众环境关注度越高越能促进政府对公众环保诉求做出响应。[②] 以上研究均说明公众作为环境监督主体能对企业环境治理行为产生影响。

3. 供应商的影响

企业长期战略优势可以通过与供应商密切合作来实现。企业与供应商密切合作，为企业提供足够的指导、建议和协助，并分享他们的知识，帮助企业获得更“绿色”的技巧。另外，供应商要求企业将环境问题纳入产品的设计和生产过程中，在产品的开发阶段，减少材料和包装对环境造成的负面影响。企业在产品开发、原料挑选和供给等环节开展绿色供应链管理，有助于企业同时实现经济绩效和环境绩效，提高国际竞争力。[③] Chiou 等（2011）[④] 采用结构方程模型研究发现，供应商对企业环保产品投资、环保工艺投资和环保管理投资有正向影响。Lin 等（2011）[⑤] 以汽车制造业企业作为研究对象，结果表明绿色供应链不仅可以减少环境问题，也能给制造商带来经济效益。其中企业对环境友好型材料的采购成本的增加是最具影响力和最重要的绩效标准，而企业实施污染控制措施是最有效的绩效标准。伊晟和薛求知（2016）[⑥] 研究发现，绿色供应链管理对企业绿色产品创新和绿色流程创新投资正相关，但叶飞和张婕（2010）[⑦] 发现供应商对绿色设计的影响并不显著。

---

① 郑思齐、万广华、孙伟增、罗党论：《公众诉求与城市环境治理》，《管理世界》2013 年第 6 期。

② 徐圆：《源于社会压力的非正式性环境规制是否约束了中国的工业污染?》，《财贸研究》2014 年第 2 期。

③ 武春友、朱庆华、耿勇：《绿色供应链管理与企业可持续发展》，《中国软科学》2001 年第 3 期。

④ Chiou T. Y. , Chan H. K. , Lettice F. , et al. , “The Influence of Greening the Suppliers and Green Innovation on Environmental Performance and Competitive Advantage in Taiwan”, *Transport at ion Research Part E*, No. 47, 2011, pp. 822 - 836.

⑤ Lin R. J. , Chen R. H. , Nguyen T. H. , “Green Supply Chain Management Performance in Automobile Manufacturing Industry under Uncertainty”, *Procedia-Social and Behavioral Sciences*, No. 25, 2011, pp. 233 - 245.

⑥ 伊晟、薛求知：《绿色供应链管理与绿色创新——基于中国制造业企业的实证研究》，《科研管理》2016 年第 6 期。

⑦ 叶飞、张婕：《绿色供应链管理驱动因素、绿色设计与绩效关系》，《科学学研究》2010 年第 8 期。

4. 竞争者的影响

竞争者给企业带来的竞争压力是刺激企业进行环保投资的重要影响因素。企业进行环保投资的主要动机之一就是为了获得有别于竞争者的有形或者无形资源，从而获得市场认可，实现企业竞争优势。[①] 令狐大智(2017)[②] 研究发现，双寡头竞争环境下企业异质性对高排企业减排有激励作用。竞争压力是有别于环境规制的外部压力，能够对企业环保行为产生积极影响。[③] 但是，市场竞争与环境规制并不相互排斥，两者有互补性，当市场竞争程度越高时，企业面临的经营风险变大，使得企业在行业内争取竞争优势的意愿增强，此时环境规制对企业环保投资的作用越大。[④]

部分研究引入企业治理机制来探索市场竞争的调节作用。如李虹等(2017)[⑤] 利用2010—2015年A股重污染行业上市公司数据明确了企业管理层能力对企业环保投资影响，在此基础上进一步研究了市场竞争力对两者关系的调节作用，发现市场竞争力对管理层能力与企业环保投资规模"U"形关系有调节作用。李怡娜和徐丽（2017）[⑥] 利用442份调查问卷和结构方程模型研究发现，竞争环境通过内部绿色实践对供应链绿色协作产生正向影响。另外，从竞争压力转移的角度，Maxwell 和

---

① 张海姣、曹芳萍：《竞争型绿色管理战略构建——基于绿色管理与竞争优势的实证研》，《科技进步与对策》2013年第9期；Bagur-Femenías L., Perramon J., Amat O., "Impact of Quality and Environmental Investment on Business Competitiveness and Profitability in Small Service Business: The Case of Travel Agencies", *Total Quality Management & Business Excellence*, Vol. 26, No. 7-8, 2015, pp. 840-853; Hart S. L., "A Natural-Resource-Based View of the Firm", *Academy of Management Review*, Vol. 20, No. 4, 1995, pp. 986-1014.

② 令狐大智：《双寡头竞争环境下企业碳减排决策行为研究》，博士学位论文，华南理工大学，2017年。

③ 蒋雨思：《外部环境压力与机会感知对企业绿色绩效的影响》，《科技进步与对策》2015年第11期；Lundgren T., "A Real Options Approach to Abatement Investments and Green Goodwill", *Environmental and Resource Economics*, Vol. 25, No. 1, 2003, pp. 17-31.

④ Luken R., Van Rompaey F., "Drivers for and Barriers to Environmentally Sound Technology Adoption by Manufacturing Plants in Nine Developing Countries", *Journal of Cleaner Production*, Vol. 16, No. 1, 2008, pp. S67-S77；李强、田双双、刘佟：《高管政治网络对企业环保投资的影响——考虑政府与市场的作用》，《山西财经大学学报》2016年第3期。

⑤ 李虹、王瑞珂、许宁宁：《管理层能力与企业环保投资关系研究——基于市场竞争与产权性质的调节作用视角》，《华东经济管理》2017年第9期。

⑥ 李怡娜、徐丽：《竞争环境、绿色实践与企业绩效关系研究》，《科学学与科学技术管理》2017年第2期。

Decker（2006）[①] 认为公司间的互动可能会导致战略上的冲突，环境投资旨在将监管审查转向竞争对手，因此产品市场竞争可能会影响公司环保投资行为。Delmas 和 Burbano（2011）[②] 认为组织趋向于按照同行业中具有更合法和更成功的企业的样子塑造自己，研究显示这个规律适用于绿色实践，这说明部分企业可能支持绿色实践，因为害怕落后。这一观点获得了 Cooper（2015）[③] 的认同，他认为一个行业内的绿色规范可以向落后者施加压力，环保投资在节约成本的同时避免在不利环保声誉中的竞争劣势。

（三）组织内部因素对企业环保投资影响的文献回顾

随着研究不断深入，国外学者开始从企业内部着手，研究组织内部因素对企业环保投资行为的影响。大多学者从企业特征出发，基于高阶理论和组织理论研究企业高管或高管团队、企业规模、资源获取能力、股权集中度以及环境管理等特征因素对环保投资行为的影响。

1. 高管的影响

高阶理论以人的有限理性为前提，通过将高管的特征纳入模型中[④]，分析对高管特征对企业环保投资行为的影响。大多数研究认为企业高管薪酬结构、高管环保承诺、高管性别等特征对企业环保投资行为产生积极影响，如 Deckop（2006）[⑤] 的研究表明在长期内 CEO 的薪酬结构对企业社会责任活动有积极影响。Mackenzie 等（2013）[⑥] 研究发现，经理层无论是出于自私、无私还是战略原因，均倾向于企业社会责任投

---

① Maxwell J. W., Decker C. S., "Voluntary Environmental Investment and Responsive Regulation", *Environmental & Resource Economics*, No. 33, 2006, pp. 425 – 439.

② Delmas M. A., Burbano V. C., "The Drivers of Green Washing", *California Management Review*, Vol. 54, No. 1, 2011, pp. 64 – 87.

③ Cooper C. B., "Rule 10b – 5 at the Intersection of Greenwash and Green Investment: The Problem of Economic Loss", *Boston College Environmental. Affairs Law Review*, Vol. 42, No. 2, 2015, pp. 405 – 437.

④ Hambrick D. C., Mason P. A., "Upper Echelons: the Organization as A Reflect of Its Top Managers", *Academy of Management Review*, Vol. 9, No. 2, 1984, pp. 193 – 206.

⑤ Deckop J. R., "The Effects of CEO Pay Structure on Corporate Social Performance", *Journal of Management*, Vol. 32, No. 3, 2006, pp. 329 – 342.

⑥ Mackenzie C., Rees W., Rodionova T., "Do Responsible Investment Indices Improve Corporate Social Responsibility? FTSE4 Good's Impact on Environmental Management", *Corporate Governance: An International Review*, Vol. 21, No. 5, 2013, pp. 495 – 512.

资。孙德升（2009）[①] 通过理论分析了不同高管团队特征与企业社会责任行为之间可能存在的关系。吴德军和黄丹丹（2013）[②] 研究发现，高管性别影响企业环保行为，女性担任高管的公司环境绩效更好，高管长期薪酬与企业环境绩效正相关。李怡娜和叶飞（2013）[③] 利用珠三角地区 148 家制造业企业的问卷调查数据研究发现，高管支持与企业环保创新实践正相关。苏蕊芯（2015）[④] 利用 2011—2015 年中国绿公司百强榜单数据并基于产权理论研究发现，国有企业高层管理者报酬与绿色投资水平正相关。另外，研究发现非国有企业绿色投资的政治关联动机比国有企业更强，非国有企业绿色投资受代理问题的影响相对较小。高学历管理者的价值观对建立企业长期竞争优势更加关注，而企业环保投资作为非经济的投资项目，能够帮助企业建立长期竞争优势[⑤]。因此高学历管理者的自身需求促使其朝着可持续发展的方向努力，有助于增大环保投资力度。

另外，有部分研究认为高管特征与企业环保投资为负相关关系，如唐国平和李龙会（2013）[⑥] 通过实证研究发现，基于共同的利益，股东和管理层合谋阻碍企业环保投资。王海妹等（2014）[⑦] 研究表明，基于自身利益角度考虑，当管理层持股比例逐渐增大，其拒绝履行企业社会责任和减少社会责任方面开支的可能性也随之增大。

田双双等（2015）[⑧] 研究表明，公司管理层普遍缺乏环境治理和环

---

① 孙德升：《高管团队与企业社会责任：高阶理论的视角》，《科学学与科学技术管理》2009 年第 4 期。

② 吴德军、黄丹丹：《高管特征与公司环境绩效》，《中南财经政法大学学报》2013 年第 5 期。

③ 李怡娜、叶飞：《高层管理支持、环保创新实践与企业绩效——资源承诺的调节作用》，《管理评论》2013 年第 1 期。

④ 苏蕊芯：《产权因素对企业绿色投资行为的影响效应》，《投资研究》2015 年第 8 期。

⑤ 邓彦、潘星玫、刘思：《高管学历特征与企业环保投资行为实证研究》，《会计之友》2021 年第 6 期。

⑥ 唐国平、李龙会：《股权结构、产权性质与企业环保投资——来自中国 A 股上市公司的经验证据》，《财经问题研究》2013 年第 3 期。

⑦ 王海妹、吕晓静、林晚发：《外资参股和高管、机构持股对企业社会责任的影响——基于中国 A 股上市公司的实证研究》，《会计研究》2014 年第 8 期。

⑧ 田双双、冯波、李强：《重污染行业上市公司管理层权力与企业环保投资的关系》，《财会月刊》2015 年第 18 期。

境保护的积极性，样本公司的环保投资规模整体偏小，且企业之间的差异较大；权力的集中对企业环保投资产生了不利影响，管理层在环保投资决策方面更多地表现出与大股东“合谋”的倾向，而市场竞争的加剧，使得这种现象更为明显。苏蕊芯（2015）[①] 认为 CEO 和总经理两职合一不利于企业绿色投资。李强等（2016）[②] 利用 2008—2014 年 A 股上市公司中的重污染行业企业样本研究发现，高管政治网络与企业环保投资负相关，相比中央政治网络，高管地方政治网络对企业环保投资发挥的负向作用更大。深入研究发现，环境规制弱化了两者间的负向影响，相反，市场竞争增强了两者间的负向影响。

田双双和李强（2016）[③] 利用 2008—2014 年 A 股上市公司的重污染行业企业样本研究发现，管理者私人收益与企业环保投资规模负相关，非国有企业比国有企业管理者私人收益对企业环保投资规模的负面影响更大，进一步研究发现环境规制可以降低两者的负相关关系。王瑾（2019）[④] 认为企业代理冲突抑制环境规制对企业环保投资的促进作用。刘艳霞等（2020）[⑤] 以 2008—2017 年中国 A 股上市公司为研究对象，研究结果表明管理者自信对企业环保投资具有抑制作用。

2. 环境管理系统的影响

企业环境管理体系和制度对企业环保投资行为产生积极影响。Demirel 和 Kesidou（2011）[⑥] 使用 2005—2006 年 289 家英国公司的数据，并利用 Tobit 模型实证检验了不同企业内部因素对不同类型企业生态创新投资的驱动作用，其中机器和设备升级、成本节约的动机以及 ISO14001 环境管理体系的建立对企业生态创新投资均有不同程度的促进作用，但是，环保社会

---

① 苏蕊芯：《产权因素对企业绿色投资行为的影响效应》，《投资研究》2015 年第 8 期。

② 李强、田双双、刘佟：《高管政治网络对企业环保投资的影响——考虑政府与市场的作用》，《山西财经大学学报》2016 年第 3 期。

③ 田双双、李强：《管理者私人收益、产权性质与企业环保投资——考虑制度压力的影响》，《财会月刊》2016 年第 21 期。

④ 王瑾：《环境规制与企业环保投资——基于代理成本的视角》，博士学位论文，天津财经大学，2019 年。

⑤ 刘艳霞、祁怀锦、刘斯琴：《融资融券、管理者自信与企业环保投资》，《中南财经政法大学学报》2020 年第 5 期。

⑥ Demirel P., Kesidou E., “Stimulating Different Types of Eco-innovation in the UK: Government Policies and Firm Motivations”, *Ecological Economics*, Vol. 70, No. 8, 2011, pp. 1546 – 1557.

责任制度对于三种类型生态创新投资没有发挥推动作用。Inoue 等（2013）[①]使用2003 年日本制造业企业关于“环境政策工具及企业层面管理与实务：一项国际调查”的数据，并通过 Tobit 模型解决 ISO14001 内生性问题，实证研究表明 ISO14001 环境管理体系的成熟度对企业环保研发投资有正向影响。Jabbour 等（2014）[②] 将环境管理成熟度划分为反应阶段、预防阶段和积极阶段，企业从环境管理预防阶段开始避免最小化浪费或过度使用的投资，以追求环保效益；企业进入积极阶段，在供应商的影响下，对产品设计、采购和材料选择以及产品生产和管理流程投资以求实现竞争优势战略。并通过实证研究发现，环境管理成熟度对绿色采购和与顾客合作实现绿色绩效。此外，企业采用环境管理体系认证不一定表明其具有与之相匹配的可以显著降低其环境负面影响的组织能力。

周泓和李在卿（2013）[③] 分析了 ISO14001 环境管理体系认证对组织环保行为的影响，认为认证是促进企业环保投资行为的重要抓手。姜雨峰和田虹（2014）[④] 将制造业企业是否通过 ISO14001 环境管理体系认证作为企业环境责任的代理变量，并使用问卷调查数据，研究发现，企业环境责任在绿色创新投资和企业竞争优势之间具有中介作用。

3. 组织内部其他因素的影响

大多数研究认为组织内部因素对企业环保投资行为产生积极影响。如 Río 等（2011）[⑤] 基于2000—2006 年西班牙工业行业数据研究了环保技术投资以及管道末端技术投资和清洁生产技术投资的内外部影响因素，发现

---

① Inoue E., Arimura T. H., Nakano M., “A New Insight into Environmental Innovation: Does the Maturity of Environmental Management Systems Matter?”, *Ecological Economics*, No. 94, 2013, pp. 156 – 163.

② De Sousa Jabbour A. B. L., Jabbour C. J. C., Latan H., et al., “Quality Management, Environmental Management Maturity, Green Supply Chain Practices and Green Performance of Brazilian Companies with ISO14001 Certification: Direct and Indirect Effects”, *Transportation Research Part E: Logistics and Transportation Review*, No. 67, 2014, pp. 39 – 51.

③ 周泓、李在卿：《环境管理体系认证提升环境管理绩效》，《环境与可持续发展》2013 年第 2 期。

④ 姜雨峰、田虹：《绿色创新中介作用下的企业环境责任、企业环境伦理对竞争优势的影响》，《管理学报》2014 年第 8 期。

⑤ Rio P. D., Moran M. A. T., Albnana F. C., “Analysing the Determinants of Environmental Technology Investments. A Panel-Data Study of Spanish Industrial Sectors”, *Journal of Cleaner Production*, No. 19, 2011, pp. 1170 – 1179.

环境规制强度、人力资本强度和实物资本强度与不同类型环保技术投资规模均正相关。也有研究表明部分企业内部治理因素与企业环保投资行为负相关，如 Mackenzie 等（2013）[①] 利用 21 个国家的 1029 家企业样本研究发现，机构投资者参与企业治理与企业社会责任行为存在反向关系。

中国学者更多地从企业特征出发，研究企业规模、企业能力和产权性质等特征对企业环保投资行为的影响。如宋林等（2012）[②] 认为大规模企业受社会公众关注度高，因而更能履行社会责任。问文等（2015）[③] 研究发现，企业规模是影响企业环保投资行为的重要因素，企业规模与企业环保主动性战略正相关；企业环保意识越强，企业越会选择应对型环保投资战略。唐国平和李龙会（2013）[④] 利用中国 2008—2011 年 A 股上市公司数据研究发现，国有公司比民营公司投入更多的环保资金。马珩等（2016）[⑤] 利用 2010—2014 年 A 股上市公司的 414 家样本，研究发现，国有企业环保投资规模低于非国有企业。周慧楠（2019）[⑥] 将迪博内部控制指数作为内部控制代理变量，发现内部控制质量与企业环保投资规模显著正相关。

也有学者基于企业所处地区特征研究空间异质性与环保投资的关系，如高麟和胡立新（2017）[⑦] 利用 2010—2014 年京津冀地区重污染行业上市公司的数据研究发现，区域经济增长为企业提供良好的经济环境，与企业环保投资正相关，政府环保投资增加减少了企业环保成本，

---

① Mackenzie C., Rees W., Rodionova T., "Do Responsible Investment Indices Improve Corporate Social Responsibility? FTSE4 Good's Impact on Environmental Management", *Corporate Governance: An International Review*, Vol. 21, No. 5, 2013, pp. 495－512.

② 宋林、王建玲、姚树洁：《上市公司年报中社会责任信息披露的影响因素——基于合法性视角的研究》，《经济管理》2012 年第 2 期。

③ 问文、胡应得、蔡荣：《排污权交易政策与企业环保投资战略选择》，《浙江社会科学》2015 年第 11 期。

④ 唐国平、李龙会：《企业环保投资结构及其分布特征研究——来自 A 股上市公司 2008—2011 年的经验证据》，《审计与经济研究》2013 年第 4 期。

⑤ 马珩、张俊、叶紫怡：《环境规制、产权性质与企业环保投资》，《干旱区资源与环境》2016 年第 12 期。

⑥ 周慧楠：《内部控制、环境政策与企业环保投资——来自重污染行业上市公司的经验证据》，《财会通讯》2019 年第 6 期。

⑦ 高麟、胡立新：《区域经济增长、政府环保投入与企业环保投资研究——以京津冀地区上市公司为例》，《商业会计》2017 年第 1 期。

进一步促进企业环保投资，因此政府环保投资与企业环保投资正相关。唐国平等（2018）[①] 研究结果表明，微观企业环保投资行为与地区经济发展水平呈现正相关的关系。任广乾（2017）[②] 认为，外部治理因素如环境规制、媒体关注和社会公众等，与内部治理机制如股权结构、产权性质、董事会等均对企业环保投资行为产生直接影响。姜锡明和许晨曦（2015）[③] 利用2008—2013年A股上市公司的569个数据研究发现，公司治理机制和环境规制对企业环保投资均有促进作用，其中大股东和管理层治理机制与环境规制形成替代效应对企业环保投资规模产生正向影响，而董事会规模和独立董事比例的董事会治理机制与环境规制形成互补效应对企业环保投资规模产生正向影响。管亚梅和孙响（2018）[④] 以2012—2016年重污染行业上市公司为研究样本，研究结果表明第一大股东持股比例和管理层持股比例均与企业环保投资均呈显著负相关关系。蔡宁等（1995）[⑤] 认为污染物控制标准、环境管理机构设置、工业项目环境影响评价、经济激励系统是影响企业环保投资的外部因素，而影响企业环保投资的内部因素主要是企业环保意识。

二　企业环保投资的经济后果文献回顾

（一）企业环保投资对企业绩效的消极影响

基于新古典经济学理论，早期学者们认为实现利润最大化是企业投入资本的目标，但企业进行环保投资的行为是与盈利目标不一致的。政府颁布系列环境规制会额外增加企业的环保费用，最终对企业提高生产效率和行业竞争力产生不利影响。企业通过环保投资实现环保与经济目标的平和，但是企业环保投资会给企业带来额外成本，对企业财务绩效产生消极

---

① 唐国平、倪娟、何如桢：《地区经济发展、企业环保投资与企业价值——以湖北省上市公司为例》，《湖北社会科学》2018年第6期。

② 任广乾：《基于公司治理视角的企业环保投资行为研究》，《郑州大学学报》（哲学社会科学版）2017年第3期。

③ 姜锡明、许晨曦：《环境规制、公司治理与企业环保投资》，《财会月刊》2015年第27期。

④ 管亚梅、孙响：《环境管制、股权结构与企业环保投资》，《会计之友》2018年第16期。

⑤ 蔡宁、吴刚、许庆瑞：《影响我国工业企业环境保护投资因素的调查分析》，《软科学》1995年第2期。

影响[1]。Orsato（2006）[2] 赞同上述观点，他认为企业环保投资占用了企业正常经营的流动资金，却无法带来直接经济收入，这将加重企业的财务负担。

学者们也通过实证研究方法证实了两者的负相关关系。Freedman 与 Jaggi（1992）[3] 研究发现，短期内造纸企业环保投资与经济绩效和市盈率均呈现负相关关系。基于权衡视角，刘常青和崔广慧（2016）[4] 研究表明，企业进行环保投资可能会使得企业费用增加，息税前利润减少，进而造成企业价值下降；也可能出现企业费用减少的情况，从而使得企业价值上升。王鹏和张婕（2016）[5]、刘常青和刘青（2017）[6] 认为无论是国有企业还是非国有企业，制造业企业环保投资与企业价值均存在反向关系。

（二）企业环保投资对企业绩效的积极促进作用

基于波特假说，部分学者认为企业环保投资能够正向影响企业绩效。波特假说表明，企业投资环保技术的创新与实践有利于降低环境合规成本，减少环保税费的支付，提升资源的使用效率，从而强化企业在行业中的竞争地位[7]。秦颖等（2004）[8] 认为，企业环保投资有助于企业实现环境绩效与经济绩效的双赢目标。

---

① 彭峰、李本东：《环境保护投资概念辨析》，《环境科学与技术》2005 年第 3 期。

② Orsato R. J.，"Strategies for Corporate Social Responsibility Competitive Environmental Strategies：When Does It Pay to be Green?"，*California Management Review*，Vol. 48. No. 2，2006，pp. 127 – 143.

③ Freedman M.，Jaggi B.，"An investigation of the Long-run Relationship Between Pollution Performance and Economic Performance：the Case of Pulp and Paper Firms"，*Critical Perspectives on Accounting*，Vol. 3，No. 4，1992，pp. 315 – 336.

④ 刘常青、崔广慧：《中国企业会计准则环保效应对企业价值的影响》，《郑州航空工业管理学院学报》2016 年第 2 期。

⑤ 王鹏、张婕：《股权结构、企业环保投资与财务绩效》，《武汉理工大学学报》（信息与管理工程版）2016 年第 6 期。

⑥ 刘常青、刘青：《负向效应、延续效应与产权效应——制造业视角下环保投资对企业价值的影响》，《财会通讯》2017 年第 27 期。

⑦ Porter M. E.，Van D. LC.，"Green and Competitive：Ending the Stalemate"，*Harvard Business Review*，No. 73，1995，pp. 120 – 134.

⑧ 秦颖、武春友、翟鲁宁：《企业环境绩效与经济绩效关系的理论研究与模型构建》，《系统工程理论与实践》2004 年第 8 期。

上述学者的观点再次得到了验证。López-Gamero 等（2009）[①] 研究表明，当企业预防污染性投资增加时，会使企业污染排放水平得到有效改善，从而企业无须承担过多与污染相关的环境税费；再者，企业积极承担环保责任有助于树立良好的企业形象，帮助企业获得市场资源，提高财务绩效水平。Gavronski 等（2011）[②] 研究发现，制造业企业环保投资规模会对企业绿色创新产生积极影响，从而提升财务绩效水平。基于企业价值创造视角，Konar 和 Cohen（2001）[③] 认为企业环保投资能够提升企业的市场竞争力，扩大企业投资回报率。Yadav 等（2016）[④] 研究发现，美国大型企业环保投资对企业价值具有促进作用，企业环保投资的期间越长，对其企业价值所发挥的促进作用越显著，从而有效提升资本市场对企业股票的期望值，为企业融资提供了良好的渠道。

部分中国学者验证了企业环保投资对财务绩效的积极影响。如秦颖等（2004）[⑤] 将企业对环境压力的回应速度划分为超前类型、主动类型、适应类型、被动类型以及消极类型五类，并通过访谈和发放问卷的方式获取数据，研究结果显示，金属制造业企业环境行为与企业绩效之间存在显著正相关关系。胡元林和李茜（2016）[⑥] 同样采取访谈和发放问卷的方法，对湖北省鄂州市重污染行业上市公司展开研究，研究显示环境规制通过企业环保投资对财务绩效产生促进作用，且与环境规制相比，企业环保投资

---

① López-Gamero M. D., Molina-azorin J. F., Clavercortes E., "The Whole Relationship between Environmental Variables and Firm Performance: Competitive Advantage and Firm Resources as Mediator Variables", *Journal of Environmental Management*, No. 90, 2009, pp. 3110 – 3121.

② Gavronski I., Klassen R. D., Vachon S., et al., "A Resource-Based View of Green Supply Management", *Transportation Research Part E: Logistics and Transportation Review*, Vol. 47, No. 6, 2011, pp. 872 – 885.

③ Konar S., Cohen M. A., "Does the Market Value Environmental Performance?", *Review of Economics and Statistics*, Vol. 83, No. 2, 2001, pp. 281 – 289.

④ Yadav P. L., Han S. H., Rho J. J., "Impact of Environmental Performance on Firm Value for Sustainable Investment: Evidence from Large US Firms", *Business Strategy and the Environment*, Vol. 25, No. 6, 2016, pp. 402 – 420.

⑤ 秦颖、武春友、翟鲁宁：《企业环境绩效与经济绩效关系的理论研究与模型构建》，《系统工程理论与实践》2004 年第 8 期。

⑥ 胡元林、李茜：《环境规制对企业绩效的影响——以企业环保投资为传导变量》，《科技与经济》2016 年第 1 期。

对企业绩效的积极影响更加显著。范宝学和王文姣（2019）[①] 验证了煤炭行业的企业环保投资与财务绩效呈现正相关关系。

部分学者认为短期来看，企业环保投资对财务绩效的影响不显著，存在滞后效应的可能性[②]。Horváthová（2012）[③] 研究发现，企业环境绩效对当期财务绩效有消极影响，而对 $T+2$ 期财务绩效具有促进作用。

（三）企业环保投资与企业绩效之间存在不确定关系

Toyozumi（2007）[④] 以日本企业为研究对象，研究认为两者之间的关系不显著。张悦（2016）[⑤] 对环保投资和经济绩效进一步细分，研究表明科技行业的企业环保投资水平对其运营能力没有显著影响，其中归属于废弃物污染治理的投资对公司的偿债和发展能力在一定程度上具有促进作用，环保专项资金对公司的偿债、盈利和发展能力也能够发挥积极的作用，但是环保设施和系统投资对企业的盈利能力没有促进作用。

赵雅婷（2015）[⑥]、陈琪（2019）[⑦] 及唐勇军和夏丽（2019）[⑧] 研究发现，企业环保投资与企业绩效之间呈"U"形的非线性关系。而持相反观点的是，Pekovic 等（2018）[⑨] 研究发现，企业环保投资与企业绩效呈倒"U"形关系。

---

① 范宝学、王文姣：《煤炭企业环保投入、绿色技术创新对财务绩效的协同影响》，《重庆社会科学》2019 年第 6 期。

② 潘飞、王亮：《企业环保投资与经济绩效关系研究》，《新会计》2015 年第 4 期；马红、侯贵生：《环保投入、融资约束与企业技术创新——基于长短期异质性影响的研究视角》，《证券市场导报》2018 年第 8 期。

③ Horváthová E.，"The Impact of Environmental Performance on Firm Performance：Short-term Costs and Long-term Benefits?"，*Ecological Economics*，No. 84，2012，pp. 91－97.

④ Toyozumi T.，"Strategic Environmental Management（in Japanese）"，*Chuo Keizaisha*，2007.

⑤ 张悦：《环境投资与经济绩效关系研究——基于科技型企业的经验证据》，《工业技术经济》2016 年第 1 期。

⑥ 赵雅婷：《行业属性、企业环保支出与财务绩效》，《会计之友》2015 年第 7 期。

⑦ 陈琪：《企业环保投资与经济绩效——基于企业异质性视角》，《华东经济管理》2019 年第 7 期。

⑧ 唐勇军、夏丽：《环保投入、环境信息披露质量与企业价值》，《科技管理研究》2019 年第 10 期。

⑨ Pekovic S.，Grolleau G.，Mzoughi N.，"Environmental Investments：Too Much of a Good Thing?"，*International Journal of Production Economics*，Vol. 197，No. 3，2018，pp. 297－302.

三 内部控制的经济后果文献回顾

内部控制作为企业治理的重要方式，不仅深刻影响企业的运营管理，也在资源调配等方面处于引领地位，并被证实对企业财务绩效存在直接影响。大量研究表明，第一，存在内部控制缺陷的企业，会使股价下跌风险加大，导致较高的财务风险和股权资本成本[①]。权益资本成本越高，股东和债权人对企业的要求就越高，会增加企业的偿债风险和后续经营的投资风险，减少融资空间，抑制企业的价值增长，进而对企业财务绩效产生消极影响，从反面论证其正向作用。第二，内部控制有效性（质量）越强，越能提升会计信息质量和盈余质量[②]。同时，内部控制信息披露越全面，越能体现管理者较高的决策自信度以及企业经营绩效的合法合规性，能为企业创造良好的营商环境，进而利于企业财务绩效的提高，从正面论证了其正向作用[③]。

同时，部分学者也在尝试探究内部控制质量对财务绩效作用的间接路径。肖华和张国清（2008）[④] 以盈余持续性为中介变量，发现健全的内部控制有助于形成良好的盈余持续性，进而提升企业绩效。常启军和苏亚（2015）[⑤] 以代理成本作为内部控制信息披露和企业绩效的中介变量，印证了三者间的传导关系。刘婉和程克群（2019）[⑥] 以中国食品、饮料制造业上市公司为样本研究发现，内部控制质量、社会责任都对财务绩效具有显著正向促进效应，且社会责任在内部控制质量对财务绩效的影响过程中

---

① Cheng Q., Goh B. W., Kim J. B., "Internal control and operational efficiency", *Contemporary Accounting Research*, Vol. 35, No. 2, 2018, pp. 1102 - 1139.

② Yang J., "Analysis on the Research of Enterprise Accounting Information Quality from the Perspective of Internal Control", *Academic Journal of Business & Management*, Vol. 1, No. 3, 2019.

③ 陈素琴、范琳琳：《企业内部控制与财务绩效的相关性研究——基于上证 A 股上市公司》，《财务与金融》2019 年第二期。

④ 肖华、张国清：《公共压力与公司环境信息披露——基于"松花江事件"的经验研究》，《会计研究》2008 年第 5 期。

⑤ 常启军、苏亚：《内部控制信息披露、代理成本与企业绩效——基于创业板数据的实证研究》，《会计之友》2015 年第 12 期。

⑥ 刘婉、程克群：《内部控制质量、社会责任与财务绩效——基于我国食品、饮料制造业上市公司实证研究》，《山东理工大学学报》（社会科学版）2019 年第 4 期。

具有中介效应。夏国祥和董苏（2019）[①] 研究发现，内部控制建设可有效抑制管理者过度自信的程度，间接促进了企业绩效的提高，管理者过度自信在内部控制对企业绩效的影响中发挥着中介作用。

在调节关系方面，叶陈刚等（2016）[②] 通过实证研究发现，企业的产权性质会进一步调节内部控制与财务绩效间的关系强弱。林波（2018）[③] 尝试将机构投资者持股、内部控制与企业财务绩效三者放在同一分析框架，发现机构投资者持股会显著影响内部控制对财务绩效的作用效果。

四　文献述评

（一）研究领域不断延伸

企业环保投资行为成为国内外学者研究的热点，研究领域不断延伸，从早期基于制度理论和利益相关者理论的外部影响因素逐渐向基于资源基础观和高阶理论的内部影响因素延伸。

国外文献早期较多围绕“污染避难所假说”“要素禀赋假说”“波特假说”论证环境规制与企业环保投资间的关系，之后更多地关注不同环境规制对不同类型的环保投资产生的影响。而国内文献更倾向于论证“波特假说”，或基于合法性理论论证环境规制与企业环保投资的关系，鲜有文献关注不同环境规制对企业环保投资的影响，可能是由于中国环境规制比较难衡量的原因造成的。

另外，国外文献从更广泛的受益主体出发，研究利益相关者对企业环保投资行为的影响。其中，利益相关者不仅包含消费者和供应商，还包括社会公众和竞争者。而国内文献对消费者和供应商关注更多，较少关注社会公众和竞争者。

探究组织内部因素对企业环保投资行为的影响是近期国内外学者研究的侧重点。学者们普遍认为组织内部因素对企业环保战略决策具有同等重要影响。国外研究主要关注高管薪酬结构、股权集中度和环境管理体系对企业环保投资的影响；国内研究主要关注高管特征（含高管性别、高管学

---

① 夏国祥、董苏：《内部控制、管理者过度自信与企业绩效的关系》，《会计之友》2019 年第 20 期。

② 叶陈刚、裘丽、张立娟：《公司治理结构、内部控制质量与企业财务绩效》，《审计研究》2016 年第 2 期。

③ 林波：《机构投资者持股、内部控制与企业财务绩效》，《财会通讯》2018 年第 33 期。

术经历、高管薪酬、高管态度、政治关联和管理层能力)、股权结构，并结合行业属性和产权性质等因素研究组织内部因素对企业环保投资的影响。

（二）研究重点发生转变

研究重点从什么因素影响企业环保投资行为（即驱动机制研究）转向什么因素如何影响企业环保投资行为（即实现路径研究）以及实施环保投资行为能带来什么（即经济后果研究）。无论是国外文献还是国内文献，都倾向于将制度理论、利益相关者理论、高阶理论、组织理论等多种理论相结合，论证内外部因素对企业环保投资的影响以及企业环保投资的经济后果。

另外，国外文献较多采用因变量分类的方式对内外部因素和企业环保投资的关系进行深入研究，而国内文献更倾向于采用自变量分类的方式对内外部因素和企业环保投资的关系进行深入研究。

在此基础上，国内文献更倾向于进一步探讨不同地区、不同行业、不同产权性质下组织内外部因素对企业环保投资影响的差异性。主要原因是中国幅员辽阔，存在较为显著的空间异质性。另外，中国明确执行“因地制宜”的环保政策，这些具有中国特色的因素均引起了国内学者的广泛关注。

在内部控制经济后果方面，现有研究更多地关注内部控制与财务绩效的直接关系，部分文献将企业社会责任、管理层特征与代理成本作为内部控制影响财务绩效的中介变量或调节变量，但均未能充分考虑企业环保投资这一重要因素，鲜少有文献将内部控制、企业环保投资和财务绩效置于同一框架下进行研究。

（三）研究方法不断丰富

国内外文献都使用了理论分析方法和实证分析方法对组织内外部因素和企业环保投资的关系进行研究。但随着研究的不断深入，国内外学者更多地使用实证研究方法。由于与环境相关的指标存在界定不统一、难以量化等问题，国内外文献较多地使用了问卷调查的方式收集数据，并采用结构方程模型实证检验内外部因素对企业环保投资的直接影响或间接影响。近年来的国外文献开始关注内生性问题，较多地采用 Tobit 模型和固定效应模型。国内文献更多地采用普通最小二乘法进行估计，少数文献使用固定效应模型或工具变量等克服内生性问题。

以上成果为本书的研究提供了理论基础和方法的借鉴，但还存在进一步深化研究之处，具体而言如下。

第一，研究视角。现有研究大多基于制度理论研究组织外部环境规制对企业环保投资的影响，但是现有文献缺少从微观角度实证研究内部控制因素对企业环保投资行为的影响。

第二，对组织内外部因素与企业环保投资关系的调节效应和中介效应开展研究。现有文献较多针对单一影响因素进行研究，缺少将组织内外部因素与企业环保投资相结合探讨调节效应和中介效应的研究。通过调节效应和中介效应研究，可以加强组织内外部因素与企业环保投资关系的相互关联性，具有较强现实意义。

第三，企业不同类型环保投资行为的动因及经济后果研究。由于企业环保投资的概念界定不统一，现有文献缺少对企业环保投资行为进行分类研究，仅将企业环保投资作为单维构念，这样不利于明确企业不同类型环保投资行为的动因及经济后果。因此，明确企业环保投资概念、结构和分类原则、特征，有助于推进对企业不同类型环保投资行为动因及经济后果研究。

第二节　理论基础

一　制度理论

制度理论起源于社会学和政治学的学术领域，制度理论的第一个层次认为人类的许多行为无法用理性行为假设来分析，强调人类的行为经常不受功利主义的驱动，而是在强制、模仿及规范压力下，更多出于合法性的考虑或是认知方面的原因而趋同[①]。第二层次认为人类理性行为本身的选择偏好来自制度，而不是一种先验的和外在的存在。制度理论的核心命题是制度同形能否带来组织合法性[②]。根据 Suchman（1995）[③] 对合法性的

---

① DiMaggio P. J.，Powell W. W.，“The Iron Cage Revisited：Institutional Isomorphism and Collective Rationality in Organizational Fields”，*American Sociological Review*，No. 48，1983，pp. 147 – 160；Meyer J. W.，Rowan B.，“Institutionalized Organizations：Formal Structure as Myth and Ceremony”，*American Journal of Sociology*，Vol. 83，No. 2，1977，pp. 340 – 363.

② Deephouse D. L.，“Does Isomorphism Legitimate?”，*Academy of Management Journal*，Vol. 39，No. 4，1996，pp. 1024 – 1039.

③ Suchman M. C.，“Managing Legitimacy：Strategic and Institutional Approaches”，*Academy of Management Review*，Vol. 20，No. 3，1995，pp. 571 – 610.

定义，合法性具体包括两个层次，一是组织符合一定标准；二是被公众所接受。

制度被定义为一系列规制、组织和规范等。蔡守秋（2009）[①] 将环境规制定义为社会组织旨在提高环境质量、预防环境污染和生态毁灭，而决定采取的规划、制度、行动、举措和其他各项应对措施的总称。环境规制能够同时调节人与人、人与自然的关系，突出人与自然友好相处的重要性[②]。环境规制包括环境法规和以市场为基础的工具，如环境税[③]，也包括自愿协议政策和信息工具政策[④]，环境规制对治理环境问题而言是一个有效工具[⑤]。这些研究认为环境规制可以推动企业环保投资从而实现合法性目的，强调环境规制是一种约束。

为了更好解释如何克服经纪人的机会主义行为，新制度经济学家诺思将制度分为正式规制和非正式规制，其中非正式规制更多地与个人和企业联系在一起，具体包括道德、禁忌、习惯、传统、行为准则、意识形态等，强调非正式规制如何影响人的行为。现有文献从商业道德[⑥]、宗教信仰[⑦]、家乡认同[⑧]等角度探索了非正式规制对企业行为影响。可见，非正式规制对公司治理行为产生重要影响，是不可忽视的重要因素。

---

① 蔡守秋：《论健全环境影响评价法律制度的几个问题》，《环境污染与防治》2009 年第 12 期。

② 董颖、石磊：《“波特假说”——生态创新与环境管制的关系研究述评》，《生态学报》2013 年第 3 期。

③ Demirel P., Kesidou E., “Stimulating Different Types of Eco-innovation in the UK: Government Policies and Firm Motivations”, *Ecological Economics*, Vol. 70, No. 8, 2011, pp. 1546 – 1557.

④ Jordan A., Wurzel R. K. W., Zito A. R., “New Instruments of Environmental Governance: Patterns and Pathways of Change”, *Environmental Politics*, Vol. 12, No. 1, 2003, pp. 1 – 26.

⑤ Milliman S. R., Prince R., “Firm Incentives to Promote Technological Change in Pollution Control”, *Journal of Environmental Economics and Management*, Vol. 17, No. 3, 1989, pp. 247 – 265.

⑥ Creyer E. H., “The Influence of Firm Behavior on Purchase Intention: Do Consumers Really Care about Business Ethics?”, *Journal of Consumer Marketing*, Vol. 14, No. 6, 1997, pp. 421 – 432.

⑦ 陈冬华、胡晓莉、梁上坤、新夫：《宗教传统与公司治理》，《经济研究》2013 年第 9 期；Dyreng S. D., Mayew W. J., Williams C. D., “Religious Social Norms and Corporate Financial Reporting Religious”, *Journal of Business Finance and Accounting*, Vol. 39, No. 8, 2012, pp. 845 – 875.

⑧ 胡珺、宋献中、王红建：《非正式制度、家乡认同与企业环境治理》，《管理世界》2017 年第 2 期。

二 资源基础观

1984年，Wernerfelt的《企业的资源基础观》[①] 发表标志着资源基础观（RBV）的诞生。资源基础观将企业看作是一个资源的集合体，认为企业所拥有的资产、能力、组织流程、企业属性、信息和企业所掌握的知识等资源是企业可持续发展的核心竞争力的泉源。这些企业所拥有的独特资源和能力是企业成功的关键因素[②]。资源基础观强调企业异质性、不可模仿性的价值，是被广泛用于解释公司竞争力和成功的理论之一。

但是，Hart（1995）[③] 提出，资源基础观忽略了企业与自然环境之间的相关关系。随着生态问题的日益严峻，企业的经营活动应该在自然资源基础观（NRBV）下考虑自然资源的限制和对环境的影响。因此，Hart（1995）[④] 将自然环境要素引入资源基础观，形成了企业构建可持续竞争力的新视角。自然资源基础观主张企业应实施环境污染防治、针对环境产品全面管理和可持续发展三个环节，强调企业环境管理过程是企业构建可持续竞争优势的过程，重视企业合理利用自然资源。依据资源基础观和自然资源基础观分析企业环保投资的影响因素遵循两个逻辑：第一，企业构建或获取异质性资源和能力对企业环保投资产生重要影响；第二，拥有异质性资源和能力为企业提供条件做好其他企业不能做的事。

如部分学者主张企业树立绿色形象，认为企业绿色形象只能在较长时

---

① Wernerfelt B.，"A Resource-Based View of the Firm"，*Strategic Management Journal*，Vol. 5，No. 2，1984，pp. 171－180.

② Barney J.，"Firm Resources and Sustained Competitive Advantage"，*Journal of Management*，Vol. 17，No. 1，1991，pp. 99－120；Daft R. L.，Lengel R. H.，"Information Richness. A New Approach to Managerial Behavior and Organization Design"，*Texas A and M Univ College Station Coll of Business Administration*，1983.

③ Hart S. L.，"A Natural-Resource-Based View of the Firm"，*Academy of Management Review*，Vol. 20，No. 4，1995，pp. 986－1014.

④ Hart S. L.，"A Natural-Resource-Based View of the Firm"，*Academy of Management Review*，Vol. 20，No. 4，1995，pp. 986－1014.

间内才能形成，很难模仿[①]，有助于企业获得竞争可持续发展优势[②]，增加了企业绿色形象与企业经营绩效及环保绩效的关联性[③]，也增加了绿色形象与企业绿色核心竞争力的关联性[④]。LÓpez-Gamero 等（2009）[⑤] 研究发现，酒店业的差异化竞争优势更显著地来自绿色形象塑造的市场营销，绿色形象增加了企业国际市场竞争力，对企业财务绩效产生积极影响，从而使企业环保投资成本通过经营绩效转化出去，进一步促进企业环保投资。Fortune 等（2016）[⑥] 采用 2010—2014 年 100 家南非上市公司（JSE）数据进行实证研究，发现绿色形象能够刺激企业环保投资。

三 利益相关者理论

利益相关者理论起源于 20 世纪 60 年代西方国家，1963 年斯坦福研究所将利益相关者定义为"企业存在与他们生存息息相关的个体或者群体，缺少他们的支持，企业就无法正常运转"。随后，美国学者安索芙在管理学和经济学中运用到该理论，提出"企业制定出理想的目标的前提是，多方面均衡考虑企业各利益群体间相互矛盾的索要权，其中包括管理层、员工、股东、供给商以及经销商"。1984 年，弗里曼在《战略管理：利益相关者管理的分析方法》中提到，利益相关者理论是企业管理层旨在实现综合均衡各利益团体的利益期望而开展的管理活动。Donaldson 和

① Yadav R., Dokania A. K., Pathak G. S., "The Influence of Green Marketing Functions in Building Corporate Image: Evidences from Hospitality Industry in a Developing Nation", *International Journal of Contemporary Hospitality Management*, Vol. 28, No. 10, 2016, pp. 2178-2196.

② 曹芳萍、温玲玉、蔡明达：《绿色管理、企业形象与竞争优势关联性研究》，《华东经济管理》2012 年第 10 期。

③ Miles M. P., Covin J. G., "Environmental Marketing: A Source of Reputational, Competitive, and Financial Advantage", *Journal of Business Ethics*, Vol. 23, No. 3, 2000, pp. 299-311.

④ Chen Y. S., "The Driver of Green Innovation and Green Image—Green Core Competence", *Journal of Business Ethics*, Vol. 81, No. 3, 2008, pp. 531-543.

⑤ López-Gamero M. D., Molina-Azorín J. F., Claver-Cortés E., "The Whole Relationship between Environmental Variables and Firm Performance: Competitive Advantage and Firm Resources as Mediator Variables", *Journal of Environmental Management*, Vol. 90, No. 10, 2009, pp. 3110-3121.

⑥ Fortune G., Ngwakwe C. C., Ambe C. M., "Corporate Image as A Factor that Supports Corporate Green Investment Practices in Johannesburg Stock Exchange Listed Companies", *International Journal of Sustainable Economy*, Vol. 8, No. 1, 2016, pp. 57-75.

Preston (1995)[①] 论述了利益相关者理论的具体含义，包括：第一，将公司描述成一个相互合作和具有内在价值的相互竞争利益团体。第二，利益相关者理论旨在验证利益团体管理和各项财务绩效目标达成之间的相连性建立一个框架，即关注焦点是在其他条件相同的情况下，公司实践利益相关者的主张，与成功的传统业绩条件相比，在盈利能力、稳定增长等方面表现更好。第三，利益相关者是由他们在公司的利益所确定的，不仅仅是由于他们的能力能进一步影响其他群体的利益。第四，利益相关者理论在态度、结构和实践方面构建了利益相关者管理，利益相关者管理要求关注各利益相关者的合法利益，这个要求适用于任何管理决策或影响公司的政策，不仅包括职业经理人，还包括股东和政府以及其他利益团体。

相比于传统的股东至上主义，利益相关者理论表明企业关注的是整体利益相关者的利益，而不局限于某个主体的利益。利益相关者理论是学者研究企业环保责任所依据的主要理论样式，环保投入是企业履行环保责任的重要体现，因此，不能忽视利益相关者对企业环保投资的影响。

四 高阶理论

Hambrick 和 Mason (1984)[②] 创新地提出了高阶理论（Upper Echelons Theory）。该理论认为企业管理者个人或管理团队是有限理性的，他们对企业所处的复杂环境无法完全掌握，只能通过管理者自己“理解的现实”，从而制定相应的组织战略。因此，组织战略的正确与否与企业管理者对真实环境的判断准确性有关。在相关研究中往往将把高层管理者的特征、战略选择、组织绩效纳入高阶理论研究的模型中，突出了人口统计学特征如年龄、功能、职业经历、受教育程度、社会经济背景、财务状况和组织异质性等对管理者认知模式的作用以及对组织绩效的影响。该理论强调企业管理者的价值观和认知能力对组织战略和有效性的影响。高阶理论被广泛地应用于预测组织结果、人才选拔和预测竞争对手的行动与策略。

---

① Donaldson T., Preston L. E., “The Stakeholder Theory of the Corporation: Concepts, Evidence, and Implications”, *Academy of Management Review*, Vol. 20, No. 1, 1995, pp. 65 - 91.

② Hambrick D. C., Mason P. A., “Upper Echelons: the Organization as A Reflect of Its Top Managers”, *Academy of Management Review*, Vol. 9, No. 2, 1984, pp. 193 - 206.

在环境问题上，高阶理论用于解释高管个人或团队对企业环境战略的选择、环保实践行为、环保实践效率的影响。相关研究均强调企业高管个人或团队的环保意识、环保态度、高管激励等对企业环保投资产生重要影响，如企业管理者所感知的压力越大，越有动力进行环境计划、投资环境保护项目，管理者对环保行动的支持是环境管理系统应用的关键驱动因素[①]。企业管理者的信念、价值观直接决定对企业的环保事项的支持度，进而决定企业环保战略[②]。企业管理者支持是企业内部一股强大的政治力量[③]，管理者环保支持度越大，企业越可能进行环保投资。首先，管理者支持能提供更多的资源有利于环保投资项目开展。因为相对于其他环保举措而言，环保投资涉及新技术开发，需要更多的资源投入。其次，环保投资因其双重外部性而难以获得资源配置优先权，因此，企业的环境管理部门与研发、市场和生产部门等部门需要通力合作。显然，企业管理者支持能够促进不同部门之间的协调和沟通[④]。最后，管理者支持能够更好地激发员工环保项目创新和调动员工参与环保事业的积极性，进而有助于提升整个企业环保投资的水平[⑤]。

---

① Zhu Q., Sarkis J., "Relationships between Operational Practices and Performance among Early Adopters of Green Supply Chain Management Practices in Chinese Manufacturing Enterprises", *Journal of Operations Management*, Vol. 22, No. 3, 2004, pp. 265 – 289; Hamel G., Prahalad C. K., *Strategic Intent*, Harvard Business Press, 2010.

② Fineman S., "Constructing the Green Manager", *British Journal of Management*, Vol. 8, No. 1, 1997, pp. 31 – 38.

③ Drumwright M. E., "Socially Responsible Organizational Buying: Environmental Concern as a Noneconomic Buying Criterion", *Journal of Marketing*, Vol. 58, No. 3, 1994, pp. 1 – 19.

④ Weng, M. H. & Lin, C., "Determinants of Green Innovation Adoption for Small and Medium-Size Enterprises (SMES)", *African Journal of Business Management*, No. 5, 2011, pp. 9154 – 9163.

⑤ Ramus C. A., Steger U., "The Roles of Supervisory Support Behaviors and Environmental Policy in Employee 'Ecoinitiatives' at Leading-edge European Companies", *Academy of Management Journal*, Vol. 43, No. 4, 2000, pp. 605 – 626.

第三章　中国环境管理制度的发展历程与内容

第一节　中国环境管理制度的发展历程

环境管理部门根据每个五年计划制定环境保护的方针、政策和规定，用于协调和监督各地区与各部门的环境保护工作。随着环境管理部门的建立健全，中国环境保护法律法规逐渐建立起来。本书依据五年计划的时间节点，将1971年至今中国环境管理制度的发展历程划分为六个阶段。

一　萌芽阶段

1971—1980年是“四五”和“五五”计划时期，中国环境保护工作处于萌芽阶段。1972年6月5日，中国代表团参加了在斯德哥尔摩举办的第一次国际环保大会，大会通过了《人类环境宣言》和《行动计划》，这是全世界以共同行动的方式保护环境迈出的第一步。中国在此次会议文件上签字，并承诺与其他国家一起共同进行环境保护行动。1973年6月5日，中国召开了第一次全国环境保护会议，确定了“全面计划、合理布局、综合利用、化害为利、依靠群众、大家动手、保护环境、造福人民”的32字环境保护方针。同年11月17日，《工业“三废”排放试行标准》颁布。随着环境保护行动开展的需要，在环境保护组织机构方面，1974年10月25日成立了国务院环境保护领导小组，负责环境保护日常工作。1979年颁布了《中华人民共和国环境保护法》，该法标志着中国环境保护的基本方针、政策以法律的形式确定下来，预示着中国环境保护工作的开始。

二 起步阶段

1981—1990 年是“六五”和“七五”计划时期，中国环境保护工作进入起步阶段。在环境保护总体政策方面，1981 年 2 月 14 日国务院发布了《关于在国民经济调整时期加强环境保护工作的决定》，1984 年 5 月 8 日国务院发布了《关于环境保护工作的决定》，1990 年 12 月 5 日国务院发布了《关于进一步加强环境保护工作的决定》，这三项决定是中国环境和经济、社会协调发展的纲领性文件。1983 年 12 月 31 日至 1984 年 1 月 7 日第二次全国环境保护会议确定了“预防为主、防治结合”“谁污染、谁治理”“强化环境管理”三大政策。在这一阶段中，环境保护组织机构得以发展，并进行了多次改革。1982 年 5 月设立环境保护局，1984 年 5 月成立国务院环境保护委员会，1984 年 12 月将环境保护局改为国家环境保护局，成为独立的环境保护委员会办事机构。环境保护机构的设置促进了多个单行法规的形成，主要包括《中华人民共和国海洋环境保护法》《中华人民共和国森林法》《中华人民共和国水污染防治法》《中华人民共和国草原法》等。并分别于 1982 年、1988 年和 1990 年公布实施《征收排污费暂行办法》《污染源治理专项基金有偿使用暂行办法》《建设项目环境保护管理程序》。但是，当时中国经济发展是当务之急，因此，在涉及环境和经济发展关系问题时，始终坚持环境保护与经济和社会发展相协调的指导思想。

三 迅速发展阶段

1991—2000 年是“八五”和“九五”计划时期，中国始终坚持以经济建设为主，大大增强了中国的综合国力，但也产生了严重的环境问题，使得环保法律法规迅速发展。1992 年中国参加了在巴西召开的联合国环境与发展大会，明确提出实施可持续发展战略。1996 年八届人大四次会议确定了可持续发展战略。同年 8 月 3 日国务院发布《关于环境保护若干问题的决定》，提出“逐步提高环境污染防治投入在本地区同期国民生产总值的比重”。在环境保护组织机构方面，1998 年 6 月将国家环境保护局（副部级）升格为国家环境保护总局（正部级），同时撤销了环境保护委员会。针对环境污染涉及的领域，颁布了《中华人民共和国煤炭法》《中华人民共和国环境噪声污染防治法》《中华人民共和国节约能源法》《中华人民共和国大气污染防治法》等环境保护法律，以及《中华人民共和国资源税暂行条例》《中华人民共和国水污染防治法实施细则》等法规。1998 年颁布的《建设项目环境保护管理条例》明确规定了环境影响评价制度，以及建设项目“三同时”管理制度，成为预防和治理污染的重要行政法规。1995—2000 年颁布的环境法律法规数急剧增加，仅 2000 年颁布的地方法规和行政规章就达到了 189 项。环境保护法律法规的建立健全为预防和治理环境问题实现有法可依奠定了坚实的基础。

四　战略转变阶段

经过 20 年的不懈努力，中国经济快速发展，综合国力的提升也推动了环境保护工作改革。2001—2010 年是“十五”计划和“十一五”规划时期，中国转变了环境保护管理战略，于 2003 年提出了“坚持以人为本，树立全面、协调、可持续的科学发展观”，2005 年国务院发布《关于落实科学发展观加强环境保护的决定》（以下简称《决定》），《决定》将过去“环境保护与经济、社会发展相协调”转变为“经济、社会发展与环境保护相协调”的指导思想，这是将“经济优先”改为“环境优先”的战略性转变。2008 年 7 月国家环保总局升格为环境保护部，成为国务院的组成部门。在此期间，相继颁布了《中华人民共和国清洁生产促进法》《中华人民共和国环境影响评价法》《中华人民共和国行政许可法》《中华人民共和国可再生能源法》《中华人民共和国水污染防治法》《中华人民共和国循环经济促进法》等法律，以及《排污费征收使用管理条例》和《政府信息公开条例》等若干行政规章，并对多项法律和行政法规进行了修订、修正和修改。2002 年颁布的《中华人民共和国环境影响评价法》将环境影响评价制度上升到了法律地位。2003 年公布实施的《排污费征收使用管理条例》和 2007 年公布实施的《政府信息公开条例》显著增加了政府的监督核查力度和处罚力度，也推动了公众参与环境管理和环境决策的发展。

五　从严治理阶段

2011—2020 年是“十二五”和“十三五”规划时期，也是中国提升环境管理质量的从严治理阶段。2013 年党的十八大报告提出“坚持节约优先、保护优先、自然恢复为主”的方针，该方针明确了环保优先的理念，将环境保护放在了更加突出和重要的位置。2014 年新修订了《中华人民共和国环境保护法》，标志着环境保护的立法和执法取得明显进展，该部法律也被称为“史上最严的环保法”。为了加强与新《中华人民共和国环境保护法》的衔接，2016 年 12 月 25 日通过了《中华人民共和国环境保护税法》（2018 年 1 月 1 日起实施），并结合实际对部分相关环保法律进行修订、修改，如《中华人民共和国大气污染防治法》（2015 年修订）、《中华人民共和国环境影响评价法》（2016 年修改）等。2017 年 2 月《关于划定并严守生态保护红线的若干意见》公布，明确指出“生态保护红线是保障和维护国家生态安全的底线和生命线”。2017 年党的十九大报告指出“坚持节约资源和保护环境的基本国策，像对待生命一样对待生态环境，统筹山水林田湖草系统治理，实行最严格的生态环境保护制度”，用了“生命”“最严格”的字眼，进一步建立健全环境保护的法制化管理，反映出政府将加大环境防治制度约束和监管力度、加快环境保护工作的决心。2018 年 3 月 19 日十三届全国人大一次会议将环境保护部更名为生态环境部，生态环境部整合了环境保护部的全部职责和其他 6 个部门的相关职责，表达了政府将环境保护工作落到实处的意图。“十三五”时期是中国生态环境治理改善最大的五年，也是生态环境保护事业发展最好的五年。

六　加速发展阶段

2021 年起中国进入“十四五”规划阶段，也是中国追求提升环境管理质量的加速发展的阶段。党的十九届五中全会将“生态文明建设实现新进步”作为“十四五”时期经济社会发展主要目标之一。2021 年 3 月 15 日，习近平总书记在中央财经委员会中强调把“碳达峰、碳中和”纳入生态文明建设整体布局。当前，中国距离实现碳达峰目标不足 10 年，从碳达峰到实现碳中和目标仅有 30 年，为了实现碳达峰目标，深入打好污染防治攻坚战，加快推动绿色低碳发展成为该阶段主题。2020 年 12 月 9 日国务院常务会议审议通过了《排污许可管理条例》（以下简称《条例》），《条例》于 2021 年 3 月 1 日起施行。《条例》为监管执法提供有力保障，无疑为加速改善环境质量提供了制度利器。

从 1979 年颁布《中华人民共和国环境保护法》以来，中国环境保护立法工作已经有 40 多年的历史，由图 3 – 1 可见，1995—2018 年中国各年累计颁布的环境法规数整体呈直线上升趋势，充分体现了国家将环境保护工作进行到底的决心。

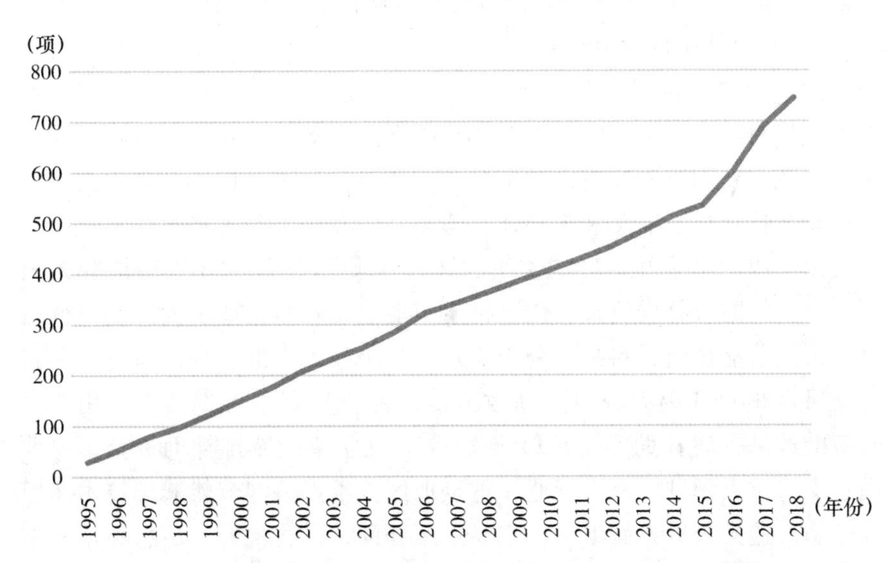

图 3－1　1995—2018 年中国各年累计地区颁布的环境法规总数

资料来源：历年《中国环境年鉴》。

第二节　中国环境保护财税制度

环境保护财税制度是指通过税收、价格、收费等经济手段调节或影响市场主体行为，具体包括中央财政环境保护专项资金制度、环境保护税收制度、环境保护排污收费制度和环境保护优惠制度。环境保护财税制度具有扩大财政收入、提高行政效率、提高公众环保意识和弥补环境规制缺陷、降低环境保护成本等方面的优势。

一　中央财政环境保护专项资金制度

中央财政环境保护专项资金是中央政府通过国家直接拨款、财政补贴、财政贴息、银行贷款、以奖代补等手段引导地方政府、企业和社会环境保护投资的环境保护专项财政资金[①]。中央财政环境保护专项资金主要包括节能减排专项资金、可再生能源发展专项资金、清洁生产专项资金、污染物防治专项资金和矿产资源节约与综合利用专项资金。

（一）节能减排专项资金

2007 年财政部设立节能技术改造财政奖励资金，用于电力、造纸、玻璃、炼钢等 13 个行业淘汰落后产能的相关支出。同年，财政部设立中央财政主要污染物减排专项资金，用于支持中央环保部门推进的主要污染物减排指标、监测和考核体系建设，以及用于对主要污染物减排取得突出成绩的企业和地区的奖励。2008 年财政部设立再生节能建筑材料生产利用财政补助资金，用于再生节能建筑材料企业扩大产能贷款贴息、再生节能建筑材料推广利用奖励、相关技术标准、规范研究与制定等项目。2009 年财政部设立高效节能产品推广财政补助资金，用于高效节能产品推广补助等。2015 年财政部设立节能减排补助资金，主要用于支持重点领域、重点行业、重点地区、重点关键节能减排技术示范推广和改造升级等方面项目，主要采用补助、以奖代补、贴息和据实结算等方式。

根据《中国财政年鉴》的数据显示，2013—2015 年用于节能环保事务的资金支出分别为 100.26 亿元、344.74 亿元和 400.41 亿元。2016—2020 年节能减排专项资金对地方分配均达到 310 亿元以上。从以上数据可以发现，中央财政节能减排专项资金呈直线上升趋势，对节能工程的建设、节能产品的推广和淘汰落后产能发挥了积极的作用。通过补助、以奖代补和贷款贴息等方式推动着企业进行燃煤工业锅炉改造、余热利用、余压利用和能量系统优化等节能技术的改造，支持企业积极使用节能产品，并对欠发达地区的高耗能、高污染落后产能实行淘汰制。

（二）可再生能源发展专项资金

可再生能源主要包括风能、太阳能、生物质能、海洋能和地热能等。相对于不可再生能源，可再生能源是来自自然界可以循环再生的资源。中央财政环境保护专项资金推动了可再生能源的技术研发，并支持了企业利用既有条件开发和利用可再生能源。

2006 年财政部设立可再生能源发展专项资金，用于扶持石油替代等

① 资料来源于生态环境部（环保部）和财政部官方网站。

可再生能源的开发利用以及风能和太阳能等可再生能源的推广应用。2007年财政部设立了生物能源和生物化工发展引导奖励资金、生物能源和生物化工原料基地补助资金和生物燃料乙醇弹性补贴。2008年财政部设立秸秆能源化利用补助资金；2009年财政部设立太阳能光电建筑应用财政补助资金；2011年财政部设立绿色能源示范县建设补助资金；2015年财政部设立可再生能源发展专项资金。根据《中国财政年鉴》的数据显示，2013—2015年用于风力、太阳能和生物质能发电的补助资金分别为85.72亿元、401.07亿元和462.77亿元。综合来看，自2012年以来财政部累计安排补贴资金超过4500亿元，其中2019年的补助资金为866亿元。从以上数据可以发现，中央财政可再生能源专项资金呈直线上升趋势，对推动企业利用既有条件开发和利用可再生能源发挥了重要作用。2019年6月财政部发布《关于〈可再生能源发展专项资金管理暂行办法〉的补充通知》，明确了“十三五”期间按照改造后电站装机容量（含生态改造新增）、天然气开采利用具体奖补额度的计算方式，这为专项资金审核和分配提供了依据。2019年中国天然气产量同比增长6.6%。

（三）清洁生产专项资金

2002年6月29日颁布的《中华人民共和国清洁生产促进法》明确了清洁生产的定义①，从该定义可知，清洁生产对实现环境绩效具有重要意义。

以鼓励中小企业实施清洁生产、提高其资源利用效率、管控污染物的产生、促进经济与社会可持续发展为目标，2004年财政部设立地方清洁生产专项资金，用于支持石化、冶金、轻工等重点行业的中小企业实施清洁生产。地方清洁生产专项资金通过补助的方式对企业生产过程中控制污染物产生、资源综合利用或循环利用、采用环保原材料和清洁或再生能源、生产工艺和设备改造等的清洁生产项目予以支持。地方清洁生产专项资金推动了企业清洁生产和循环经济发展。

（四）污染物防治专项资金

污染物防治关系人民群众的身体健康、生态文明建设以及产业转型升

---

① 清洁生产是指不断采取改进设计、使用清洁的能源和原料、采用先进的工艺技术与设备、改善管理、综合利用等措施，从源头削减污染，提高资源利用效率，减少或者避免生产、服务和产品使用过程中污染物的产生和排放，以减轻或者消除对人类健康和环境的危害。

级。污染物防治专项资金对改善环境质量、减少污染物排放量具有重要意义。

2009 年财政部设立重金属污染防治专项资金，用于支持污染源综合整治、重金属历史遗留问题解决、污染修复和重金属监管能力建设类项目，2014—2015 年分别下发 20 亿元和 28 亿元，用于促进地方重点企业的废水深度治理、尾气烟气尘综合治理等重金属污染治理项目。2013 年财政部设立了大气污染防治专项资金，用于支持大气污染防治任务、社会关注度高地区，2013—2015 年分别下发了 50 亿元、98 亿元和 106 亿元，推进了各地区大气环境质量改善工作。2015 年财政部设立水污染防治专项资金，用于支持水污染防治和水生态环境保护方面。为了保障土壤污染防治重点工作，2018 年财政部设立了土壤污染防治专项资金。

（五）矿产资源节约与综合利用专项资金

根据党的十八提出的全面促进资源节约和加强矿产资源保护、合理开发等要求，2013 年财政部设立了矿产资源节约与综合利用专项资金，主要用于油气及共伴生资源、煤炭及共伴生资源、黑色金属、有色金属、稀有稀土及贵金属、化工及非金属、铀矿及共伴生资源七个领域的矿产资源综合利用示范基地建设，重点用于矿山企业对矿产资源综合利用技术工艺研发、设备购置和相关工程建设等方面。该专项资金对加强中国地方政府的监管力度、推动企业进行资源综合利用技术研发、促进矿山企业转变经营理念、实现资源节约和资源综合利用发挥了重要的作用。

二 环境保护税收制度

庇古的福利经济学理论认为税收是解决经济活动外部性、实现环境保护的有效方式，能使外部成本内在化，矫正市场对资源的无效配置，提高资源的配置效率。

（一）资源税

自然资源是不可再生的，国家为了利用税收的杠杆效应开始对自然资源开征资源税，以确保自然资源利用与保护的平衡关系。中国资源税肇始于 1984 年财政部、国家税务总局发布的《资源税若干问题的规定》对原油、煤炭和天然气等资源开征的资源税。1993 年 12 月国务院发布《中华人民共和国资源税暂行条例》，扩大了资源税的征税范围。2011 年 11 月起对资源税的计征方式进行改革，对原油、煤炭和天然气由原来的从量计征转变为从价计征方式。2016 年 7 月 1 日起，进一步扩大了资源税的征收范围，开始了对水资源征收资源税的试点工作，对矿产资源实施从价计征，形成了以从价计征为主、从量计征为辅的计征方式，并调整资源税的税率。2012—2015 年中国征收的资源税分别为 48. 61 亿元、45. 34 亿元、44. 44 亿元和 37. 87 亿元。1994—2017 年全国累计征收资源税 9325 亿元，年均增长 15. 9%，其中 2017 年征收 1353 亿元。通过实施资源税可以引导企业合理开采、使用、销售资源，资源税提高了资源的综合利用效率。

《中华人民共和国资源税法》自 2020 年 9 月 1 日起施行，该法规范统一了税目、取消了换算比、规范了减免税政策、调整了纳税期限等。从资源税条例转变为资源税法，将有助于加快生态文明建设、促进资源节约集约利用。

（二）消费税

消费税具有调节民众消费行为的作用。中国于 1994 年对特定商品开征消费税，对环境产生负外部性的商品征收消费税，来引导消费方向和调节消费结构，如汽油和柴油。2006 年 4 月 1 日中国对消费税进行制度性调整，扩大了消费税的征收范围，增加了对实木地板、木制一次性筷子、航空煤油、石脑油、燃料油、润滑油和溶剂油的征收管理。同时，调整了部分商品的税率，如针对小汽车消费对环境产生污染的问题，按照小汽车排放量的大小征收 5%—20% 不同的税率，以达到限制大排量汽车使用、节约资源和促进环保的目的。2009 年 1 月提高了成品油消费税单位税额，在不提高成品油价格的基础上促进节能减排。为了进一步促进节能环保，2015 年 2 月 1 日起增加了对电池、涂料的征收管理。对环境负外部性商品征收消费税不仅可以为治理环境污染筹集资金，也可以促进产业结构调整和科学技术的进步。为了进一步促进资源综合利用和环境保护，2018 年 11 月 1 日至 2023 年 10 月 31 日，对废矿物油再生油品免征消费税。

（三）出口退税

出口退税是对出口货物退还或免征在国内征收的增值税和消费税。出口是拉动经济增长的三驾马车之一，但是高污染、高耗能的资源性初级产品出口将导致资源的外流。另外，“双高”产品的价格没有反映出环境成本，在很大程度上企业利润是建立在环境破坏的基础上实现的，还有部分产品生产过程中排放的污染物难以治理，如生产重铬酸钠产品过程中会产生“铬酸钙”，这是一种强致癌物质，具有突出的负环境外部性，难以治理。因此，国家通过降低出口退税税率或取消出口退税来引导企业资源节约行为和消费行为，起到控制资源外流和改善出口结构的作用，实现出口贸易的可持续发展。

2007 年 7 月 1 日起实施由财政部、国家税务总局联合发布的《关于调低部分商品出口退税税率的通知》，取消了 687 项产品的出口退税，并调低了 1031 项产品的出口退税税率。2008 年 2 月 6 日国家环保总局公布了首批 16 种高污染产品、63 种高环境风险产品以及 62 种既为高污染也为高环境风险产品名录，共涉及 6 个行业，对国家严格限制的“双高”产品取消出口退税。2018 年 10 月 8 日，国务院常务会议决定，对高耗能、高污染、资源性产品和面临去产能任务等产品出口退税税率维持不变。财政部与国家税务总局两部门发布公告，要求分别于 2021 年 5 月 1 日和 8 月 1 日起取消部分钢铁产品出口退税。这无疑增加了钢材出口成本，倒逼中国钢铁行业绿色转型升级。

（四）车辆购置税

依据 2001 年 1 月 1 日起实施的《中华人民共和国车辆购置税暂行条例》开征车辆购置税，纳税人购置汽车、摩托车、电车、挂车、农用车均应缴纳车辆购置税。2019 年 7 月 1 日起实施《中华人民共和国车辆购置税法》，《中华人民共和国车辆购置税暂行条例》同时废止。2009 年 12 月 22 日财政部和国家税务总局联合发布《关于减征 1.6 升以下排量乘用车辆购置税的通知》，对 2010 年 1 月 1 日至 12 月 31 日购置 1.6 升以下排量乘用车减按 7.5% 的税率征收车辆购置税；2015 年进一步对购置 1.6 升以下排量乘用车减按 5% 的税率征收车辆购置税。2014 年 8 月 1 日财政部、国家税务总局、工业和信息化部联合发布《关于免征新能源汽车车辆购置税的公告》，对 2014 年 9 月 1 日至 2017 年 12 月 31 日购置的新能源汽车免征车辆购置税。2017 年 12 月 26 日财政部等四部委联合发布《关于免征新能源汽车车辆购置税的公告》，将购置的新能源汽车免征车辆购置税的时限延长至 2020 年 12 月 31 日。2020 年 4 月财政部等三部委发布《关于新能源汽车免征车辆购置税有关政策的公告》，将购置的新能源汽车免征车辆购置税的时间延长至 2022 年 12 月 31 日，该公告对推动新能源技术研发和应用发挥重要作用。

（五）环境保护税

2016 年 12 月 25 日十二届全国人大常务委员会第二十五次会议通过

了《中华人民共和国环境保护税法》，该法自 2018 年 1 月 1 日起施行，是直接面向对环境制造大气污染、水污染、固体废物和噪声四大类型应税污染物的企业、事业单位和其他生产经营者征收的环境保护税。并依据《环境保护税税目税额表》和《应税污染物和当量值表》，采用从量计征的方式，按照污染物排放量和噪声的分贝数计算应纳环境保护税额。

环境保护税的实施意味着纳税人对排放的污染物按照“多排多缴、少排少缴”的公平原则缴纳应交环境保护税。环境保护税对调节企业环保行为较为刚性，减少了政府干预，对企业减少污染排放量有积极作用。

三　环境保护排污收费制度

环境保护排污收费是运用经济手段要求污染者承担污染对社会损害的责任，是中国为了促进污染防治的一项重要的经济政策。1982 年 2 月 5 日，国务院发布了《征收排污费暂行办法》（国发〔1982〕21 号文），标志着中国排污收费制度的正式建立。

2003 年对排污收费制度进行了重大改革，自 2003 年 7 月 1 日起全面实施国务院发布的《排污费征收使用管理条例》，该条例以实行排污总量收费和排污费收支两条线管理为核心内容，既提高了排污收费标准，也取消了原有排污费资金 20% 用于环境保护部门自身建设的相关规定，要求将全部排污收费用于环境保护专项污染防治项目。

自 2007 年 12 月 1 日起正式实施国家环保总局发布的《排污费征收工作稽查办法》，以规范排污费征收行为为重点，为保障排污费依法、全面、足额征收提供了法律依据。根据财政部数据显示，2010 年、2011 年、2012 年、2013 年全国排污收费总额分别为 188 亿元、202 亿元、205. 32 亿元、216. 05 亿元。从以上数据可知，全国排污收费总额呈直线上升趋势，说明《排污费征收工作稽查办法》的出台加强了排污收费稽查力度。

2011 年 5 月 3 日，环保部发布《关于应用污染源自动监控数据核定征收排污费有关工作的通知》，要求各省（区、市）环保部门填报国家重点监控企业排污费数据，环保部汇总形成季度或年度《国家重点监控企业排污费征收公告》报表，对提高重点污染自动监控能力发挥了重要作用。2014 年国家发展改革委、财政部和环境保护部联合发布《关于调整排污费征收标准等有关问题的通知》（发改价格〔2014〕2008 号），要求调整废气、污水项目的排污收费标准，加强污染物在线监测和执法力度，促进企业治污减排。

中国实施排污收费制度对促进企业加强污染治理、减少污染排放，控制环境恶化趋势，提高环保监督管理能力有重要作用。

四 环境保护优惠制度

环境保护优惠制度主要对税收通过免征、减免、抵扣、先征后退、即征即退、税额抵免等方式，引导个人或企业的环保行为，达到节能技术研发、清洁生产、资源综合利用的目的。

（一）个人所得税优惠制度

依据《中华人民共和国个人所得税法》第四条规定，由省级人民政府、国务院部委和中国人民解放军军以上单位，以及外国组织、国际组织颁发的环境保护等方面的奖金，免征个人所得税。

（二）企业所得税优惠制度

企业所得税优惠制度是通过免税收入、减计收入、免征企业所得税、减征企业所得税等方式来影响企业环保行为。为了落实资源综合利用企业所得税的优惠制度，财政部、国家税务总局、国家发展改革委联合发布了《节能节水专用设备企业所得税优惠目录》《环境保护专用设备企业所得税优惠目录》《资源综合利用企业所得税优惠目录》，具体如下。

1. 环境保护、节能节水项目

依据《中华人民共和国企业所得税法》第三十四条，以及由财政部、国家税务总局、国家发展改革委联合发布的《环境保护专用设备企业所得税优惠目录》《节能节水专用设备企业所得税优惠目录》，自 2008 年 1 月 1 日起企业购置并使用优惠目录中专用设备，可以按专用设备投资额的 10% 进行企业所得税纳税抵免。2017 年 9 月 6 日财政部等五部委联合发布了最新的《节能节水和环境保护专用设备企业所得税优惠目录（2017 年版）》，对企业购置并实际使用优惠目录中的专用设备，仍享受企业所得税抵免优惠政策，并进一步简化了企业纳税申报的行政审批手续。

依据《中华人民共和国企业所得税法》第二十七条，以及由财政部、国家税务总局、国家发展改革委联合发布的《关于公布环境保护节能节水项目企业所得税优惠目录（试行）的通知》，企业从事环境保护和节能节水项目所得，享受“三免三减半”的优惠期限，即第 1—3 年免征企业所得税，第 4—6 年减半征收企业所得税。

2. 节能服务公司合同能源管理项目

依据财政部、国家税务总局发布的《关于促进节能服务产业发展增值税营业税和企业所得税政策问题的通知》，明确了节能服务公司实施合同能源管理项目取得的生产经营收入可以享受企业所得税“三免三减半”优惠政策；也明确了用能企业可以享受企业所得税优惠政策（按照能源管理合同实际交付给节能服务公司的有关合理支出从当期应纳所得税额中扣除）；合同期满，节能服务公司提供给用能单位的因实施合同能源管理项目形成的资产，按折旧或摊销期满的资产进行税务处理①。

3. 清洁基金收入项目

依据财政部、国家税务总局发布的《关于中国清洁发展机制基金及清洁发展机制项目实施企业有关企业所得税政策问题的通知》，企业自2007年1月1日起对清洁基金取得的相关收入，享受免征企业所得税的优惠政策；清洁发展机制（CDM）项目实施企业按照规定比例上缴给国家的部分，准予在计算应纳税所得额时扣除；企业实施CDM项目所得应纳企业所得税享受“三免三减半”优惠政策。

4. 资源综合利用项目

依据《中华人民共和国企业所得税法》第三十三条，以及由财政部等三部委联合发布的《关于公布资源综合利用企业所得税优惠目录（2008年版）的通知》，企业自2008年1月1日起以优惠目录中的资源作为主要原材料生产的产品取得的收入，减按90%计入企业当年收入总额。

5. 污染防治税收优惠

依据国家税务总局2022年5月发布的《支持绿色发展税费优惠政策指引》规定，对以下项目实施涉及企业所得税的环境保护税收优惠政策：2019年1月1日起5年内对从事污染防治的第三方企业减按15%的税率征收企业所得税；对购置环保专用设备的投资额的10%从企业当年的应纳所得额中抵免；对从事符合条件的环境保护项目所得进行“三免三减半”优惠政策。除此之外，还对CDM基金及CDM项目等实施企业所得税优惠政策。

---

① 上述资料来源于国家税务总局官网，http：//www.chinatax.gov.cn/n810341/n810765/n812156/n812504/c1187375/content.html。

（三）增值税优惠制度

增值税优惠制度：先征后退、即征即退、免税、抵扣进项税、税额抵免等方式，推动再生资源回收利用、资源综合利用以及促进节能减排。

1. 再生资源项目

依据《中华人民共和国增值税暂行条例》《中华人民共和国增值税暂行条例实施细则》和财政部、国家税务总局发布的《关于再生资源增值税政策的通知》，自2009年1月1日增值税一般纳税人购进再生资源，可以进行进项税额抵扣。在2010年底以前，对增值税一般纳税人销售再生资源的应纳增值税，实行按一定比例先征后退的优惠政策。

2. 资源综合利用项目

2008年12月9日财政部发布了《关于资源综合利用及其他产品增值税政策的通知》，对再生水、以废旧轮胎为全部生产原料生产的胶粉、生产原料中掺兑废渣比例不低于30%的特定建材产品、翻新轮胎、污水处理劳务实行免征增值税政策；对部分自产货物实行增值税即征即退的政策，如以工业废气为原料生产的高纯度二氧化碳产品；对部分自产货物实现的增值税实行即征即退50%的政策，又如对利用风力生产的电力和对销售自产的综合利用生物柴油实行增值税先征后退政策。

2013年财政部和国家税务总局联合发布了《关于享受资源综合利用增值税优惠政策的纳税人执行污染物排放标准有关问题的通知》，明确对享受资源综合利用增值税优惠政策的纳税人执行污染物排放标准，对违规排放的纳税人，取消其享受资源综合利用产品和劳务增值税免税和退税的政策资格，且三年内不得再次申请该项优惠政策。这项规定体现了税收优惠与环保治理的挂钩，对促进企业自主环保减排和实现环境外部成本的内在化有积极作用。

3. 环境保护、节能节水项目

按照2008年9月23日财政部和国家税务总局联合发布的《关于执行环境保护专用设备企业所得税优惠目录　节能节水专用设备企业所得税优惠目录和安全生产专业设备企业所得税优惠目录有关问题的通知》第二条规定，自2009年1月1日起，纳税人购进并实际使用上述优惠目录中的专用设备并取得增值税专用发票的，可以进行税额抵免。

4. 节能服务公司合同能源管理项目

依据财政部和国家税务总局联合发布的《关于促进节能服务产业发

展增值税、营业税和企业所得税政策问题的通知》，自2011年1月1日起节能服务公司将合同能源管理项目中的增值税应税货物转让给用能企业，可以享受免征增值税的优惠政策。

5. 光伏发电项目

依据财政部和国家税务总局联合发布的《关于光伏发电增值税政策的通知》，自2013年10月1日至2015年12月31日，对纳税人销售自产的利用太阳能生产的电力产品，实行增值税即征即退50%的政策。

（四）车船税优惠制度

依据财政部、国家税务总局、工业和信息化部联合发布的《关于节约能源 使用新能源车船车船税优惠政策的通知》，自2015年5月对于纯电动乘用车和燃料电池乘用车统一不征车船税。对列入《享受车船税减免优惠的节约能源使用新能源汽车车型目录（第三批）》的节约能源汽车，减半征收车船税；对目录中的新能源汽车进行使用的，免征车船税。

（五）其他优惠制度

依据《中华人民共和国环境保护税法》，自2018年1月1日起对纳税人排放的应税大气污染物或水污染物的浓度值低于国家和地方排放标准的30%，可以减按75%缴纳环境保护税；若低于国家和地方排放标准的50%，则可以减按50%缴纳环境保护税。《中华人民共和国环境保护税法》的优惠政策对行业技术进步和长期发展有促进作用，同时发挥拥有先进技术的企业在污染第三方治理中的优势。

2019年4月，国家税务总局同财政部、发展改革委、生态环境部联合下发《关于从事污染防治的第三方企业所得税政策问题的公告》，对符合条件从事污染防治的第三方企业减按15%的税率征收企业所得税，鼓励相关企业加大投入，增强污染防治效能。

2022年5月国家税务总局发布《支持绿色发展税费优惠政策指引》，对环境保护税、企业所得税、增值税、消费税、车船税、资源税、城市维护建设税等税种实施了56项推动低碳产业发展的税收优惠政策。

第三节　政府和企业环境信息披露制度

环境信息是利益相关者参与环境管理、评价环境保护部门行政作为、监督企业环境污染行为的重要基础，环境信息公开有效约束了企业污染行为。环境信息制度不断完善，从政府环境信息制度的建立到上市公司、企业事业单位环境信息制度的建立，体现了中国以环境信息助力利益相关者参与的决心，制度的建立为利益相关者参与环境管理提供了平台。

一　政府环境信息披露制度

环境污染治理不是一个单纯的专业问题，而是一个传统经济增长模式及因此形成的利益格局进行调整的问题，因此需要利益相关者对环境问题的广泛参与。切实保障利益相关者的知情权、表达权、参与权、监督权，其中重要的一环就是环境信息，环境信息是利益相关者履行宪法赋予其权利对企业污染防治行为监督的基础。2007 年 1 月 17 日国务院第 165 次常务会议通过了《中华人民共和国政府信息公开条例》，明确要求县级以上各级政府及其部门重点公开环境保护督察等多方面信息。同年 4 月 11 日，环境保护总局发布了《环境信息公开办法（试行）》，这是为了推进利益相关者参与环境污染减排工作的第一部有关环境信息公开的规范性文件。《中华人民共和国政府信息公开条例》和《环境信息公开办法（试行）》的实施为利益相关者参与污染防治工作提供平台，标志着政府信息公开成为建设阳光政府和服务型政府的一项基本制度。

《环境信息公开办法（试行）》于 2008 年 5 月 1 日起正式实施，对环境保护行政主管部门、“双超”企业和其他企业环境信息公开内容、公开方式和奖惩做出了具体规定，为推动公众参与环境污染防治提供了信息基础。首先，明确了环境信息公开的主体和范围。将环境保护行政主管部门和“双超”企业作为强制环境信息公开的主体，将一般污染企业作为自愿环境信息公开的主体。要求环境保护行政主管部门公开环境保护法律法规等十七类政府环境信息，以及政府环境信息公开工作年度报告；强制要求“双超”企业公开四大类环境信息，并鼓励一般污染企业资源公开环境信息。其次，规定了环境信息公开的方式和时间。要求环境保护行政主管部门在环境信息形成或变更之日起 20 个工作日内通过政府网站、公报、新闻发布会以及报刊、广播、电视等便于公众知晓的方式公开，并规定环保部门于每年 3 月 31 日前公布本部门的政府环境信息公开工作年度报告；规定“双超”企业在环保部门公布企业名录后 30 日内在当地主要媒体上公布环境信息并向当地环保部门备案；鼓励企业通过媒体、互联网等方式，或者通过年度环境报告的形式向社会自愿公开其环境信息。最后，规定了不同环境信息公开主体的责任。对环境部门违规行为由上一级环保部门追究其责任；对“双超”企业的违规行为进行10万元以下罚款。同时对自愿公开环境信息的企业予以相应的奖励。

二　企业环境信息披露制度

企业环境信息是企业以一定形式记录、保存的，与企业经营活动产生环境影响和企业环境行为有关的信息。2007年1月1日中国证监会发布《上市公司信息披露管理办法》，以保护投资者合法利益、提高上市公司质量、促进股市健康发展为目标，强化上市公司信息披露。但是，《上市公司信息披露管理办法》并未对上市公司环境信息披露做出明确规定。2008年5月14日上海证券交易所为了加强上市公司社会责任，发布了《上海证券交易所上市公司环境信息披露指引》（以下简称《指引》）。《指引》鼓励上市公司披露自身履行环保社会责任的特色做法和取得的成绩，强制要求上市公司披露在污染环境防治、保护和提高物种多样性、保护水资源及能源和保证所在区域的适合居住性等促进环境及生态可持续发展方面的工作情况。同时，针对不同类型的企业制定了具体的披露事项，主要包括四大类，第一类是发生了与环境保护相关重大事件的上市公司；第二类是从事火力发电、钢铁、水泥、电解铝、矿产开发等对环境影响较大行业的公司；第三类是被列入环保部门的污染严重企业名单的上市公司；第四类是其他上市公司。

2013年7月30日环保部发布的《国家重点监控企业自行检测及信息公开办法》（以下简称《办法》）是规范企业自行检测环境信息公开，进一步推动利益相关者参与环境污染减排的又一部规范性文件。第一，《办法》进一步扩大了环境信息公开的主体，包括国家重点监控企业、纳入各地年度减排计划且向水体集中直接排放污水的规模化畜禽养殖场（小区）以及其他企业。其中前两个为强制公开自行检测环境信息的主体，其他企业为自愿性公开自行检测环境信息的主体。第二，《办法》为利益相关者提供了更为动态的环境信息。规定了手工监测数据和自动监测数据需实时公布监测结果，并于每年一月底前公布上年度自行监测年度报告。第三，《办法》的惩罚方式更多样化，包括向社会公布，不予环保上市核查，暂停各类环保专项资金补助，建议金融、保险不予信贷支持或者提高环境污染责任保险费率，建议取消其政府采购资格，暂停其建设项目环境影响评价文件审批，暂停发放排污许可证。对企业而言，这些惩罚方式将比罚款带来更大的压力。

2014 年 12 月 19 日环保部发布了自 2015 年 1 月 1 日起实施的《企业事业单位环境信息公开办法》，以重点排污单位（含重点监控企业）为对象，其中重点排污单位是指由设区的市级人民政府环保主管部门于每年 3 月公布的纳入重点排污单位名录中的企业事业单位。《企业事业单位环境信息公开办法》进一步扩大了环境信息公开的主体，原有规定仅对“双超”企业强制公开排污信息提出要求，而对其他重点排污单位但不属于“双超”的企业没有纳入主体范围。《企业事业单位环境信息公开办法》要求环境信息公开主体在名录公布后 90 日内公开环境信息基础信息、排污信息、防治污染设施的建设和运行情况、建设项目环境影响评价及其他环境保护行政许可情况、突发环境事件应急预案和其他应当公开的环境信息，也鼓励重点排污单位之外的企业事业单位自愿公布环境信息；对不按规定公开环境信息的企业事业单位处以 3 万元以下的罚款，但又明确了“法律法规有规定的，从其规定”。因此，如果《中华人民共和国清洁生产促进法》中有规定按照 10 万元以下罚款的，则按其规定。

2021 年 5 月 24 日生态环境部发布《环境信息依法披露制度改革方案》，该方案以 2025 年环境信息强制性披露制度基本形成为主要目标，在环境信息强制性披露主体、内容与范围、披露形式、协同管理机制、监督机制等方面做了具体的分工。这是推进生态环境治理体系和治理能力现代化的重要举措。

2021 年 12 月 11 日生态环境部发布《企业环境信息依法披露管理办法》，该办法于 2022 年 2 月 8 日起施行，明确重点排污单位、实施强制性清洁生产审核企业、上市公司、发债企业等为披露主体，强制要求上市公司和发债企业披露因生态环境违法行为产生的具体罚款、停产整治、刑事责任等具体环境信息。相比之前的有关环境信息披露制度，该办法扩大了披露主体、明确了强制披露的环境信息内容。

第四节　企业社会责任指引及其他相关制度

除了上述环境保护财税制度、环境信息披露制度，还有部分制度以督促企业认真执行国家环境保护法律法规和政策为目的，具体包括企业社会责任指引、企业内部管理和控制制度、绿色供应链管理制度、环境保护核查制度、环境信用评价制度。

一　企业社会责任指引

2006 年 9 月发布的《深圳证券交易所上市公司社会责任指引》，要求上市公司对自然环境和资源承担相应责任，制定整体环保政策、指派具体人员负责公司环境保护事宜，为推进环境保护工作给予必要的人、财、物和技术支持。2008 年 5 月发布的《关于加强上市公司社会责任承担工作暨发布〈上海证券交易所上市公司环境信息披露指引〉的通知》，要求上市公司对环境保护和资源利用做出非商业贡献，并根据上市公司自身特征制定与资源利用、环境保护技术投入和研发投入相关的社会责任战略。深圳证券交易所和上海证券交易所发布的社会责任指引文件，明确了上市公司在环境保护方面的社会责任，为进一步推动上市公司建立健全与环境保护相关的内部控制制度和内部治理机制，促进上市公司环保投资，实现绿色证券发挥着重要作用。

为了全面贯彻党的十七大精神，推进企业与社会和环境的全面协调可持续发展工作，2007 年 12 月国资委发布的《关于中央企业履行社会责任的指导意见》明确了中央企业应带头进行节约资源和保护环境的总体要求，同时强调中央企业应增加环保投资，实施清洁生产等具体内容。2014 年国资委办公厅和环保部办公厅联合发布《关于进一步加强中央企业节能减排工作的通知》，要求加快建设治污设施，加快科技创新投入，建立健全管理机构和完善考核奖励制度。相关制度对增强中央企业环保责任意识、推进中央企业履行环保责任、加强中央企业环境保护内部控制制度建设、发挥中央企业带头作用具有重要意义。

二　企业内部管理和控制制度

自 2006 年国家环保总局组织开展重点行业企业环境监督员制度试点工作以来，2008 年环保部发布了《关于深化企业环境监督员制度试点工作的通知》，并编制了《企业环境监督员制度建设指南》（暂行），将试点范围进一步扩大到国家重点监控污染企业，要求试点企业提高企业环境管理人员的素质和水平、建立企业环境管理组织架构、建立健全企业环境管理台账和资料、建立和完善企业内部环境管理制度。该指南规范了企业环境管理体制与机制建设，加强了企业环境管理内部控制制度建设。

2010年4月15日财政部、证监会、审计署、银监会、保监会联合发布了《关于印发企业内部控制配套指引的通知》，明确指出企业需要履行环境保护和资源节约等社会责任，应当按照相关规定，并结合企业实际情况，建立环境保护和资源节约制度，保障企业节能减排责任的落实，提高员工的环境保护和资源节约意识，加大环境保护工作的人、财、物的投入，实现清洁生产，转变发展方向以及建立环境保护和资源节约的监督制度。《企业内部控制评价指引》第四章明确内部控制缺陷是指设计缺陷和运行缺陷，若企业内部控制未将环境保护责任纳入，则属于设计缺陷，在内部控制制度运行过程中出现环境事故或环境污染事件属于重大缺陷或重要缺陷。《企业内部控制审计指引》指出注册会计师应对企业内部控制缺陷进行评价和识别，形成对内部控制的有效性意见，并出具内部控制审计报告。

2012年1月1日起在上海证券交易所、深圳证券交易所主板上市公司全面施行《企业内部控制基本规范》，建立、实施和评价内部控制。该规范要求企业以此为契机从内容到形式全面梳理公司内部控制体系，整改薄弱环节，建立健全企业内部控制体系，保障企业内部控制目标的实现；在环境保护方面，要求企业建立和完善与环境保护和资源节约相关的内部控制制度。《企业内部控制基本规范》和配套指引促进了企业建立、实施和评价环境保护内部控制，降低了企业环境保护风险。

三　绿色供应链管理制度

2014年4月24日新修订的《中华人民共和国环境保护法》对企业环境责任做出明确规定，目的在于提高企业的环境管理水平，通过实施绿色采购，倒逼企业实现绿色生产，从而实现全社会的绿色消费。2014年8月商务部办公厅、中宣部办公厅、国家发展改革委办公厅联合下发了《关于组织开展低碳节能绿色流通行动的通知》，同年9月商务部发布了《关于大力发展绿色流通的指导意见》，推动流动企业低碳节能绿色流动，有助于推动绿色生产和绿色消费。2014年12月商务部、环境保护部、工业和信息化部联合发布《企业绿色采购指南（试行）》，强调了生产者的环保法律责任，明确了绿色采购理念和绿色采购指导原则，为推进企业全过程绿色采购提供制度保障。

2017年10月国务院办公厅发布《关于积极推进供应链创新与应用的指导意见》，要求通过大力倡导绿色制造、积极推行绿色流通、建立逆向物流体系等途径，倡导和构建绿色供应链。2018年4月商务部等八部门联合印发《关于开展供应链创新与应用试点的通知》，将构建绿色供应链列为重点任务，要求试点城市在深化政府绿色采购、建立绿色供应链制度、推动环境保护行业发展和推进绿色消费四个方面构建绿色供应链；要求试点企业以全过程、全链条、全环节的绿色发展为导向，促进形成科技含量高、资源消耗低、环境污染少的产业供应链。上述文件对企业间达成环保节能共识，促进绿色采购、绿色生产和绿色消费，引导和推动企业间形成绿色采购链发挥着重要作用，也为企业形成绿色供应链管理制度提供依据。

四 环境保护核查制度

为了促进上市公司环保行为，提高上市公司的环保水平，2003年环保部发布了《关于对申请上市的企业和申请再融资的上市企业进行环境保护核查的通知》，各地环保部门开展了对重污染行业的环保核查工作。为了加强对上市公司环保核查工作进行分级管理，2007年下半年国家环保总局办公厅发布了《关于进一步规范重污染行业生产经营公司申请上市或再融资环境保护核查工作的通知》，通知从发布到2008年2月25日已经完成了对37家公司的上市环保核查。2008年2月22日国家环保总局发布《关于加强上市公司环境保护监督管理工作的指导意见》，这是进一步引导上市企业积极环保行为的文件，对上市公司建立环境信息披露机制有促进作用。根据环保部数据，“十一五”以来，首次审核未通过的拟上市企业比例达到50%。

2010年7月8日环保部发布《关于进一步严格上市环保核查管理制度加强上市公司环保核查后督查工作的通知》，要求上市企业在一年内没有任何重大环境违法行为才能递交上市环保核查申请，对上市企业主动采取降低环境负荷的措施有积极的作用。2012年10月8日环保部发布了《关于进一步优化调整上市环保核查制度的通知》，以强化上市公司环境主体责任、全面推进环境保护信息公开为主要目的，对公司计划上市和再融资、首次上市并发行股票的公司、实施重大资产重组的公司、未经过上市环保核查需再融资的上市公司、已经上市环保核查仅再融资的上市公司以及获得上市环保核查意见后一年内再次申请上市环保核查的公司的核查内容做出了详细规定。

为贯彻落实党的十八届三中全会精神，简政放权，转变政府职能，2014 年 10 月 19 日环保部发布《关于改革调整上市环保核查工作制度的通知》，要求地方各级环保部门停止受理及开展上市环保核查工作，减少对企业上市、融资的影响。自 2003 年开始对上市公司进行环保核查到 2014 年取消环保核查，其间增加了中国资本市场环境准入门槛，约束了“双高”企业利用投资者资金扩大污染的行为，降低了中国的资本风险，也促进了企业环境内部控制制度的建立和环境信息披露制度的发展。

五　环境信用评价制度

2013 年 12 月环保部等四部委联合发布了《企业环境信用评价办法（试行）》[①]。该办法将纳入环境信用评价范围的企业分为两大类。一类是由环保部公布的国家重点监控企业；另一类是由地方环保部门公布的重点监控企业、重污染行业内企业、产能严重过剩行业内企业，可能对生态环境造成重大影响的企业，污染物排放超标、超总量企业，使用有毒、有害原料或者排放有毒、有害物质的企业，上一年度发生较大以上突发环境事件的企业，上一年度被处以 5 万元以上罚款、暂扣或者吊销许可证、责令停产整顿、挂牌督办的企业。该办法将企业环境信用等级分为绿、蓝、黄、红四个等级，依次表示环保诚信企业、环保良好企业、环保警示企业、环保不良企业。根据不同环境信用等级的四类企业，规定了对应的激励性和约束性措施。

为了进一步加强企业环境信用体系建设，2015 年 11 月环保部、国家发展改革委联合发布了《关于加强企业环境信用体系建设的指导意见》，强调“一处失信、处处受限”的法律精神，要求环保部门根据企业环境信用状况在资质认定、行政许可、政策扶持等方面采取差别化措施；发展改革部门根据企业环境信用状况在行政许可、公共采购、评先创优、金融支持、资质等级评定等方面采取差别化措施，并强调信用信息公开、信用

① 企业环境信息评价是环保部门按照规定的程序、指标和方法对企业环境行为进行环境信用评价，确定企业环境信用等级，向社会公开，用于公众环境监督和各有关部门、金融等机构进行环境管理。

信息共享以及信用考核。

《企业环境信用评价办法（试行）》《关于加强企业环境信用体系建设的指导意见》的实施为加快建立环境保护“守信激励、失信惩戒”机制，推进环保整治工作，推动企业自觉履行环境保护责任，引导公众参与环境管理与监督工作，促进各部门协作配合推动社会信用体系建设发挥了重要作用。

第五节　本章小结

自1973年提出32字环境保护方针起，中国环保制度经历40多年的发展和变革，总体而言体现了国家环保制度由松到严、由窄到宽、强制性与自愿性相结合、权威性与民主性相结合的特点。

第一，由松到严的特点。中国环保制度经历了萌芽阶段、起步阶段、迅速发展阶段、战略转变阶段、从严治理阶段以及加速发展阶段，各层级的环保部门数量、环境法规数量、环境标准数量不断增加，出台的系列文件用词从“控制排放量”到“总量显著减少”再到“总量大幅减少”，从没有“底线”到“划定并严守生态保护红线”，从“实行制度”到“实行最严格的制度”再到“双碳”目标的确定，可见，中国环保制度经历了由松到严的过程。

第二，由窄到宽的特点。中国环保制度自1979年颁布第一部《中华人民共和国环境保护法》开始，从水、大气、噪声到可再生能源、循环经济等方面体现了治理面由窄到宽；从环境法规到中央财政资金支持，再到税收等经济手段的应用体现了调控手段由窄到宽；强制企业环境信息披露的主体从“双超”企业增加到“双超”企业和重点排污企业（含重点监控企业），再到重点排污单位、实施强制性清洁生产审核企业、上市公司、发债企业，体现了治理对象由窄到宽。

第三，强制性与自愿性相结合的特点。如《环境信息公开办法（试行）》，对“双超企业”“国家重点监控企业”“纳入各地年度减排计划且向水体集中直接排放污水的规模化畜禽养殖场（小区）”要求强制披露环境信息，对其他企业以自愿为原则自行披露环境信息。

第四，权威性与民主性相结合的特点。权威性主要是指国家颁布的法律、法规、制度，具有不可抗力，强制要求企业执行，否则将影响企业可持续经营。民主性主要体现在国家鼓励普通大众、专家及 NGO 积极参与环境管理和环境决策，如《中华人民共和国环境影响评价法》《环境保护公众参与办法》均体现了国家环保制度的民主性。

企业所处不同的环境管制制度发展阶段，面对不同的环保财税制度与环境信息披露制度以及其他相关制度对其环保投资行为产生一定的影响。

第四章　企业环保投资的概念界定与发展现状分析

第一节　企业环保投资的概念界定

一　企业环保投资的概念界定原则与统计原则

目前，中国仍然未对企业环保投资进行统一界定，概念的不规范和不统一，造成了难以与国际接轨、难以核算的现状。根据现有文献，对企业环保投资主要有以下两种具有代表性核算方法。

第一种核算方法，直接采用《社会责任报告》《环境报告书》《可持续发展报告》中披露的环保投资总额[①]，或将《社会责任报告》《环境报告书》《可持续发展报告》中披露的环保投资总额进一步细分。例如唐国平和李龙会（2013）[②] 将环保投资总额细分为环保技术的研发与改造支出、环保设施及系统的投入与改造支出、污染治理支出、清洁生产支出、环境税费、生态保护支出和其他七大类，其中其他是企业间接参与环境保护而发生的支出，如参与开发新能源、向环保基金会捐款、投资环境公司等。又如李虹等（2016）[③] 在环保投资总额的基础上细分为环保、节能技术的研发与改造支出，环保、节能设施的投入与维护支

---

① 马珩、张俊、叶紫怡：《环境规制、产权性质与企业环保投资》，《干旱区资源与环境》2016 年第 12 期；张功富：《政府干预、环境污染与企业环保投资——基于重污染行业上市公司的经验证据》，《经济与管理研究》2013 年第 9 期。

② 唐国平、李龙会：《企业环保投资结构及其分布特征研究——来自 A 股上市公司 2008—2011 年的经验证据》，《审计与经济研究》2013 年第 4 期。

③ 李虹、娄雯、田马飞：《企业环保投资、环境管制与股权资本成本——来自重污染行业上市公司的经验证据》，《审计与经济研究》2016 年第 2 期。

出，清洁生产支出，绿化等生态保护支出以及其他与环保有关的事项五大类。

由于企业环保投资概念不清，造成企业环保投资的统计范围不一致和统计范围边界条件不规范的问题。例如，企业绿化支出是否纳入企业环保投资口径，有些企业将其纳入环境保护费用化项目，有些企业将其纳入环境保护资本化项目，有些企业认为这不属于环境保护项目，而是属于一般性管理支出。可见，企业之间对企业环保投资的界定存在较大的差异，致使企业存在自觉或不自觉片面扩大企业环保投资范围、增加企业环保投资绝对额的情况。本书认为采用第一种核算方法将普遍高估企业环保投资规模。

第二种核算方法，采用内容分析法定量分析，按0—3分赋值，对无投资、投资较少、投资中等、投资充分打分，内容包括环境整体管理投资，污染投资，节能、节水投资，气候变化投资[①]。这种核算方法能够避免企业环保投资的异常值以及资本化和费用化支出无法区分的局限性，有效反映企业环保投资额的变化趋势。但是，这种核算方法存在较大的主观性，一是投资较少、投资中等、投资充分如何划分；二是划分的内容是否能够覆盖企业环保投资的全部项目。因此，本书认为第二种核算方法将普遍低估企业环保投资规模。

本书认为若要较好地衡量企业环保投资额，首先需要按照一定的原则界定企业环保投资的定义。

（一）企业环保投资的概念界定原则

1. 主要目的原则

毫无疑问，企业环保投资是以环境保护为主要目的的投资活动，其表现形式包括两个方面。一是治污投资，具体包括对废水、废气、废渣污染物排放量的处理，噪声污染的处理，土壤污染的处理，以及为了实现污染物治理而购置的设备、系统和技术研发。二是防污投资，具体包括使用环保原材料、研发环保产品、环保技术和工艺的开发、清洁生产等。但是，企业投资活动的主要目的不是保护环境，而是满足安全需要、内部卫生需要等，其结果一定程度表现为环境保护，此类活动被称

---

① 张济建、于连超、毕茜等：《媒体监督、环境规制与企业绿色投资》，《上海财经大学学报》2016年第5期。

为环境受益活动[①]，按照主要目的性原则排除在企业环保投资之外，最为典型的是企业安全防治活动。

2. 资本化原则

企业环保投资主要是以环境保护为主要目的，在防污治污设施、设备、系统、技术上的投资，一般当期的企业环保投资使企业在以后各期受益，应按资本化原则，将符合资本化的研发支出、在建工程、固定资产纳入企业环保投资范畴，而费用化项目不应纳入企业环保投资范畴。环保投资与环保支出是不同的，环保支出是生产经营过程中为获得另一项资产、为清偿债务所发生的资产流出，主要表现为环境管理费用、排污超标罚款等，这些项目一般计入管理费用或其他营业外支出项目。

（二）企业环保投资的统计原则

1. 确定性原则

在对企业环保投资进行统计的过程中，会遇到某些活动较难区分是以经济发展为主要目的同时带有环境保护效果，还是以环境保护为主要目的同时带有经济利益。对于上述问题，秉持保守方式，既不采用直接纳入的方式处理，也不采用直接删除的方式处理，而是将此类活动分不同情况区别对待，如果能够区分该活动的主要目的是环境保护，则将其纳入企业环保投资统计范围，使统计中的确定性原则与主要目的性原则保持一致。

2. 一致性原则

一致性原则是指对于同一类项目投资，不应该存在因统计对象不同，而致使该类项目在某些企业中纳入环保投资统计范围，而在另一些企业未纳入环保投资统计范围的情况。例如，根据主要目的性原则确定脱硫项目属于企业环保投资统计范围，则不应该出现部分企业将脱硫项目投资金额纳入环保投资总额中，部分企业未将脱硫项目投资金额纳入环保投资总额的情况。

二　企业环保投资的定义及其结构

（一）企业环保投资定义

一方面，企业环保投资作为一种投资行为，一定是在未来某个时期能

---

① 吴舜泽、陈斌、逯元堂等：《中国环境保护投资失真问题分析与建议》，《中国人口·资源与环境》2004 年第 3 期。

够带给企业收益的，这里的收益不是指直接利润，而是指环境绩效和经济绩效。其中环境绩效是企业环保投资收益的主要表现形式，企业通过环保投资实现节能减排，消除或减少污染物排放量。经济绩效既包括直接经济绩效的提高，也包括间接经济绩效的提高，直接经济绩效主要表现在遵守环境规制减少环境合规性成本、销售绿色产品所获得的收益等；间接经济绩效主要表现为提高客户的忠诚度和满意度、提升企业绿色竞争优势、获得绿色声誉等。另一方面，企业环保投资是向一定对象投放资金，具体包括以环保为主要目的而进行的新增项目投资或改善原有生产方式而进行的更新改造投资。

基于以上分析，本书将企业环保投资定义为：以环境保护为主要目的，能在未来可预见的时期内给企业带来收益而向新增项目或更新改造项目投放足够数额的资金或实物货币等价物的经济行为。

（二）企业环保投资结构

根据界定原则和统计原则，将企业环保投资结构分为五大类，具体包括：（1）环保产品及环保技术的研发与改造投资；（2）环保设施及系统购置与改造投资；（3）清洁生产类投资；（4）污染治理技术研发与改造投资；（5）污染治理设备及系统购置与改造投资。

但是，需要说明的是，下列项目不纳入企业环保投资核算范围：（1）企业进行环境保护而发生的其他相关支出，如环保监察费、环保设计费、环评和能评费、厂部绿化费、环保教育及培训费用、环境管理费用等；（2）间接性支出项目，如捐赠绿色基金费；（3）已经费用化的支出项目，如编制社会责任报告（环境报告）的费用、环境税费、排污费等。

三 企业环保投资的分类

（一）企业环保投资分类的理论依据

制度战略观认为企业战略选择不仅仅受到产业条件和企业拥有的特殊资源驱动[①]，同时正式和非正式的制度约束对组织的交互作用直接影响企

① Barney J.，"Firm Resources and Sustained Competitive Advantage"，*Journal of Management*，Vol. 17，No. 1，1991，pp. 99 – 120.

业的战略选择[1]。

根据企业应对环境问题的实践来区分企业的战略[2]。当企业将制度约束解读为正式的制度约束时，企业为了降低违规成本、环境处罚和罚金，将选择遵守环境规制的战略，但这样的企业战略是对环境规制强制性要求做出的反应性行为，主要表现为对污染排放物的治理行为。当企业将制度约束解读为正式和非正式制度约束时，企业将从依法污染治理的低级环境实践转化为较主动的污染预防性的高级环境实践，从而不仅实现合法性要求，也提高了企业绿色核心竞争力，主要表现为技术、工艺、生产过程等方面的节能减排和环境友好型产品的研发行为。因此，可以将企业环保投资根据企业应对环境问题的实践战略，将其划分为企业前瞻性环保投资和企业治理性环保投资。

（二）企业环保投资分类的内容特征

1. 预防性特征

预防性是指在污染物没有产生之前，企业就采取积极的投资行为，使污染排放物减少、消除，或者达到节能降耗的目的。本书认为企业环保投资结构中环保产品及环保技术的研发与改造投资、环保设施及系统购置与改造投资以及清洁生产类投资具有较为明显的预防性特征，均能从源头出发实现节能减排的环境保护目的。

从 2002 年 6 月 29 日颁布的《中华人民共和国清洁生产促进法》可知，清洁生产是以环境保护为主要目的，从源头削减污染，具有预防性特征[3]。

本书将具有预防性特征的环保投资划分为企业前瞻性环保投资，包括企业从源头上避免或减少污染物产生而进行的更新改造投资，也包括为了

① Oliver C. , "Sustainable Competitive Advantage: Combining Institutional and Resource-Based Views", *Strategic Management Journal*, Vol, 18, No. 9, 1997, pp. 697 – 713; Scott W. R. , "Institutions and Organizations: Foundations for Organizational Science", *Management Science and Engineering*, Vol. 5, No. 1B, 1995, pp. 283 – 310.

② 张钢、张小军：《绿色创新战略与企业绩效的关系：以员工参与为中介变量》，《财贸研究》2013 年第 4 期。

③ 《中华人民共和国清洁生产促进法》中的清洁生产是指不断采取改进设计、使用清洁的能源和原料、采用先进的工艺技术与设备、改善管理、综合利用等措施，从源头削减污染，提高资源利用效率，减少或者避免生产、服务和产品使用过程中污染物的产生和排放，以减轻或者消除对人类健康和环境的危害。

减轻对环境影响而发生的新增投资，其目的在于真实反映企业为了满足多样化的环境保护要求而进行的投资。

2. 滞后性特征

滞后性是指污染物已经产生，企业针对已产生污染物进行事后处理，使最终污染排放量减少或资源综合利用，相对事前预防而言具有一定的滞后性。

本书将具有滞后性特征的环保投资划分为企业治理性环保投资，主要包括对企业排放的废水、废气、废渣等进行的污染源治理性投资，也包括企业为了实施废物回收、封存、再利用、综合整治而进行的投资。

综上所述，本书根据制度战略观和内容特征，将企业环保投资划分为两大类，即企业前瞻性环保投资和企业治理性环保投资。其中企业前瞻性环保投资具有预防性特征，包括环保产品及环保技术的研发与改造投资、环保设施及系统购置与改造投资以及清洁生产类投资三大类。企业治理性环保投资具有滞后性特征，包括污染治理技术研发与改造投资、污染治理设备及系统购置与改造投资两大类。

第二节　企业环保投资的发展现状分析

自 2007 年 1 月 30 日中国证监会发布《上市公司信息披露管理办法》以来，越来越多的上市公司在年度财务报告和社会责任报告书中披露与企业环境保护行为有关的信息。本章按主要目的性原则和资本化原则，利用 2007—2018 年中国 A 股上市公司数据。首先，按关键字收集上市公司环保投资数据，主要包括“环保”“生态”“绿色”“节能”“新能源”“再生”“清洁生产”“除尘”“降噪”“废水”“污染”等与环境污染预防和治理相关的关键词，关键词覆盖技术、产品、工艺、设备、系统、治理等方面。其次，搜索这些词的变体，例如“除尘”的变体为“降尘”“抑尘”“收尘”等。最后，检查这些关键词在上下文的描述，按照确定性原则和一致性原则删除与环境保护行为无关的项目，例如“厂区绿化”等，经过逐一检查核对，保留相关项目，删除无关项目。

经过筛选，本章最终获得 3000 个企业前瞻性环保投资样本、2916 个企业治理性环保投资样本。由于部分企业既进行了企业前瞻性环保投资，又进行了企业治理性环保投资，对这一部分企业环保投资进行合并计算，如代码为000012的公司2009年新增企业前瞻性环保投资额为124714979元，当年新增企业治理性环保投资额为27741770元，那么该企业当年新增环保投资额为124714979 + 27741770 = 152456749元。因此，单维构念下的企业环保投资样本数要少于多维构念下的样本数，经过合并计算后共收集5473个企业环保投资样本数。

本章的数据来源途径如下：（1）企业环保投资数据来源于CSMAR数据库；（2）环境管制强度数据来源于《中国环境年鉴》；（3）人均GDP数据来源于《中国统计年鉴》；（4）企业生命周期和产权性质的数据来源于Wind数据库；（5）其他研究变量来源于Wind数据库。所有数据处理软件为Stata13.0。

一　企业环保投资的分类特征分析

如表4-1和图4-1所示，2007—2018年企业环保投资的样本数量除2014年略有下降外，其他各年样本数量呈大幅度上升趋势。2018年企业环保投资的样本数量为2007年的2.91倍。其中，企业前瞻性环保投资样本数量的增长幅度大于企业治理性环保投资样本数量的增长幅度。以2011年为分界点，2011年之前企业治理性环保投资的样本数量大于企业前瞻性环保投资的样本数量，2011年之后企业治理性环保投资的样本数量小于企业前瞻性环保投资的样本数量。上述结果的主要原因可能是2011年为“十二五”规划的开局之年，《国家环境保护“十二五”规划》明确提出了“预防为主、防治结合”的基本原则以及“到2015年，主要污染排放总量显著减少”的主要目标，国家环境保护规划为企业实现节能减排、加快淘汰落后产能、推进清洁生产和循环经济发展提供了指导思想。

表4-1　2007—2018年企业不同类型环保投资的样本分布情况

年份	企业环保投资		企业前瞻性环保投资		企业治理性环保投资	
	N	占比（%）	N	占比（%）	N	占比（%）
2007	253	4.62	82	2.73	184	6.31
2008	288	5.26	108	3.60	207	7.10
2009	284	5.19	129	4.30	182	6.24

续表

年份	企业环保投资		企业前瞻性环保投资		企业治理性环保投资	
	N	占比（%）	N	占比（%）	N	占比（%）
2010	375	6.85	193	6.43	202	6.93
2011	426	7.78	223	7.43	240	8.23
2012	439	8.02	250	8.33	223	7.65
2013	452	8.26	253	8.43	245	8.40
2014	441	8.06	265	8.83	210	7.20
2015	515	9.41	303	10.10	238	8.16
2016	568	10.38	331	11.03	282	9.67
2017	696	12.72	418	13.93	349	11.97
2018	736	13.45	445	14.83	354	12.14
合计	5473	100.00	3000	100.00	2916	100.00

注：表中2007—2018年的占比为各年的样本量与全部样本总量的比例。

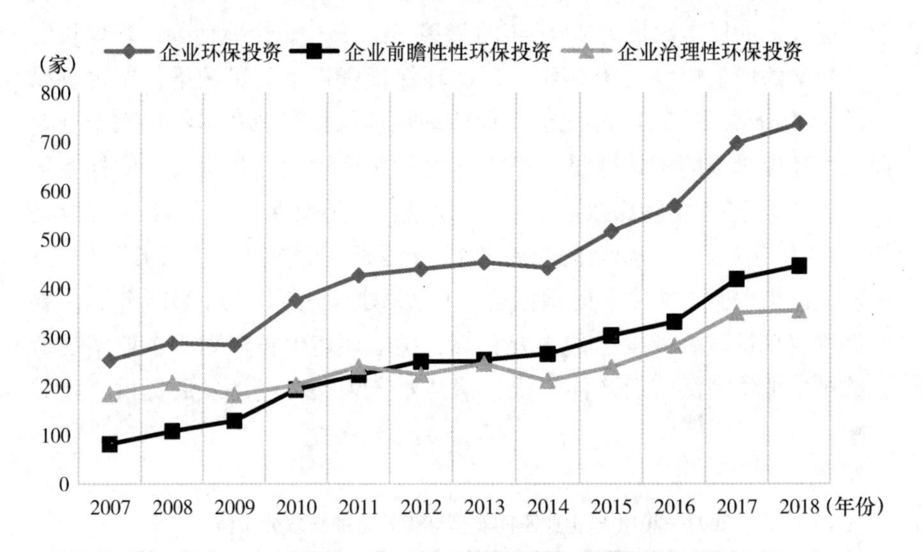

图4-1　2007—2018年企业环保投资的分类样本分布

如表4-2所示，企业环保投资的规模最大值与最小值差距较大，均值大于中位数，说明企业之间环保投资规模差异较大。企业前瞻性环保投资的样本数量为3000个，多于企业治理性环保投资的样本数量。但是，企业前瞻性环保投资规模的均值（0.0230）大于企业治理性环保投资规模的均值（0.0097）。两类企业环保投资规模的最大值与最小值之间的差距均较大，特别是企业治理性环保投资规模的最大值 2.6965 和最小值 0.0000 的差距更为突出。

表 4－2 2007—2018 年企业不同类型环保投资规模的描述性统计结果

项目	N	均值	标准差	最大值	最小值	中位数
企业环保投资	5473	0.0172	0.0437	0.9446	0.0000	0.0035
企业前瞻性环保投资	3000	0.0230	0.0521	0.9446	0.0000	0.0054
企业治理性环保投资	2916	0.0097	0.0565	2.6965	0.0000	0.0018

二 企业环保投资的分布特征分析

（一）企业环保投资所属行业分布特征

《国家环境保护“十一五”规划》提出“因地制宜，分区规划”的原则，《国家环境保护“十二五”规划》进一步提出“因地制宜，在不同地区和行业实施有差别的环境政策”的原则，《“十三五”生态环境保护规划》提出根据区域、流域和类型差异分区施策，实施多污染物协同控制，提高治理措施的针对性和有效性。国家实施的环境防治差别化政策对企业环保投资行为产生重要影响。本章根据行业性质中将企业环保投资所属行业划分为制造业和非制造业、重污染行业与非重污染行业。

其中，重污染行业的认定主要依据中国证券监督委员会 2012 年修订的《上市公司行业分类指引》、环境保护部 2008 年制定的《上市公司环保核查行业分类管理名录》（环办函〔2008〕373 号）以及《上市公司环境信息披露指南》（环办函〔2010〕78 号），主要包括火电、钢铁、水泥、电解铝、煤炭、冶金、化工、石化、建材、造纸、酿造、制药、发酵、纺织、制革和采矿 16 类行业。重污染行业分布情况如表 4－3 所示。

表 4－3 样本重污染行业分布情况

重污染行业分类	上市公司行业分类		样本分布	
	行业代码	行业名称	样本企业数（家）	百分比（%）
火电	D44	电力、热力生产和供应	386	12.98

续表

重污染行业分类	上市公司行业分类		样本分布	
	行业代码	行业名称	样本企业数（家）	百分比（%）
钢铁	C31	黑色金属冶炼和压延加工业	184	6.19
水泥	C30	分属于非金属矿物制品业	265	8.91
建材	C30	非金属矿物制品业		
煤炭	B06	煤炭开采和洗选业	79	2.66
电解铝	C32	分属于有色金属冶炼和压延加工业	233	7.83
冶金	C32	有色金属冶炼和压延加工业		
	C33	金属制品业	49	1.65
采矿	B07	石油和天然气开采业	4	0.13
	B08	黑色金属矿采选业	4	0.13
	B09	有色金属矿采选业	63	2.12
化工	C26	化学原料和化学制品制造业	653	21.96
	C29	橡胶和塑料制品业	81	2.72
石化	C25	石油加工、炼焦和核燃料加工业	53	1.78
制药	C27	医药制造业	246	8.27
酿造	C15	酒、饮料和精制茶制造业	119	4.00
造纸	C22	造纸和纸制品业	112	3.77
发酵	C14	食品制造业	75	2.52
纺织	C17	纺织业	85	2.86
	C28	化学纤维制造业	92	3.09
制革	C19	皮革、毛皮、羽毛及其制品和制鞋业	11	0.37
合计			2794	100.00

如表 4－4 和图 4－2 所示，从各行业企业进行环保投资的数量上来看，制造业企业样本数量是非制造业企业样本数量的 2.5 倍，制造业企业数量与非制造业企业数量差距由 2007 年的 1.8 倍逐渐扩大到 2018 年的 2.9 倍，说明制造业企业是环保投资的主力军。另外，2007—2012 年重污染行业的样本数量比非重污染行业企业多，2012—2018 年重污染行业的样本数量比非重污染行业企业少。非重污染行业企业的样本数量从 2007 年的 104 家增加到 2018 年的 376 家，增长率为 261.54%，高于重污染行

业企业的数量增长率。

表 4－4　　2007—2018 年企业环保投资样本的行业分布情况　　（单位：家）

年份	制造业	非制造业	重污染行业	非重污染行业
2007	162	91	149	104
2008	198	90	177	111
2009	199	85	171	113
2010	263	112	200	175
2011	314	112	223	203
2012	317	122	219	220
2013	316	136	216	236
2014	312	129	213	228
2015	375	140	258	257
2016	406	162	276	292
2017	514	182	332	364
2018	549	187	360	376
合计	3925	1548	2794	2679

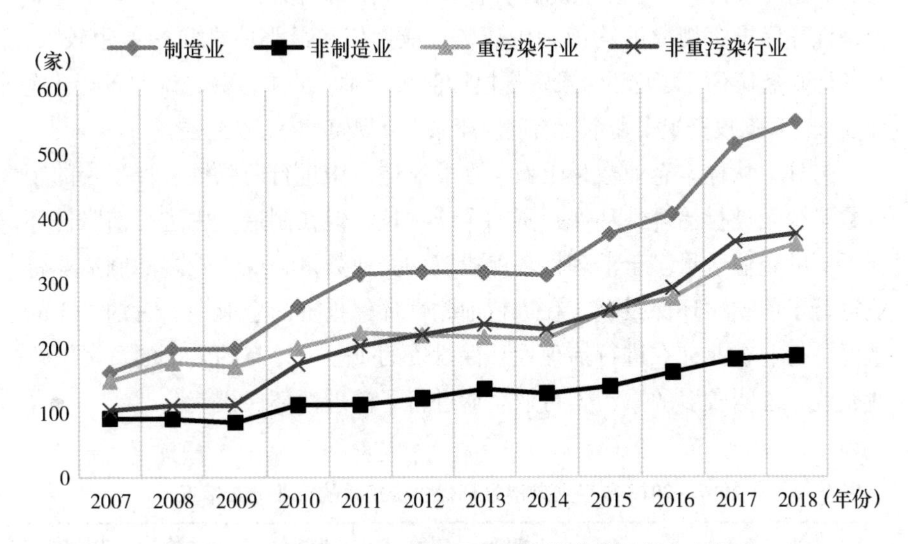

图 4－2　2007—2018 年企业环保投资样本的行业分布情况

从表4-5可以发现，从企业环保投资规模来看，制造业企业环保投资规模均值低于非制造业企业环保投资规模均值，但是制造业企业和非制造业企业环保投资规模的中位数都小于均值，且最大值和最小值之间的差距较大。此外，重污染行业环保投资规模均值小于非重污染行业企业环保投资规模均值，但无论是非重污染行业企业还是重污染行业企业，其环保投资规模的中位数都小于均值，说明各类行业的大多数企业环保投资规模都低于平均水平，且最大值和最小值的差距较大。上述结果说明相同行业之间的企业环保投资规模存在较大差异。

表4-5　2007—2018年企业环保投资规模的行业分布情况

行业	N	均值	标准差	最大值	最小值	中位数
制造业	3925	0.0169	0.0430	0.9446	0.0000	0.0035
非制造业	1548	0.0181	0.0452	0.7910	0.0000	0.0035
重污染行业	2794	0.0145	0.0373	0.7910	0.0000	0.0036
非重污染行业	2679	0.0201	0.0493	0.9446	0.0000	0.0031

从表4-6和表4-7可以发现，无论是制造业和非制造业还是重污染行业和非重污染行业，企业前瞻性环保投资规模的均值和中位数都大于企业治理性环保投资规模的均值和中位数，最大值和最小值之间的差距较大。且各行业企业不同类型环保投资规模均值大于对应的中位数，说明各行业企业前瞻性环保投资规模和企业治理性环保投资规模存在较大差异。

另外，从样本企业数量上看，在非制造业中进行前瞻性环保投资的企业数量少于进行治理性环保投资的企业数量，但在制造业中进行前瞻性环保投资的企业数量多于治理性环保投资的企业数量，说明较多的制造业企业进行了前瞻性环保投资。在进行前瞻性环保投资的企业中，有约1/3的重污染行业企业；在进行治理性环保投资的企业中，有约2/3的重污染行业企业，说明较多的重污染行业企业进行了治理性环保投资。

表4-6　2007—2018年企业前瞻性环保投资规模的行业分布情况

行业分类	N	均值	标准差	最大值	最小值	中位数
制造业	2244	0.0231	0.0509	0.9446	0.0000	0.0057

续表

行业分类	N	均值	标准差	最大值	最小值	中位数
非制造业	756	0.0226	0.0556	0.7910	0.0000	0.0050
重污染行业	1255	0.0212	0.0470	0.7910	0.0000	0.0057
非重污染行业	1745	0.0242	0.0555	0.9446	0.0000	0.0053

表4-7　2007—2018年企业治理性环保投资规模的行业分布情况

行业	N	均值	标准差	最大值	最小值	中位数
制造业	1995	0.0075	0.0257	0.7182	0.0000	0.0018
非制造业	921	0.0144	0.0929	2.6965	0.0000	0.0020
重污染行业	1856	0.0077	0.0241	0.7182	0.0000	0.0022
非重污染行业	1060	0.0131	0.0880	2.6965	0.0000	0.0013

本章使用参数检验和非参数检验方法分别对不同行业下的企业前瞻性环保投资规模（PEI）和企业治理性环保投资规模（GEI）的差异性进行检验。从表4-8的K-S检验和T检验结果可以发现，在制造业和非制造业中，企业前瞻性环保投资和企业治理性环保投资规模存在显著差异，T检验的结果显示，制造业企业不同类型环保投资规模之间差异的显著性水平0.0000高于非制造业的显著性水平0.0332。另外，在重污染行业和非重污染行业中，企业前瞻性环保投资和企业治理性环保投资规模也存在显著差异。

表4-8　不同行业企业不同类型环保投资规模的参数检验与非参数检验结果

项目	分组	K-S检验		T检验	
制造业	PEI GEI	D值	P值	T值	P值
		289.348	0.0001	12.3669	0.0000
非制造业		D值	P值	T值	P值
		46.285	0.0001	2.1310	0.0332
重污染行业		D值	P值	T值	P值
		154.213	0.0001	10.5320	0.0000
非重污染行业		D值	P值	T值	P值
		177.644	0.0001	4.1013	0.0000

（二）企业环保投资的所属地区分布特征

1. 地区分布与企业环保投资

由于企业所在地区经济发展水平、环境监管强度等方面因素的影响，企业环保投资行为存在空间异质性。从表4－9各地区和各区域企业环保投资分布情况可以发现，进行环保投资的企业数量较多的是江苏、浙江和广东，均集中在中国的东部地区，各年东部地区进行环保投资的企业总数量远高于其他三个区域的企业数量，占总样本数量的一半以上。

表4－9　　2007—2018年企业环保投资的分布情况　　（单位：家）

区域	年份/地区	2007	2008	2009	2010	2011	2012	2013	2014	2015	2016	2017	2018
东部地区	北京	15	16	16	20	28	31	30	29	38	46	54	52
	福建	5	7	7	14	12	10	9	15	16	19	23	28
	广东	22	30	37	49	61	54	57	48	55	67	87	90
	海南	2	2	4	3	1	2	2	3	1	2	4	5
	河北	10	13	13	14	12	14	14	14	16	17	25	16
	江苏	16	20	21	37	51	56	51	60	61	78	99	106
	山东	15	23	22	25	26	33	33	29	40	42	49	44
	上海	12	15	12	17	21	21	23	14	20	26	27	33
	天津	5	4	4	6	3	4	5	6	6	9	9	11
	浙江	26	32	31	41	52	53	60	64	59	71	95	91
中部地区	安徽	8	11	8	12	14	10	16	16	20	21	29	39
	河南	14	16	17	21	24	23	25	22	21	19	27	29
	湖北	17	14	12	17	16	16	19	17	20	24	24	28
	湖南	7	9	10	12	14	17	14	12	17	15	22	30
	江西	12	9	8	8	7	10	11	11	14	14	14	14
	山西	8	9	9	7	10	7	9	7	8	14	12	15
西部地区	甘肃	6	4	4	7	9	9	5	9	8	8	11	11
	广西	6	4	4	6	7	10	13	9	12	8	10	9
	贵州	0	3	2	4	5	5	4	4	4	3	6	6

续表

区域	年份 地区	2007	2008	2009	2010	2011	2012	2013	2014	2015	2016	2017	2018
西部地区	内蒙古	7	8	6	6	8	7	9	9	10	11	10	10
	宁夏	2	4	4	5	5	5	4	3	5	5	5	5
	青海	0	3	2	1	3	3	4	3	4	4	5	5
	陕西	3	2	2	3	7	9	10	2	6	9	12	12
	四川	12	11	13	14	16	11	16	17	20	19	27	33
	新疆	10	16	13	15	17	12	12	13	14	14	16	17
	云南	5	4	3	6	6	9	10	5	6	9	12	9
	重庆	6	7	4	5	6	9	8	7	7	11	14	14
东北地区	黑龙江	7	7	8	6	7	6	7	6	7	8	7	9
	吉林	3	4	6	6	7	7	6	9	9	7	10	8
	辽宁	5	8	9	8	8	10	12	10	15	12	20	18
东部地区		128	162	167	226	267	278	284	282	312	377	472	476
中部地区		49	54	52	60	69	67	75	68	80	83	104	127
西部地区		74	80	69	89	105	105	114	100	118	126	154	161
东北地区		15	19	23	20	22	23	25	25	31	27	37	35
合计		266	315	311	395	463	473	498	475	541	613	767	799

注：根据《中国环境统计年鉴》中的划分标准划分地区，由于西藏部分数据缺失，因此不含西藏。

如图 4－3 所示，各地区进行环保投资的企业数量均呈上升趋势，其中东部地区上升迅猛，中部地区和西部地区的企业数量增速相当，东北地区的企业数量增长最慢，说明东部地区企业环保投资优势明显，中部地区和西部地区企业有较大的发展潜力，东北地区由于受到传统产业影响，实现东北老工业产业转型升级阻力较大。

如表 4－10 所示，西部地区企业环保投资规模的均值最大，然后依次是东部地区、中部地区和东北地区。各区域企业环保投资规模的均值都高于中位数，且各区域企业环保投资规模的最大值与最小值之间差距较大，说明不同区域的企业之间环保投资规模存在较大差异。

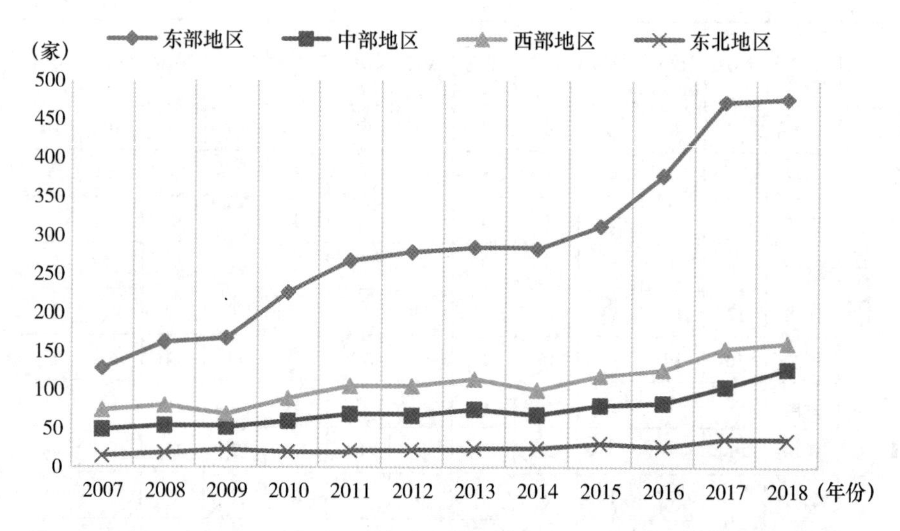

图 4-3 2007—2018 年各区域进行环保投资的上市公司数量发展趋势

表 4-10 企业环保投资规模的区域分布情况

区域	N	均值	标准差	最大值	最小值	中位数
东部地区	3212	0.0183	0.0442	0.9446	0.0000	0.0039
中部地区	803	0.0130	0.0309	0.4861	0.0000	0.0028
西部地区	1181	0.0186	0.0522	0.7910	0.0000	0.0030
东北地区	277	0.0114	0.0244	0.2556	0.0000	0.0029

从表 4-11 我们可以发现，第一，除了东部地区，中部地区、西部地区和东北地区的企业前瞻性环保投资样本数量均少于企业治理性环保投资的样本数量。第二，除了东北地区，各区域企业前瞻性环保投资规模的均值都大于对应的企业治理性环保投资规模的均值。第三，企业前瞻性环保投资规模的均值在不同区域之间差异大于企业治理性环保投资规模的均值在不同区域之间差异。第四，无论是企业前瞻性环保投资规模还是企业治理性环保投资规模，均值都大于对应中位数，最大值与最小值之间存在较大差异。

表4-11　　　企业不同类型环保投资规模的区域分布情况

分类	区域	N	均值	标准差	最大值	最小值	中位数
企业前瞻性环保投资	东部地区	1905	0.0242	0.0522	0.9446	0.0000	0.0066
	中部地区	434	0.0157	0.0374	0.4861	0.0000	0.0028
	西部地区	548	0.0261	0.0633	0.7910	0.0000	0.0049
	东北地区	113	0.0154	0.0331	0.2556	0.0000	0.0050
企业治理性环保投资	东部地区	1526	0.0083	0.0247	0.3276	0.0000	0.0017
	中部地区	454	0.0085	0.0192	0.2309	0.0000	0.0021
	西部地区	747	0.0102	0.0352	0.7182	0.0000	0.0020
	东北地区	189	0.0217	0.1961	2.6965	0.0000	0.0013

进一步通过 Kruskal-Wallis 检验（K-W 检验）和 Median 检验企业不同类型环保投资规模的地区性差异，从表4-12的结果可知，企业前瞻性环保投资的 K-W 检验和 Median 检验的卡方值分别为29.436和32.3492，对应P值拒绝无差异假设，说明企业前瞻性环保投资规模具有显著的区域性特点；企业治理性环保投资规模的 K-W 检验和 Median 检验的卡方值分别为11.882和6.7207，对应P值分别为0.0078和0.0810，说明企业治理性环保投资具有一定的区域性特点，但是企业治理性环保投资规模的区域性差异显著性水平明显低于企业前瞻性环保投资规模的区域性差异的显著性水平。

表4-12　企业不同类型环保投资规模区域差异性的非参数检验结果

项目	分组	K-W 检验		Median 检验	
企业前瞻性环保投资	东部地区	卡方值	P值	卡方值	P值
	中部地区	29.436	0.0001	32.3492	0.0000
企业治理性环保投资	西部地区	卡方值	P值	卡方值	P值
	东北地区	11.882	0.0078	6.7207	0.0810

2. 地区经济发展水平与企业环保投资

地区经济发展水平能够较大限度反映地区的市场化程度、法制情况、当地人们的环保意识和消费倾向，作为外部影响因素对企业环保投资决策具有重要的影响。本章拟用2007—2017年[①]地区人均GDP来衡量地区经济发展水平，人均GDP既能反映地区经济发展情况，也能反映当地人们的环保意识。按照各年人均GDP的中位数进行划分，将地区人均GDP低于当年全国人均GDP中位数的地区划分为经济欠发达地区，将高于当年全国人均GDP中位数的地区划分为经济发达地区。

由表4-13可知，一是大多数进行环保投资的企业位于经济发达地区；二是经济发达地区企业环保投资规模的均值略高于经济欠发达地区企业环保投资规模的均值；三是经济欠发达地区的企业环保投资规模的中位数低于经济发达地区企业环保投资规模的中位数，且中位数都小于对应均值；四是经济欠发达地区与经济欠发达地区企业环保投资规模的最大值与最小值之间差距较大。

表4-13　不同地区经济发展水平下企业环保投资规模的分布情况

地区经济发展水平	N	均值	标准差	最大值	最小值	中位数
经济欠发达地区	1476	0.0142	0.0374	0.7182	0.0000	0.0026
经济发达地区	3261	0.0187	0.0459	0.9446	0.0000	0.0039
合计	4737	0.0173	0.0435	0.9446	0.0000	0.0034

本章进一步对企业不同类型环保投资规模进行分析，如表4-14所示，第一，大多数进行前瞻性环保投资和治理性环保投资的企业位于经济发达地区；第二，经济发达地区企业前瞻性环保投资规模的均值高于经济欠发达地区企业前瞻性环保投资规模的均值，中位数都低于对应均值。经济欠发达地区企业治理性环保投资规模的均值大于经济发达地区企业治理性环保投资规模的均值，中位数都低于对应均值。这在一定程度上说明企业不同类型环保投资规模在经济欠发达地区和经济发达地区之间存在较大差异，地区经济发展水平对企业环保投资规模和企业环保投资类型有较大影响。

① 受《中国统计年鉴》更新速度的影响，该部分数据使用2007—2017年地区人均GDP来衡量地区经济发展水平。

表 4－14 不同地区经济发展水平下企业不同类型环保投资规模的分布情况

分类	经济发展水平	N	均值	标准差	最大值	最小值	中位数
企业前瞻性环保投资	经济欠发达地区	730	0.0173	0.0388	0.4861	0.0000	0.0031
	经济发达地区	1825	0.0259	0.0563	0.9446	0.0000	0.0066
	合计	2555	0.0235	0.0520	0.9446	0.0000	0.0053
企业治理性环保投资	经济欠发达地区	890	0.0130	0.0960	2.6965	0.0000	0.0021
	经济发达地区	1672	0.0081	0.0229	0.3276	0.0000	0.0018
	合计	2562	0.0098	0.0596	2.6965	0.0000	0.0018

进一步地通过 K-S 检验和 Mann-Whitney 检验（M-W 检验）企业不同类型环保投资的地区性差异。从表 4－15 的结果可以发现，企业前瞻性环保投资规模在经济发达地区和经济欠发达地区之间存在显著差异，而企业治理性环保投资规模在经济发达地区和经济欠发达地区之间不存在显著的差异。

表 4－15 不同地区经济发展水平下企业不同类型环保投资规模的非参数检验结果

项目	分组	K-S 检验		Median 检验	
企业前瞻性环保投资	经济欠发达地区	D 值	P 值	卡方值	P 值
	经济发达地区	0.1312	0.0000	35.3229	0.0000
企业治理性环保投资	经济欠发达地区	D 值	P 值	卡方值	P 值
	经济发达地区	0.0456	0.178	2.8941	0.0890

（三）地区环境监管强度与企业环保投资

基于合法性理论，地方政府监管是促进企业环保投资的重要外部因素。本章借鉴唐国平和李龙会（2013）[①] 具有代表性的做法，通过《中国环境年鉴》收集 2007—2014 年[②]工业“三废”的数据，以及通过《中国

① 唐国平、李龙会：《股权结构、产权性质与企业环保投资——来自中国 A 股上市公司的经验证据》，《财经问题研究》2013 年第 3 期。

② 由于《中国环境年鉴》仅更新至 2014 年，环境管制强度也只能计算到 2014 年，因此该部分仅用 2007—2014 年数据进行检验。

统计年鉴》收集工业产值的数据计算政府监管强度。本章具体选取工业二氧化碳、工业二氧化硫、工业烟（粉）尘和工业固体废物为计算对象，通过四步完成政府监管强度的计算。

第一步，计算工业污染去除率。

i 省（市、区）j 类工业污染物去除率 $X_{i,j}$ =（i 省 j 类工业污染物去除量/j 类工业污染物排放总量）×100%。（$i=1$，2……30；$j=1$，2，3，4）

第二步，标准化处理。

工业污染物去除率的标准化值 $R_{i,j}$ =（$X_{i,j}$ − 当年各省 j 类污染物去除率的最小值/（当年各省 j 类污染物去除率的最大值 − 当年各省 j 类污染物去除率的最小值）。

第三步，计算调整系数。

调整系数 $C_{i,j}=TR_{i,j}/PR_{i,j}$，其中 $TR_{i,j}=i$ 省（市、区）j 类工业污染物排放量/当年全国 j 类工业污染物排放总量；$PR_{i,j}=i$ 省（市、区）工业产值/当年全国工业总产值。

第四步，计算政府监管强度。

政府监管强度 $EM = \sum R_{i,j} \times C_{i,j}$

按照各年政府监管强度的中位数进行划分，将地区政府监管强度低于当年全国政府监管强度中位数地区划分为地区环境管制弱组，将高于当年全国政府监管强度中位数地区划分为地区环境管制强组。从表 4－16 可以发现，在环境管制强的地区进行企业环保投资的样本数量多于环境管制弱组的地区样本数量。从企业环保投资规模均值和中位数来看，地区环境管制弱组的均值和中位数略高于地区环境管制强组的均值和中位数，但均值都大于对应中位数。

表 4－16　不同地区环境管制强度下企业环保投资规模的分布情况

地区环境管制强度	N	均值	标准差	最大值	最小值	中位数
环境管制弱的地区	1397	0.0195	0.0463	0.7182	0.0000	0.0038
环境管制强的地区	1561	0.0166	0.0401	0.5680	0.0000	0.0032
合计	2958	0.0180	0.0432	0.7182	0.0000	0.0035

进一步分析不同地区环境管制强度下企业不同类型环保投资规模的分布情况，从表4－17的结果可知，从样本数量分布来看，企业前瞻性环保投资的样本更多地分布在环境管制弱的地区。相反地，企业治理性环保投资的样本更多地分布在环境管制强的地区。从企业不同类型环保投资规模来看，在环境管制强的地区均值和中位数均略低于环境管制弱的地区均值和中位数，最大值与最小值之间的差异较大。上述结果一定程度说明环境管制强度对企业不同类型环保投资规模有影响。

表4－17　　不同地区环境管制强度下企业不同类型环保投资规模的分布情况

分类	地区环境管制强度	N	均值	标准差	最大值	最小值	中位数
企业前瞻性环保投资	环境管制弱的地区	765	0.0269	0.0496	0.5114	0.0000	0.0074
	环境管制强的地区	736	0.0235	0.0503	0.5680	0.0000	0.0061
	合计	1501	0.0252	0.0500	0.5680	0.0000	0.0067
企业治理性环保投资	环境管制弱的地区	632	0.0106	0.0403	0.7182	0.0000	0.0022
	环境管制强的地区	825	0.0104	0.0264	0.2996	0.0000	0.0016
	合计	1457	0.0105	0.0332	0.7182	0.0000	0.0020

此外，从表4－18的K-S检验和M-W检验结果可以看出，企业前瞻性环保投资规模和企业治理性环保投资规模均在环境管制强的地区和环境管制弱的地区之间存在显著差异。上述结果说明，环境管制是影响企业环保投资规模的重要因素，不同环境管制强度对企业不同类型环保投资规模的影响具有差异性。

表4－18　　不同地区环境管制强度下企业不同类型环保投资规模的非参数检验结果

项目	分组	K-S检验		M-W检验	
企业前瞻性环保投资	环境管制弱的地区	D值	P值	Z值	P值
	环境管制强的地区	0.0866	0.007	3.231	0.0012
企业治理性环保投资	环境管制弱的地区	D值	P值	Z值	P值
	环境管制强的地区	0.0900	0.002	－3.303	0.0010

三 组织特征与企业环保投资

（一）企业生命周期与企业环保投资

根据企业生命周期理论，在企业不同的生命阶段，企业的经营决策和投资战略也具有不同的特征。根据 Dickinson（2011）[①] 和黄宏斌等（2016）[②] 的做法，采用现金流组合法对企业生命周期进行划分，本章将其划分为成长期、成熟期和衰退期三个阶段，具体的现金流组合可见表4－19。

表4－19　　不同企业生命周期的现金流特征组合

现金流	成长期		成熟期	衰退期				
	导入期	增长期	成熟期	衰退期	衰退期	衰退期	淘汰期	淘汰期
经营现金净流量	－	＋	＋	－	＋	＋	－	－
投资现金净流量	－	－	－	－	＋	＋	＋	＋
筹资现金净流量	＋	＋	－	－	＋	－	＋	－

如表4－20所示，从企业环保投资的样本数量来看，企业处于成长期的样本数量最多，占总样本数量的53.08%；其次是成熟期的样本数量，占总样本的33.66%；最后是衰退期的样本数量，占总样本的13.26%。从企业环保投资规模的均值来看，处于成长期的企业环保投资规模最大，处于成熟期的企业环保投资规模大于处于衰退期的企业环保投资规模。企业生命周期各阶段的企业环保投资规模均值都大于对应中位数。

表4－20　　不同企业生命周期下企业环保投资规模的分布情况

企业生命周期	N	占比（%）	均值	标准差	最大值	最小值	中位数
成长期	2905	53.08	0.0242	0.0566	0.9446	0.0000	0.0050
成熟期	1842	33.66	0.0096	0.0175	0.1633	0.0000	0.0026
衰退期	726	13.26	0.0084	0.0192	0.2104	0.0000	0.0017

① Dickinson V.，"Cash Flow Patterns as a Proxy for Firm Life Cycle"，*The Accounting Review*，Vol. 86，No. 6，2011.

② 黄宏斌、翟淑萍、陈静楠：《企业生命周期、融资方式与融资约束——基于投资者情绪调节效应的研究》，《金融研究》2016年第7期。

如表 4－21 所示，在成长期进行企业前瞻性环保投资的样本数量和规模均值都大于企业治理性环保投资的样本数量和规模均值。在成熟期和衰退期进行企业前瞻性环保投资的样本数量小于企业治理性环保投资的样本数量，但是在成熟期和衰退期的企业前瞻性环保投资规模均值大于对应的企业治理性环保投资规模的均值。在成熟期的企业治理性环保投资规模最大值与最小值的差距最大。

表 4－21　不同企业生命周期下企业不同类型环保投资规模的分布情况

分类	企业生命周期	N	均值	标准差	最大值	最小值	中位数
企业前瞻性环保投资	成长期	1696	0.0311	0.0655	0.9446	0.0000	0.0081
	成熟期	925	0.0124	0.0208	0.1633	0.0000	0.0037
	衰退期	379	0.0122	0.0241	0.2055	0.0000	0.0033
企业治理性环保投资	成长期	1453	0.0123	0.0358	0.7182	0.0000	0.0023
	成熟期	1069	0.0082	0.0831	2.6965	0.0000	0.0018
	衰退期	394	0.0038	0.0089	0.0904	0.0000	0.0009

本章通过 Median 检验和 K-W 检验企业前瞻性环保投资规模和企业治理性环保投资规模分别在不同生命周期阶段中的差异性。从表 4－22 的 Median 检验和 K-W 检验的卡方值与显著性水平来看，企业前瞻性环保投资规模和企业治理性环保投资规模均在企业成长期、成熟期和衰退期之间存在显著差异。上述结果说明企业所处生命周期阶段对企业环保投资规模和企业环保投资类型均有较大影响。

表 4－22　不同企业生命周期下企业不同类型环保投资规模的非参数检验结果

项目	分组	Median 检验		K-W 检验	
企业前瞻性环保投资	成长期 成熟期 衰退期	卡方值	P 值	卡方值	P 值
		52.3511	0.0000	91.735	0.0001
企业治理性环保投资		卡方值	P 值	卡方值	P 值
		37.5692	0.0000	62.640	0.0001

（二）产权性质与企业环保投资

产权性质影响着企业环保投资的风险偏好与投资意图，在中国特殊经济背景下，非国有企业能获得的政府资源较少，在竞争中处于劣势地位，因此主动承担社会责任，积极开展企业环保投资有利于非国有企业获得政府的支持。另外，国有企业与当地政府存在资源交换的关系，在环境保护方面能够优先享受获得国家政策扶持政策，因此将被动承担更多的社会责任。

从表4－23的样本数量来看，非国有企业进行环保投资的样本数量多于国有企业的样本数量。从企业环保投资规模来看，非国有企业环保投资规模的均值大于国有企业环保投资规模的均值，最大值与最小值之间差距较大。

表4－23　　不同产权性质下企业环保投资规模的分布情况

产权性质	N	均值	标准差	最大值	最小值	中位数
非国有企业	2894	0.0204	0.0504	0.9446	0.0000	0.0042
国有企业	2579	0.0137	0.0343	0.7910	0.0000	0.0026
合计	5473	0.0172	0.0437	0.9446	0.0000	0.0035

从表4－24的结果来看，进行前瞻性环保投资的非国有企业样本数量多于国有企业样本数量，非国有企业前瞻性环保投资规模的均值略高于国有企业的均值。从企业治理性环保投资规模来看，国有企业的样本数量多于非国有企业样本数量，但是非国有企业治理性环保投资规模的均值略高于国有企业的均值。

另外，非国有企业中进行前瞻性环保投资的样本数高于治理性环保投资的样本数，相反地，国有企业中进行前瞻性环保投资的样本数低于治理性环保投资的样本数。

表4－24　不同产权性质下企业不同类型环保投资规模的分布情况

分类	产权性质	N	均值	标准差	最大值	最小值	中位数
企业前瞻性环保投资	非国有企业	1722	0.0270	0.0581	0.9446	0.0000	0.0075
	国有企业	1278	0.0175	0.0422	0.7910	0.0000	0.0034
企业治理性环保投资	非国有企业	1346	0.0114	0.0799	2.6965	0.0000	0.0018
	国有企业	1570	0.0082	0.0210	0.2996	0.0000	0.0019

为了检验在不同产权性质下企业不同类型环保投资规模的差异性，进行 K-S 检验和 M-W 检验。从表 4－25 的结果可以发现，企业前瞻性环保投资规模在国有企业和非国有企业之间存在显著性差异，而企业治理性环保投资规模在国有企业和非国有企业之间的没有显著性差异。

表 4－25　　不同产权性质下企业不同类型环保投资规模的非参数检验结果

项目	分组	K-S 检验		M-W 检验	
企业前瞻性环保投资	非国有企业	D 值	P 值	Z 值	P 值
	国有企业	0.1454	0.0000	8.782	0.0000
企业治理性环保投资	非国有企业	D 值	P 值	Z 值	P 值
	国有企业	0.0246	0.7710	0.111	0.9112

第三节　本章小结

本章以 2007—2018 年中国 A 股上市公司为研究样本，探讨了企业环保投资的定义、统计原则、分类的原则，并从行业、地区和组织特征出发，分析了企业环保投资、企业前瞻性环保投资和企业治理性环保投资的分类特征和分布特征。研究发现：

第一，进行环保投资的样本企业数量逐年增加，其中，企业前瞻性环保投资样本数量的增长幅度大于企业治理性环保投资样本数量的增长幅度。以 2011 年为分界点，2011 年之前企业治理性环保投资的样本数量大于企业前瞻性环保投资的样本数量，2011 年之后企业治理性环保投资的样本数量小于企业前瞻性环保投资的样本数量。

第二，企业环保投资具有行业异质性特征。首先，从样本量来看，制造业进行环保投资的企业数量远大于非制造业企业数量，制造业企业是推动企业环保投资的主力军。非重污染行业企业的样本量逐年增加，缩小了与重污染行业的样本量之间差距。较多的制造业企业进行了前瞻性环保投资；较多的重污染企业进行了治理性环保投资。其次，从规模来看，非制造业企业环保投资规模高于制造业企业环保投资规模；非重污染企业环保投资规模高于重污染行业企业环保投资规模。最后，从分类的情况来看，在不同行业间企业前瞻性环保投资规模均大于企业治理性环保投资规模。在不同行业间企业前瞻性环保投资和企业治理性环保投资规模均存在显著差异。

第三，企业环保投资规模具有空间异质性。首先，从样本量来看，东部地区上升迅猛，中部地区和西部地区增速相当，东北地区增长缓慢。除了东部地区，中部地区、西部地区和东北地区的企业前瞻性环保投资样本数量均少于企业治理性环保投资的样本数量。其次，从规模来看，西部地区企业环保投资规模的均值最大，然后依次是东部地区、中部地区和东北地区。除了东北地区，各区域企业前瞻性环保投资规模的均值都大于对应的企业治理性环保投资规模的均值。最后，从分类情况来看，企业前瞻性环保投资规模在东部地区、中部地区、西部地区和东北地区之间存在地区性差异。但是，企业治理性环保投资规模的区域性差异显著性水平明显低于企业前瞻性环保投资规模的区域性差异的显著性水平。

第四，企业环保投资规模的空间异质性还表现在其受到地区经济发展水平和地区环境管制强度的影响。一是从地区经济发展水平方面来看。一方面，经济发达地区的样本数量多于经济欠发达地区的样本数量，大多数进行前瞻性环保投资和治理性环保投资的企业位于经济发达地区。另一方面，经济发达地区企业环保投资规模高于经济欠发达地区企业环保投资规模。仅企业前瞻性环保投资规模在经济发达地区和经济欠发达地区之间存在显著差异。二是从地区环境管制强度方面来看。首先，地区环境管制强的地区企业样本数量显著高于地区环境管制弱的地区企业样本数量；企业前瞻性环保投资的样本更多地分布在环境管制弱的地区。相反地，企业治理性环保投资的样本更多地分布在环境管制强的地区。其次，地区环境管制弱的地区企业环保投资规模均值略微高于地区环境管制强的地区企业环保投资规模均值。最后，从分类的情况来看，企业前瞻性环保投资规模和企业治理性环保投资规模均在环境管制强的地区和环境管制弱的地区之间存在显著差异。

第五，企业环保投资存在个体异质性。一是从不同企业生命周期阶段来看。首先，处于成长期的样本数量最多，然后是成熟期的样本数量。处于成长期的企业环保投资规模均值最大，接着是处于成熟期的企业环保投资规模均值。其次，在成长期进行企业前瞻性环保投资的样本数量和规模均值都大于企业治理性环保投资的样本数量和规模均值。在成熟期和衰退期进行企业前瞻性环保投资的样本数量小于企业治理性环保投资的样本数量，但是在成熟期和衰退期的企业前瞻性环保投资规模均值大于对应的企业治理性环保投资规模的均值。最后，从分类的情况来看，企业前瞻性环保投资规模和企业治理性环保投资规模在成长期、成熟期和衰退期上均存在显著差异。二是从产权性质方面来看。首先，非国有企业进行环保投资的样本数量多于国有企业的样本数量。非国有企业中进行前瞻性环保投资的样本数高于治理性环保投资的样本数，相反地，国有企业中进行前瞻性环保投资的样本数低于治理性环保投资的样本数。其次，从企业环保投资规模来看，非国有企业环保投资规模的均值大于国有企业环保投资规模的均值。非国有企业前瞻性环保投资规模的均值略高于国有企业的均值，但是非国有企业治理性环保投资规模的均值略高于国有企业的均值。最后，从分类的情况来看，企业前瞻性环保投资规模在国有企业和非国有企业之间存在显著性差异，而企业治理性环保投资规模在国有企业和非国有企业之间的没有显著性差异。

第五章　内部控制对企业环保投资影响及其经济后果的理论分析

第一节　内部控制概述

一　内部控制的定义

内部控制是社会经济发展的必然产物，它是随着外部环境变化和内部管理需要而不断丰富和发展的。20 世纪 70 年代逐渐将内部控制从会计控制延伸至整个组织内部制度建设。在 1973 年美国审计程序公告 55 号中，明确了内部控制是以内部会计控制为核心、以建立健全规章制度为重点的各种措施。20 世纪 80 年代，为了规避凸显的财务报告舞弊问题，民间组织反虚假财务报告委员会赞助成立了 COSO 委员会[①]，该委员会专门致力于研究内部控制相关的问题。1992 年 9 月，COSO 委员会发布了纲领性文件《内部控制——整合框架》，该框架成为现代内部控制最具有权威性的框架。

20 世纪 80 年代，在《中华人民共和国会计法》出台之后，中国开始系统研究内部控制建设问题。2001 年 1 月 31 日，中国证监会发布了《证券公司内部控制指引》，要求证券公司从内部控制机制和内部控制制度两个方面来规范企业自身的发展，有效防范和化解金融风险，维护证券市场的安全和稳定。2006 年 9 月 28 日，深交所也出台了《上市公司内部控制指引》（2007 年 7 月 1 日起正式执行）。2008 年 6 月 28 日，财政部等五部委发布了《企业内部控制基本规范》，2010 年 4 月 26 日财政部等五部委又联合发布了《企业内部控制配套指引》，其中第 4 号社会责任中明确企

---

① COSO 委员会全称为 Committee of Sponsoring Organization。

业在经营发展过程中应当履行环境保护、资源节约等社会责任。

综合国内外对内部控制的定义，本书采用由 COSO 委员会做出的较为经典的定义，即内部控制是由企业董事会、管理层以及其他员工为达到财务报告的可靠性、经营活动的效率和效果、相关法律法规的遵循三个目标而提供合理保证的过程，包括控制环境、风险评估、控制活动、信息与沟通、监督五大要素。

二　内部控制要素

（一）控制环境

控制环境是指控制各种内部因素对企业生存和发展的影响。其中，企业中的人及其活动是核心，包括管理者的经营理念与风格、董事会、组织结构、管理者的权威与责任、员工价值观、人力资源管理等方面。加强环境控制将有助于推动企业环保责任的真正落实和提高企业环保投资效率。COSO 报告强调“人”的重要性。由于企业环保目标由人制定，也是由人设定的机制来控制，内部控制受董事会、管理层及其员工的影响。

（二）风险评估

风险评估是指企业为了达成组织目标而对相关风险所进行的辨别与分析。环境风险存在于企业投资、建设、生产、管理等各环节，由于存在环保意识和法律意识而造成的疏忽行为或者产生非合法后果的可能性，包括企业环保责任战略风险与运营风险。

（三）控制活动

控制活动是指为了确保实现组织目标而采取的政策和程序。企业不承担环保责任或环保责任管理不当均有可能让企业承担不确定性风险，因此管理者将采用包括审批、授权、验证、确认、经营业绩的复合、资产安全性等措施控制环境风险，从而提高环保资金投资绩效水平。COSO 报告强调内部控制是一个动态过程，内部控制活动随着企业经营活动的变动与需要而变动。

（四）信息与沟通

信息与沟通是指企业为了保证员工履行职责而必须识别、获得的信息及沟通。环境信息不仅可以用于组织内部的沟通，还可以成为连接企业内部和外部利益相关者相互沟通的枢纽，也是利益相关者评价和监督企业履行环保责任的重要基础。

（五）监督

监督是指企业对内部控制实施质量的评价，主要包括持续监控和个别评价或者是两者结合。企业履行环保责任与提高环保投资效率离不开监督。

第二节　内部控制对企业环保投资影响的理论分析

企业环保投资是一个复杂的动态过程。在这个过程中，有很多因素影响着企业是否进行环保投资、选择何种类型环保投资项目等内容。根据企业社会责任三领域模型①可知，企业履行社会责任主要受到经济利益、法律制度和道德规范三个方面的影响。企业环保投资属于企业履行社会责任的具体实践行为之一，因此企业社会责任三领域模型也同样能够解释企业环保投资的影响因素，如图 5－1 所示。

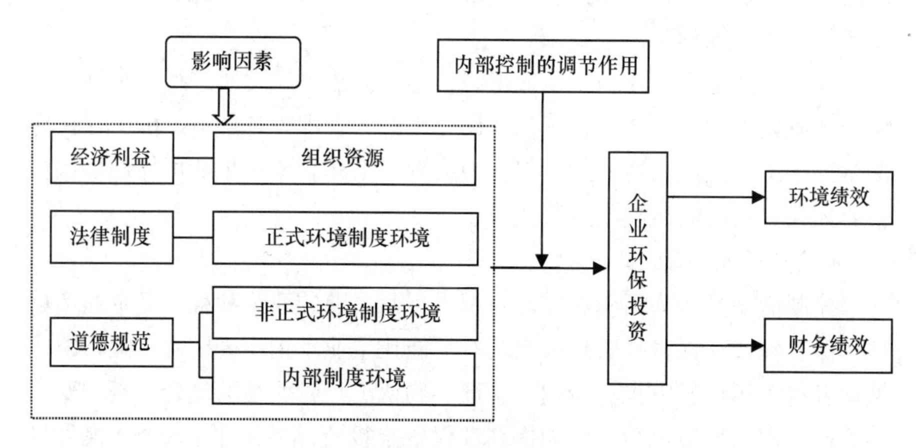

图 5－1　企业环保投资的影响因素与经济后果关系

一　实现经济利益动机

企业是以营利为目的的组织。企业具有逐利本性，一般而言企业是否

① Schwartz M. S.，Carroll A. B.，"Corporate Social Responsibility: A Three-Domain Approach"，*Business Ethics Quarterly*，Vol. 13，No. 4，2003，pp. 503－530.

成功是通过其获利性来衡量的。因此，企业环保投资若能增强其绿色竞争优势，促进企业获得市场认可，满足企业追求潜在经济利益的目的，那么经济利益驱动则是企业环保投资主动行为的内在驱动力。Schwartz 和 Carroll（2003）[①] 强调企业经济领域动机既包括对企业经济产生直接影响的活动，如加强企业环境管理、避免增加环境诉讼成本，也包括对企业经济产生间接影响的活动，如通过塑造企业良好的绿色形象来获得消费者的忠诚度和满意度。无论是直接经济利益动机还是间接经济利益动机，经济利益是企业进行环保投资的内在驱动力。

另外，资源基础观认为，与外部环境相比，组织内部资源对企业在市场竞争中获得可持续发展具有更为重要的作用。根据资源基础观，组织资源是企业经营运作的基础。以经济利益为出发点，松弛资源赋予企业管理者最大自由裁量权以及更多投资项目选择权。因此，企业松弛资源在较大程度上解释了企业社会责任的动因[②]。

二　满足法律制度的合法性动机

企业作为社会组织需要对反映社会统治者意愿的法律规范做出响应，即合法性，具体可以表现为三个方面：顺从法律规范、避免民事诉讼和法律预期。首先，顺从法律规范表现为以下三种类型：第一，被动顺从法律规范体现的是企业被动或者偶然性的行为。如根据《河北省地方标准钢铁工业大气污染物超低排放标准》（以下简称《标准》）的要求，热处理炉二氧化硫的排放限值为 50 毫克/立方米，若河北省某一钢铁企业受到本身生产力的限制，热处理炉二氧化硫的排放量低于 50 毫克/立方米，那么该钢铁企业的热处理炉二氧化硫排放行为就属于被动遵守当地法规。第二，限制性遵从体现的是企业在法律上被迫做它不想做的事情。如河北省某一钢铁企业的生产能力很旺盛，热处理炉二氧化硫的排放量可以达到 75 毫克/立方米，由于《标准》50 毫克/立方米的排放限制，该企业选择严格地按照当地排放标准控制二氧化硫的排放量，那么该钢铁企

---

① Schwartz M. S., Carroll A. B., "Corporate Social Responsibility: A Three-Domain Approach", *Business Ethics Quarterly*, Vol. 13, No. 4, 2003, pp. 503 - 530.

② 沈弋、徐光华：《企业社会责任及其"前因后果"——基于结构演化逻辑的述评》，《贵州财经大学学报》2017 年第 1 期。

业的行为属于限制性遵从。第三，机会主义遵从性体现的是企业可能积极寻找并利用环境法规的漏洞从事生产活动，也可能是选择一个拥有较低污染排放标准的地区或国家进行生产，这样在技术上仍然是遵守法规。其次，避免民事诉讼是指企业希望其生产经营活动能够避免造成当前或者未来的民事诉讼的疏忽行为。为了应对这种担忧，企业自愿停止超标污染排放行为。最后，法律预期是指企业对法律变化的预期。一般而言，法律程序是漫长的，企业可能希望其生产经营活动能够快速对新的环保标准做出回应，符合法律规定。因此，企业会较为关注其他管辖区的环境法律法规的变化。面对新立法制订时，企业会通过积极自愿参与来修改新立法，并减缓新立法的制定进程。

根据上述定义可知，在实践中，政府通过制定环保制度、法律法规等正式环境制度监管企业环保行为。企业作为市场经济主体，需要满足当地政府环保标准，才能实现合法性目标，如颉茂华等（2012）[①] 研究发现，国务院2007年颁布和实施的《关于印发节能减排综合性工作方案通知》对企业环保投资有正向影响。可见，企业的生产经营活动需要考虑法律规范。由此可见，企业所处的外部正式制度环境对于企业环保投资行为的影响在于：在环境问题上，由于污染环境防治的正外部性特征，使得边际收益小于边际成本，理性的市场主体往往不愿意主动进行环保投资，需要正式环境制度的权威性和强制性才能促使企业进行环保投资，政府监管是正式环境制度得以运行的重要手段。当面对政府监管强度增加时，企业需要对外部正式制度环境变化进行判断并在权衡环境成本和环境收益的基础上做出环保投资的决策。因此，政府监管强度是影响企业环保投资的重要因素。

三 遵循道德规范动机

道德规范动机是指企业受到一般人的期望和利益相关者的期望而履行道德责任。道德标准分为传统道德标准、结果主义道德标准和义务性道德标准。首先，传统道德标准是指被组织、行业、专业人士或社会所接受的标准或规范，这些标准或规范是企业正常生产经营所必须遵守的。由于社

① 颉茂华、王晶、刘艳霞：《立足企业经济与社会动机改进环境管理信息披露体系——基于〈可持续发展报告指南〉视角的比较》，《环境保护》2012年第18期。

会道德规范因人而异，不同的群体具有不同的道德规范，企业在减少道德规范的限制时，一般会参考组织、行业、国际规范标准，以确保其按照传统的道德规范标准行事。其次，结果主义道德标准是指企业会从结果和目的出发进行生产经营活动，结果主义强调企业行为对社会福祉产生的积极作用。相对其他的行为而言，当企业行为旨在对社会产生最大净收益或者最低净成本时，该行为对社会产生积极作用。最后，义务性道德标准是指组织行为考虑了对某一主体的责任或义务，如保护环境。

基于新制度经济学理论，将制度分为正式制度和非正式制度。其中，法律制度方面主要反映为正式环境制度；道德规范方面主要反映为非正式环境制度和自愿性内部控制因素。企业环保投资决策行为除了受到正式环境制度的约束，也同样会受到非正式环境制度和内部制度环境的影响。具体如下。

（一）遵循非正式环境制度

根据新制度经济学理论，非正式制度是人们在长期社会交往过程中逐渐形成的，并得到社会认可的约定俗成、共同恪守的行为准则，具体包括道德规范、风俗习惯、价值信念、意识形态等。现有研究表明非正式制度将在引导公众和企业的行为方面发挥重要作用①。

为了解决环境问题，中国政府不断建立健全公众参与环境管理制度，加大践行绿色发展理念的宣传，促使环境保护的价值观念深入人心，不仅提高了社会公众对环保事务的管理和监督意识，也使越来越多的公众加入环境保护实践工作中，使环境保护成为公众广泛认可的道德规范，这对企业环保行为产生重要影响。由于社会公众作为环境污染的受害者和市场产品的消费者，他们不仅关注企业环保行为，还会通过市场行为和呼吁机制向企业施加压力，如沈红波等（2012）② 以事件研究法分析了紫金矿业污染事件对股价的影响，发现投资者决策受到上市公司环保绩效的影响，股

① Creyer E. H.，“The Influence of Firm Behavior on Purchase Intention: Do Consumers Really Care about Business Ethics?”, *Journal of Consumer Marketing*, Vol. 14, No. 6, 1997, pp. 421 - 432；陈冬华、胡晓莉、梁上坤、新夫：《宗教传统与公司治理》，《经济研究》2013 年第 9 期；Dyreng S. D., Mayew W. J., Williams C. D., “Religious Social Norms and Corporate Financial Reporting Religious”, *Journal of Business Finance and Accounting*, Vol. 39, No. 8, 2012, pp. 845 - 875；胡珺、宋献中、王红建：《非正式制度、家乡认同与企业环境治理》，《管理世界》2017 年第 2 期。

② 沈红波、谢樾、陈峥嵘：《企业的环境保护、社会责任及其市场效应——基于紫金矿业环境污染事件的案例研究》，《中国工业经济》2012 年第 1 期。

价能对上市公司重大环境污染事件做出显著的负面反应。又如郑思齐等(2013)[①] 研究认为，公众可以通过信访、举报等方式直接向地方政府表达环保诉求。由此可见，公众环境关注度越高，公众形成的环保道德规范一致性程度越高，这将对企业环保投资行为产生重要影响。

（二）建设内部制度环境

遵循道德规范动机也会促使企业采取一些自愿性的内部控制行为来达到道德规范标准。《内部控制应用指引第 4 号——社会责任》中明确了企业应关注环保投资不足，资源耗费大导致企业巨额赔偿等在履行社会责任方面的风险，以及第四章中明确了企业建立环保制度等具体促进企业履行环保责任的规定。可见，提高内部控制质量有助于使企业环境管理制度化。这不仅可以规范企业决策行为，强化企业组织结构的合理性，还推动企业将利益相关者的需求和相应的社会责任有机嵌入其中。

内部控制五要素之间是相互支撑、紧密联系的逻辑统一体。其中，内部监督是保障。内部监督要求组织对内部控制其他要素的执行情况进行监督，保证内部控制要素之间的相互协调和落实，提高内部控制质量。另外，在现代企业管理中，由于经营权和所有权的分离，董事会在公司控制和决策中起着核心作用。相关研究表明董事会对企业社会责任履行有重要影响，企业缺乏决策能力导致企业社会责任表现不佳。另外，董事会具有鲜明的监督和咨询职能，优化董事会结构可以提高董事会决策能力和内部监督能力，这将有助于推动企业社会责任的履行。

除了内部监督，其他内部控制在内外部因素与企业环保投资之间发挥着重要的调节作用，具体如下。

四　内部控制的调节作用

与组织外部环境因素相比，企业内部控制要素对企业环保投资的影响更为重要。当企业面对外部压力时，需要通过内部控制手段整合组织内外部资源，从而提高企业环保责任履行能力。除了上一节提及的内部监督，内部环境是基础，在内部环境建设中发挥着决定性作用的是企业管理者。风险评估与控制活动是方法，将环境管理体系嵌入内部控制各

① 郑思齐、万广华、孙伟增、罗党论：《公众诉求与城市环境治理》，《管理世界》2013 年第 6 期。

环节，能有效地对组织各部门、各环节进行监督和控制，从而规避环境责任风险。信息与沟通是桥梁，通过环境信息传递和有效的沟通，有助于缩减组织内部、组织内部与外部之间的信息不对称程度。这些方面对组织内外部因素与企业环保投资之间的关系发挥重要的调节作用，具体如下。

（一）内部环境是基础

内部环境是企业实施内部控制的基础，一般包括组织架构、发展战略、人力资源、企业文化等。根据《企业内部控制应用指引》，一方面要求企业应按照国家环境法律法规的规定，建立环境保护与资源节约制度，认真落实减排责任。企业应当加大环保投入和技术支持，切实转变发展方式，实现低投入、低消耗、低排放和高效率。另一方面要求企业优化治理结构、管理体制和运行机制，综合考虑组织内外部环境制定与实施发展战略，并发挥董事、监事、高级管理人员和全体员工对实施企业发展战略的重要作用。

行为决策理论认为，企业的行为决策是组织内外部势力（或因素）博弈的均衡，那么企业环保投资的决策也受到组织内部因素的制约。其中，高管对企业环保战略和投资方向起着至关重要的作用。根据高阶理论，企业管理者个人或管理团队是有限理性的，他们对企业所处的复杂环境无法完全掌握，只能通过管理者自己“理解的现实”，从而制定相应的组织战略。因此，组织战略的正确与否和企业管理者对真实环境的判断准确性有关。在相关研究中往往将把高层管理者的特征、战略选择、组织绩效纳入高阶理论研究的模型中，强调企业管理者的价值观和认知能力对组织战略和有效性的影响。在环境问题上，高阶理论用于解释高管个人或团队对企业环境战略的选择、环保实践行为、环保实践效率的影响。相关研究均强调企业高管个人或团队的环保意识、环保态度、高管激励等对企业环保投资产生重要影响①。

内部控制理论中将控制的重点放置在 CEO 及其之下的业务系统，董

① Zhu Q.，Sarkis J.，“Relationships between Operational Practices and Performance among Early Adopters of Green Supply Chain Management Practices in Chinese Manufacturing Enterprises”，*Journal of Operations Management*，Vol. 22，No. 3，2004，pp. 265 – 289；Hamel G.，Prahalad C. K.，*Strategic Intent*，Harvard Business Press，2010.

事会和总经理是内部控制的主体①。围绕决策权控制，保证公司决策权行使的合理性和效率，需解决对董事会和总经理的控制和激励问题。部分企业将董事长和总经理（CEO）两职合一，即董事长兼任 CEO，这无疑增加了 CEO 的决策控制权。现有文献对 CEO 决策控制权的集中或分散的经济后果未得出一致结论。基于代理理论，董事长兼任 CEO 将减少董事会的监督作用。基于组织理论，董事长兼任 CEO 将提高决策权威和效率，从而影响企业绩效。围绕组织内部决策权控制问题，有必要检验董事长兼任 CEO 对环境管制强度与企业环保投资行为关系的调节作用。

（二）风险评估与控制活动是方法

企业在实施环保战略过程中会受到组织内外部因素的影响，企业不承担环保责任或环保责任管理不当均有可能让企业承担不确定性风险，这些风险主要包括企业环保责任战略风险和运营风险，需要企业运用一定的技术方法对环境风险进行识别，并通过建立健全环境风险控制制度，建立专门管理部门，加强员工环境风险控制能力等方面对环境风险事故进行有效防范，确保环境安全。在实践中，越来越多的企业选择在组织内部嵌入环境管理体系的方式，对组织环境风险进行评估和控制。

ISO14001 环境管理体系认证是一套环境管理的实践程序，通过帮助组织减少对环境的负面影响，提高运营效率②，最终实现环境保护的目标③。企业想要获得 ISO14001 环境管理体系认证，必须对企业环境实践进行全面审查，并进行防止污染活动，遵守环境法规，履行对环境持续改进的环境承诺。一旦企业获得该认证，必须遵循“计划—执行—检查—行动”的过程，即 PDCA 循环。此外，要获得实际认证，企业必须每年接受第三方验证，以确保他们符合 ISO14001 标准。企业若要更新该认证，每三年仍要接受一次全面的再认证审核。

基于资源基础观，企业异质性资源有助于获得竞争优势。ISO14001

---

① 李连华：《公司治理结构与内部控制的连接与互动》，《会计研究》2005 年第 2 期。

② Song H., Zhao C., Zeng J., “Can Environmental Management Improve Financial Performance: An Empirical Study of A-Shares Listed Companies in China”, *Journal of Cleaner Production*, No. 141, 2017, pp. 1051 – 1056.

③ Inoue E., Arimura T. H., Nakano M., “A New Insight into Environmental Innovation: Does the Maturity of Environmental Management Systems Matter?”, *Ecological Economics*, No. 94, 2013, pp. 156 – 163.

环境管理体系通过 PDCA 循环和环境管理承诺，不断向管理者增加环境信息，强化管理者的环保意识。随着环境管理体系运行持续时间的增加，企业管理层的环保意识更加一致，这无疑增加了有别于其他组织的环保共识这一异质性资源，这将有效缓解代理问题，约束管理者的机会主义行为，在规范管理者利用松弛资源进行投资方面发挥重要作用，从而规避企业环保责任战略风险和运营风险。

（三）信息与沟通是桥梁

信息与沟通是协调内部各部门、内部与外部之间关系的重要桥梁。环境风险评估与控制以及监督行为需要以信息与沟通结果为依据，而企业环保战略和环保行为需要通过信息与沟通向组织内外部利益相关者传递，这也是利益相关者评价和监督企业履行环保责任的重要基础。企业需要充分发挥好信息与沟通的桥梁作用。一方面，企业应建立健全环境信息披露管理制度，形成正式环境信息报告定期向组织内外部利益相关者披露环境信息，真实反映企业环保实践情况。另一方面，企业需要建立组织外部利益相关者的沟通机制，如通过信息告知、对话交流等多种参与类型，采用函件往来、专题论坛、定期协商等参与方式加强外部联系，也可以通过制作宣传片、开办产品展销会、投放问卷和宣讲会等形式向外部利益相关者传递企业环保责任履行情况信息。企业也需要建立组织内部利益相关者的沟通机制，企业可以通过定期召开员工沟通会、开设学习交流平台、出版公司简报、企业公告、官网上发布消息等方式与内部利益相关者进行沟通传递企业环保责任目标。

随着市场竞争的加剧，政府环境规制趋严以及社会公众环保意识的不断提高，企业传递有区分度的环保责任履行信息，更容易获得市场的认可。这种能被利益相关者感知的企业环保承诺和环境关注被称为绿色形象[①]。企业树立绿色形象有助于向利益相关者传递企业履行环保责任的信息，这种差异化的环境信息也容易被利益相关者捕捉，从而对组织内外部因素与企业环保投资之间的关系发挥重要的调节作用（见图 5－2）。

① Chen Y. S.，"The Drivers of Green Brand Equity：Green Brand Image，Green Satisfaction，and Green Trust"，*Journal of Business Ethics*，Vol. 93，No. 2，2010，pp. 307－319.

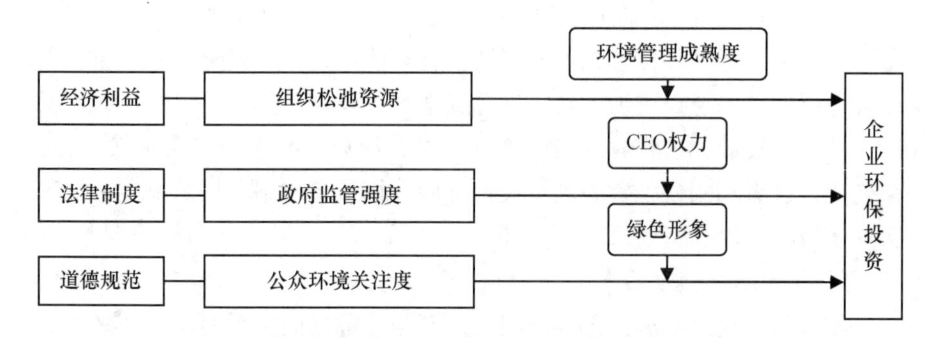

图5－2　内部控制要素对组织内外部因素与企业环保投资关系的调节作用分析

第三节　内部控制通过企业环保投资产生的经济后果理论分析

根据主要目的原则与资本化原则，本书将企业环保投资定义为以环境保护为主要目的，能在未来可预见的时期内给企业带来收益而向新增项目或更新改造项目投放足够数额的资金或实物货币等价物的经济行为。

企业环保投资作为一种投资行为，一定是在未来某个时期能够带给企业收益，这里的收益包括环境绩效和财务绩效（经济绩效）。其中环境绩效是企业环保投资收益的主要表现形式，如通过进行环保投资企业实现节能减排，消除或减少了污染物排放量。财务绩效既包括直接财务绩效的提高，也包括间接财务绩效的提高，直接财务绩效主要表现在遵守环境规制减少环境合规性成本、销售绿色产品所获得的收益等；间接财务绩效主要表现为提高客户的忠诚度和满意度，提升企业绿色竞争优势，获得绿色声誉等。

一　内部控制通过企业环保投资对环境绩效的影响

《企业内部控制应用指引》明确要求企业明确发展战略，优化治理结构，实现环境保护目标。企业战略是企业设立的远景目标以及为实现目标所制定的总体性指导和谋划。COSO 报告强调内部控制中“人”的重要性。企业在制定发展战略时不仅需要董事会使用专业能力对外部环境和资源进行判断和整合，也需要董事会使用专业能力对内部资源进行整合。现有研究已经表明，在公司治理中董事会在确保企业实现社会责任目标方面发挥着重要作用①。虽然早期大多数学者关注董事会的监督职能，但是近期的研究证实了董事会的咨询作用。在战略决策过程中，由于董事掌控外部资源，拥有财务、法律等专业知识，使董事的咨询功能得以发挥。由此可见，董事会专业知识是影响企业环保投资决策的重要因素。

企业环保投资作为一种以环境保护为主要目的投资行为，环境绩效是企业环保投资收益的主要表现形式。李怡娜和叶飞（2013）② 研究发现，企业环保投资对企业环境绩效有直接的影响。环境管理国际标准ISO14001：2004 将环境绩效的定义为组织管理其环境因素的可测量的结果，包括不受环境部门处罚、不发生环境污染事故、获得政府或第三方机构的环境保护荣誉、废弃物实现减量化或实现循环再利用等。

从内部控制角度出发，董事会有监督和增加对资源的获取功能③，一个理想的董事会可以通过提供指导、知识和其他资源帮助企业追求更好的环境绩效，其中董事会通过企业环保投资实现环境绩效是其重要目标之一（见图 5－3）。

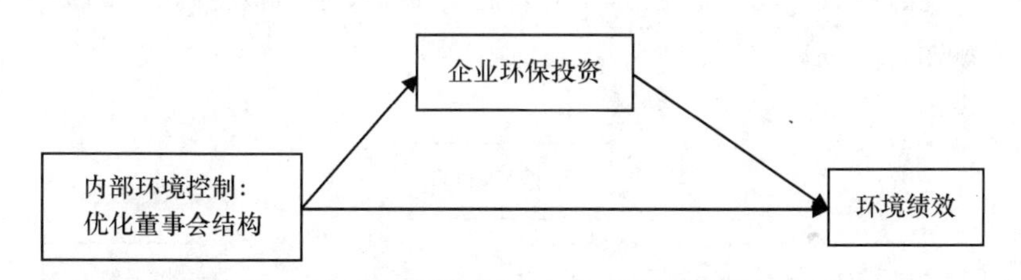

图 5－3　内部控制、企业环保投资与环境绩效关系

① Mackenzie C., Rees W., Rodionova T., "Do Responsible Investment Indices Improve Corporate Social Responsibility? FTSE4 Good's Impact on Environmental Management", *Corporate Governance: An International Review*, Vol. 21, No. 5, 2013, pp. 495－512.

② 李怡娜、叶飞：《高层管理支持、环保创新实践与企业绩效——资源承诺的调节作用》，《管理评论》2013 年第 1 期。

③ Hillman A. J., Dalziel T., "Boards of Directors and Firm Performance: Integrating Agency and Resource Dependence Perspectives", *The Academy of Management Review*, Vol. 28. No. 3, 2003, pp. 383－396.

二 内部控制通过企业环保投资对财务绩效的影响

内部控制要素之一的监督是指企业对内部控制实施质量的评价，主要通过内部控制质量指标来反映。随着内部控制质量的提高，企业内部环境管理制度化程度提高，这不仅可以规范企业决策行为，强化企业组织结构的合理性，还推动了企业将利益相关者的需求和相应的社会责任有机嵌入其中。

企业进行环保投资是积极承担社会责任的具体表现，可以塑造良好的社会形象，满足利益相关者对环保的诉求，获得外部投资者、供应商、客户等利益相关者对企业和产品的信任，降低原料、人力以及服务等企业成本。同时使企业的声誉、销售额、股本等进一步提高，融资费用、环境税费、罚款支出相应减少，从而带来绿色溢价，为获得更多的营业收入创造良好条件①。另外，企业环保投资会激励过程创新和产品创新活动，创新产生增值效应，会抵消环保投入的巨额成本，并凭借着技术创新能力，引发“先动优势”和“创新补偿”②，提高资源利用效率，减少违规税费风险，利于经济效益提升。自然资源基础观也认为企业付出的环境治理活动有利增强企业的“异质性”资源，从而发挥独特的竞争优势③（见图5－4）。

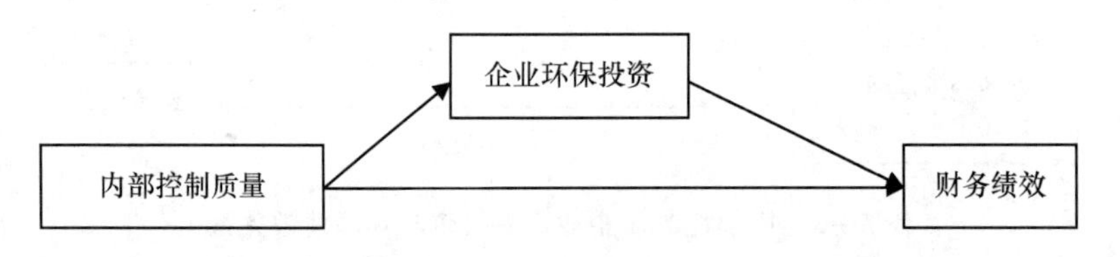

图5－4 内部控制、企业环保投资与财务绩效关系

① Wei Z., Shen H., Zhou K. Z., et al., “How Does Environmental Corporate Social Responsibility Matter in a Dysfunctional Institutional Environment? Evidence from China”, *Journal of Business Ethics*, Vol. 140, No. 2, 2017, pp. 209－223.

② Porter M. E., “America's Green Strategy”, *Scientific American*, Vol. 264, No. 4, 1991, pp. 193－246; Stavins R. N., “Market-Based Environmental Policies”, *Ecological Economics*, Vol. 63, No. 2, 2007, pp. 159－173.

③ Hart S. L., “A Natural-Resource-Based View of the Firm”, *Academy of Management Review*, Vol. 20, No. 4, 1995, pp. 986－1014.

第六章　基于内部控制视角的企业环保投资影响因素实证研究

第一节　政府监管、CEO 两职合一与企业环保投资

改革开放前 30 年，中国以“高投入低产出、高消耗低收益、高速度低质量”的传统经济增长模式实现了经济的高速发展，但同时带来了环境污染、资源枯竭和生态失衡等一系列新问题，成为制约中国经济社会发展与转型的瓶颈，中国环境污染的经济代价已占年均 GDP 的 8%—15%[①]。面对日益严峻的环境问题，中国政府逐渐对环境污染与生态建设予以高度关注，致力于各项环境治理工作，建立了一系列环境规制。2005 年国务院发布的《关于落实科学发展观加强环境保护的决定》提出“经济、社会发展与环境保护相协调”，把环境保护摆在更加重要的战略位置。2015 年党的十八以来，更是将环境治理作为政府工作的重中之重。为了加快中国生态文明建设，2015 年 8 月中共中央办公厅和国务院办公厅印发《党政领导干部生态环境损害责任追究办法（试行）》，该办法以强化党政领导干部生态环境和资源保护责任为目标，推进了地方政府环境保护工作。党的十九大报告将绿色发展置于突出的位置。可见，在环境保护实践中，中国不断加强政府监管力度，为实现生态文明建设目标做出了巨大努力。

西方福利经济学认为，环境污染是一个社会成本问题。由于环境污染

---

① 冉冉：《“压力型体制”下的政治激励与地方环境治理》，《经济社会体制比较》2013 年第 3 期。

行为存在负外部性，使得公共利益受损，造成每个人的真实成本得不到反映，为此需要政府加以干预，对负外部性制造者征收所谓的“庇古税”，以弥补排污者私人成本和社会成本之间的落差，从而使整体社会效率达到“帕累托最优”水平。习近平总书记在海南考察时强调，保护生态环境就是保护生产力，改善生态环境就是发展生产力，良好生态环境是最公平的公共产品，明确指出了生态环境的公共产品属性。在市场经济活动中，环境资源作为公共产品，具有消费的非排他性、非竞争性等特点，这使得在环境资源使用过程中存在普遍的“搭便车”现象，导致环境资源过度利用，环境污染问题凸显，出现市场失灵。当市场运行过程中无法自主达到资源配置零机会成本的状态时，需要通过政府监管弥补市场失灵以维护公共利益，为保持良好的生态环境，政府监管缺一不可。因此，本节研究政府监管对企业环保投资的影响机制具有重要实践与理论意义。

行为决策理论认为，企业的行为决策是组织内外部势力（或因素）博弈的均衡，那么企业的环保投资决策也受到组织内部因素的制约。国外研究主要关注高管薪酬结构①、股权集中度②和环境管理系统③对企业环保行为的影响。由于中国明确执行“因地制宜”的环保政策，国内研究则聚焦于高管特征，如高管态度④、高管薪酬⑤、政治关联⑥、股权结构⑦

---

① Deckop J. R.，“The Effects of CEO Pay Structure on Corporate Social Performance”，*Journal of Management*，Vol. 32，No. 3，2006，pp. 329 – 342.

② Mackenzie C.，Rees W.，Rodionova T.，“Do Responsible Investment Indices Improve Corporate Social Responsibility? FTSE4 Good's Impact on Environmental Management”，*Corporate Governance: An International Review*，Vol. 21，No. 5，2013，pp. 495 – 512.

③ Demirel P.，Kesidou E.，“Stimulating Different Types of Eco-innovation in the UK: Government Policies and Firm Motivations”，*Ecological Economics*，Vol. 70，No. 8，2011，pp. 1546 – 1557；Inoue E.，Arimura T. H.，Nakano M.，“A New Insight into Environmental Innovation: Does the Maturity of Environmental Management Systems Matter?”，*Ecological Economics*，No. 94，2013，pp. 156 – 163.

④ 李怡娜、叶飞：《高层管理支持、环保创新实践与企业绩效——资源承诺的调节作用》，《管理评论》2013 年第 1 期。

⑤ 苏蕊芯：《产权因素对企业绿色投资行为的影响效应》，《投资研究》2015 年第 8 期。

⑥ 李强、田双双、刘佟：《高管政治网络对企业环保投资的影响——考虑政府与市场的作用》，《山西财经大学学报》2016 年第 3 期。

⑦ 王海妹、吕晓静、林晚发：《外资参股和高管、机构持股对企业社会责任的影响——基于中国 A 股上市公司的实证研究》，《会计研究》2014 年第 8 期。

等，并结合行业属性①和产权性质②等研究了组织内部因素对企业环保决策的影响，普遍认为组织内部因素对企业环保战略具有重要影响。但是，现有文献缺乏从公司治理视角研究 CEO 是否两职合一对政府监管与企业环保投资关系的调节作用的研究。国内外学者围绕 CEO 两职是否分离与合一对企业行为和绩效的影响展开激烈讨论，但没有得到一致结论。同时，选择 CEO 两职合一作为调节变量，是基于企业异质性的视角，考虑政府监管信息传递到企业，首先需要通过 CEO 的判断才能上传下达并采取行动，而 CEO 是否两职合一的领导权结构很大程度上代表一个企业管理者能够有多大权力对政府监管信息做出判断并采取资源获取行为。因此，本节将 CEO 两职合一作为调节变量，深入研究公司内部治理机制对政府监管与企业环保投资关系的影响具有重要的理论和实践意义。

本节以 2007—2015 年中国 A 股制造业上市公司为样本，基于制度理论、代理理论、行为决策理论研究了政府监管与企业环保投资的关系，CEO 两职合一对政府监管与企业环保投资的关系的调节效应。进一步地，将企业环保投资按照内容结构和特征分为企业前瞻性环保投资和企业治理性环保投资两大类，对企业环保投资动因做深入研究。本节可能的贡献在于：（1）丰富了企业环保投资影响因素及实现路径的研究文献。一方面，将企业环保投资作为单维构念，研究政府监管强度对企业环保投资规模的影响，以及 CEO 两职合一对政府监管强度与企业环保投资规模关系的调节作用。另一方面，将企业环保投资作为多维构念，研究政府监管强度对企业不同类型环保投资规模的不同影响，以及 CEO 两职合一对政府监管强度与企业不同类型环保投资规模关系的不同调节作用。（2）明确了 CEO 两职合一对政府监管与企业环保投资关系的调节效应，通过研究企业内部治理因素对外部监督与企业环保投资关系的调节效应，来捕捉企业内部治理的复杂性，为中国企业加强内部治理提供借鉴。

一　政府监管影响企业环保投资的理论分析

20 世纪 70 年代，基于环境问题的外部性特征，政府为了缓解环境

---

① 王建明：《环境信息披露、行业差异和外部制度压力相关性研究——来自我国沪市上市公司环境信息披露的经验证据》，《会计研究》2008 年第 6 期。

② 唐国平、李龙会：《股权结构、产权性质与企业环保投资——来自中国 A 股上市公司的经验证据》，《财经问题研究》2013 年第 3 期。

破坏引发的社会问题，开始出台系列制度法规。学术界开始基于合法性视角，研究政府监管与企业环保投资的关系。政府监管影响企业环保投资行为一般基于三个假说，即污染避难所假说、要素禀赋假说以及波特假说。其中，污染避难所假说认为企业倾向于将他们的生产活动放置到环境标准较低的国家或地区，从而避免较高的环境合规成本①。要素禀赋假说认为丰富的自然资源可以改善企业生产的可能性，因此，行业可能接受更严格的政府监管，为了从丰富的资源那里获得超过相应环境合规成本的收益，此时企业将进行环保投资②。污染避难所假说和要素禀赋假说均取决于一个国家和地区的相对优势而言。波特假说③认为通过刺激新技术应用的环境政策促使企业进行更多的创新活动，而这些创新将提高企业的生产力，从而抵消由环境保护带来的成本，同时诱导资源的有效利用④。

污染避难所假说、要素禀赋假说以及波特假说均基于环境成本和环境收益观，认为企业作为市场经济主体，仍然以追求盈利为目的。因此，当面对政府监管压力时，企业会在权衡环境成本和环境收益的基础上做出环

---

① Copeland B. R., Taylor M. S., "North-South Trade and the Environment", *The Quarterly Journal of Economics*, Vol. 109, No. 3, 1994, pp. 755 – 787; Bagwell K., Staiger R. W., "The WTO as a Mechanism for Securing Market Access Property Rights: Implications for Global Labor and Environmental Issues", *Journal of Economic Perspectives*, Vol. 15, No. 3, 2001, pp. 69 – 88; Lucas R. E. B., Wheeler D., Hettige H., *Economic Development, Environmental Regulation, and the International Migration of Toxic Industrial Pollution*, 1960 – 88, World Bank Publications, 1992; 刘建民、陈果：《环境管制对FDI区位分布影响的实证分析》，《中国软科学》2008年第1期；陈刚：《FDI竞争、环境规制与污染避难所——对中国式分权的反思》，《世界经济研究》2009年第6期。

② Taylor M. S., Copeland B. R., "Trade, Growth, and the Environment", *Journal of Economic Literature*, Vol. 42, No. 1, 2004, pp. 7 – 71; 姜锡明、许晨曦：《环境规制、公司治理与企业环保投资》，《财会月刊》2015年第27期；马珩、张俊、叶紫怡：《环境规制、产权性质与企业环保投资》，《干旱区资源与环境》2016年第12期。

③ Porter M. E., Van D. Linde, "Green and Competitive: Ending the Stalemate", *Harvard Business Review*, No. 73, 1995, pp. 120 – 134.

④ Demirel P., Kesidou E., "Stimulating Different Types of Eco-innovation in the UK: Government Policies and Firm Motivations", *Ecological Economics*, Vol. 70, No. 8, 2011, pp. 1546 – 1557; Horbach J., "Determinants of Environmental Innovation-New Evidence from German Panel Data Sources", *Research Policy*, Vol. 37, No. 1, 2008. pp. 163 – 173; 生延超：《环保创新补贴和环境税约束下的企业自主创新行为》，《科技进步与对策》2013年第15期；王锋正、郭晓川：《环境规制强度对资源型产业绿色技术创新的影响——基于2003—2011年面板数据的实证检验》，《中国人口·资源与环境》2015年第1期增刊。

保投资决策。由于环保投资资金一般用于购买昂贵的环保设备、投入环保技术创新研发、开发环保工艺、清洁生产、排污治理等项目，均具有高风险、高成本、回收期长的特点，企业缺乏主动性开展环保投资①，企业管理者更愿意将资金投向回收周期短、投资报酬率更高的项目，企业环保投资行为更多体现迎合政府监管②。上述研究均说明政府监管对企业环保行为产生重要影响。

在实践中，政府通过制定环保制度、法律法规，派遣环保监察人员等措施监管企业环保行为，企业根据对外部制度环境变化的判断，做出投资决策，在此过程中必然产生信息不对称问题，信息不对称导致了政府与企业之间的博弈③。具体而言，政府部门作为监督职能机构，将选择是否执行严格的环境监管行为，企业作为环保投资行为主体，将根据企业自身生产情况以及外部监管环境来判断是否进行环保投资。

在此博弈中，政府部门的监管成本包括监管人员的薪酬支出、监管其他相关费用支出，政府监管的强度越大，政府监管的成本就会越高。假设用 C 表示政府部门环境监管不严格时的环境监管成本，用 $C+C'$ 来表示政府环境监管严格时的环境监管成本，用 R 表示政府部门监管企业环境保护防治行为的溢出收益。

假设在一定条件和时期内，企业的直接经济收益为 W，用 W'（$W'>W$）表示企业不遵守环保制度经营生产时的超额收益。同时违规会给企业带来较高的违约成本 P，P 表示企业违规生产排污时受到的罚款、追究刑事责任、没收非法收入等方面的处罚总额。政府部门与企业的博弈过程具体见表 6－1。

---

① 李永友、沈坤荣：《我国污染控制政策的减排效果——基于省际工业污染数据的实证分析》，《管理世界》2008 年第 7 期；原毅军、耿殿贺：《环境政策传导机制与中国环保产业发展——基于政府、排污企业与环保企业的博弈研究》，《中国工业经济》2010 年第 10 期。

② 唐国平、倪娟、何如桢：《地区经济发展、企业环保投资与企业价值——以湖北省上市公司为例》，《湖北社会科学》2018 年第 6 期；汪建成、杨梅、李晓晔：《外部压力促进企业绿色创新吗？——政府监管与媒体监督的双元影响》，《产经评论》2021 年第四期。

③ 龙文滨、李四海、丁绒：《环境政策与中小企业环境表现：行政强制抑或经济激励》，《南开经济研究》2018 年第 3 期。

表6-1 政府部门与企业的博弈过程

企业＼政府	严格监管	不严格监管
环保投资规模小	$(W+W'-P,\ R-C-C')$	$(W+W',\ R-C)$
环保投资规模大	$(W,\ R-C-C')$	$(W,\ R-C)$

对于政府部门而言，严格环境监管条件下，政府的环境监管成本最高、收益最低，因此为最劣战略，因此政府部门会选择“不严格监管”。当 $P<W'$时，企业将选择最小化环保投资规模，扩大企业环保投资规模是最劣战略。此时，不严格监管、最小化企业环保投资规模是最优战略均衡。若政府部门想要实现企业承担环保责任，就必须实施严格环境监管，加大惩罚力度，使 $P>W'$。换言之，政府监管强度对企业环保投资规模的影响存在“门限值”，当政府监管强度低于门限值时，政府监管可能无法较好地刺激企业扩大环保投资规模。相反地，当政府监管强度高于门限值时，政府监管能够较好地刺激企业扩大环保投资规模。因此，政府监管强度对企业环保投资的影响不是线性的，两者是非线性的“U”形关系。基于此，提出假设 H6.1：

H6.1：限定其他条件，政府监管强度与企业环保投资规模呈“U”形关系。

二 CEO 两职合一调节作用的理论分析

CEO 两职合一是指同一个人在公司中担任 CEO 和董事长的情况[①]。现有文献大多针对 CEO 两职合一的成本和效益进行争论。大多学者基于代理理论反对 CEO 两职合一，因为现代企业 CEO 拥有公司决策权，但是对股东没有控制权，CEO 不总是以股东价值最大化采取行动，因此 CEO 与股东之间存在利益冲突。董事会是现代企业决策控制系统的顶端，能够

① Baliga B. R., Moyer R. C. and RAO R., “CEO Duality and Firm Performance: What's the Fuss?”, *Strategic Management Journal*, Vol. 17, No. 1, 1996, pp. 41-43; Rechner P. L., Dalton D. R., “The Impact of CEO as Board Chairperson on Corporate Performance: Evidence VS. Rhetoric”, *The Academy of Management*, Vol. 3, No. 2, 1989, pp. 141-143.

缓解现代企业因所有权和控制权分离而产生的代理问题[①]。CEO 兼任董事长破坏了董事会的独立性，由 CEO 两职合一的身份来领导这一决策控制层将损害控制系统的有效性，引发利益冲突。因此，将 CEO 兼任董事长视为董事会监督高管人员的障碍[②]。主张两职分离的学者们认为两职分离可以使 CEO 专注于企业经营业务，使董事长专注于董事会的管理事务，最终提升企业价值。

相反的是，支持 CEO 两职合一的观点大多基于信息优势论，强调 CEO 兼任董事长虽然降低了董事会的独立性和削弱了董事会的监督效力，但是权力的集中巩固了 CEO 在企业内部的地位[③]，便于明确公司的领导和方向[④]，促使 CEO 所拥有的独特知识和强大管理能力发挥出来，给企业带来收益。因为获取和传递公司特定信息的成本高昂，CEO 两职合一通过消除与非 CEO 相关信息的传递和处理成本实现成本节约[⑤]。所以 CEO 两职合一可以使 CEO 能够在艰难的商业环境中更迅速地协调董事会的行动和实施战略，使公司具有竞争优势。

在环境问题方面，当市场机制无法自主调节时，政府通过制定、修订系列法律法规，增强或减弱监管强度来弥补市场失灵，因此政府环境监督管理行为增加了企业的不确定性风险。企业在进行环保投资决策需要充分考虑政府监管因素，因此，当企业不确定风险增加时，企业对某一环保投资项目进行成本效益分析和预测的难度显著增加[⑥]。

---

① Fama E. F., Jensen M. C., "Agency Problems and Residual Claims", *Journal of Law and Econimic*, Vol. 26, No. 2, 1983, pp. 327 – 349.

② Finkelstein S., D'Aveni R. A., "CEO Duality as a Double-Edged Sword: How Boards of Directors Balance Entrenchment Avoidance and Unity of Command", *The Academy of Management Journal*, Vol. 37, No. 5, 1994, pp. 1079 – 1108；王成方、叶若惠、鲍宗客：《两职合一、大股东控制与投资效率》，《科研管理》2020 年第 10 期。

③ Mallette P., Fowler K. L., "Effects of Board Composition and Stock Ownership on the Adoption of 'Poison Pills'", *Academy of Management Journal*, No. 35, 1992, pp. 1010 – 1035.

④ Dalton D. R., Daily C. M., Ellstrand A. E., Johnson J. L., "Meta-analytic Reviews of Board Composition, Leadership Structure, and Financial Performance", *Strategic Management Journal*, Vol. 19, No. 3, 1998, pp. 269 – 290.

⑤ Yang T., Zhao S., "CEO Duality and Firm Performance: Evidence from an Exogenous Shock to the Competitive Environment", *Journal of Banking & Finance*, No. 49, 2014, pp. 534 – 552.

⑥ 汪海凤、白雪洁、李爽：《环境规制、不确定性与企业的短期化投资偏向——基于环境规制工具异质性的比较分析》，《财贸研究》2018 年第 12 期。

与两职分离情况相比，两职合一的 CEO 对提高财务绩效的期望更高，通过提高企业经营业绩来树立自己的形象。因此，当政府监管强度处于较弱水平时，企业面临的环境不确定性风险和企业环境合规性成本均较低，两职合一的 CEO 更倾向于低风险、高回报、回收期短的项目来达到经营绩效目标，而不倾向于高风险、高成本、回收期长的环保项目。由此假设在政府监管强度较弱区间内，CEO 两职合一对政府监管强度与企业环保投资关系有正向调节作用。

为了避免政府失灵，各级政府将通过增强监管强度来达到维护公共利益、弥补市场失灵的目的。当政府监管强度增加到某一限值时，企业面临的环境不确定性风险增强，不同企业将对外部环境变化做出快速决策，意欲抢占新的市场机会，这无疑增加了竞争强度和市场复杂性。竞争增加和新市场机会的外部冲击放大了 CEO 两职合一的信息效应。一方面，竞争和新市场机会增加了信息的价值，特别是有关环境信息的价值，因此获取环境信息的成本更高，并由此产生更高、更持有久的信息租金[①]。另一方面，竞争和新市场机会要求企业管理者做出快速决策。因为信息以更快的速度更新，而由决策延迟而失去机会的后果更加严重。与 CEO 两职分离相比，CEO 两职合一使企业能够更快地对新信息做出反应。由此，假设在政府监管强度较强区间内，外部环境不确定性风险增加了竞争和新市场机会，CEO 两职合一将发挥信息优势，快速做出决策抢占绿色市场，实现高的环境收益。基于此，提出假设 H6.2：

H6.2：限定其他条件，CEO 两职合一对政府监管强度与企业环保投资规模的“U”形关系有正向调节作用。

三 研究设计

（一）研究样本与数据来源

本节选取 2008—2015 年[②]沪深两市 A 股制造业上市公司作为研究样本。首先，按关键字搜集上市公司的环保投资数据，主要包括“环保”

---

① Jensen M. C., Meckling W. H., “Specific and General Knowledge and Organizational Structure”, *Journal of Applied Corporate Finance*, Vol. 8, No. 2, 1995, pp. 1－33.

② 2007 年 11 月 22 日国务院发布了《国家环境保护“十一五”规划目标》，2008 年作为“十一五”规划起始年到 2015 年“十二五”规划的收官之年，是一个以“节能减排”为环保主题的进行生态文明建设的完整时期。基于数据可得性，本节样本区间为 2008—2015 年。

“生态”“绿色”“节能”“新能源”“再生”“清洁生产”“除尘”“降噪”“废水”“污染”等与环境污染防治相关的关键词。其次，搜索这些词的变体，例如“除尘”的变体为“降尘”“抑尘”“无尘”“收尘”等。最后，检查这些关键词在上下文的描述，按照确定性原则和一致性原则剔除与环境保护行为无关的项目，例如“厂区绿化”等，经过逐一检查核对，仅保留相关项目。对披露环保投资数据的上市公司进行如下筛选：（1）剔除 ST、PT 的样本公司；（2）剔除数据缺失的样本公司；（3）剔除西藏地区的样本公司，共收集企业环保投资样本 1919 个。

样本数据主要来源于：①企业环保投资数据来源于 CSMAR 数据库；②政府监管强度来源于《中国环境年鉴》；③CEO 两职合一数据来源于 RESSET 数据库；④ISO14001 数据来源于中国合格评定国家认可委员会（www. cnas. org. cn）；⑤其他数据来源于 Wind 数据库。为了克服异常值对研究结论的影响，对连续型变量在 1% 与 99% 分位数上进行 Winsorize 处理，所有数据处理软件为 Stata13. 0。

（二）模型设定与变量选取

1. 模型设定

为了检验政府监管强度对企业环保投资规模的影响，构建模型（6－1）：

$$EI_{i,t} = \alpha_0 + \alpha_1 EM_{i,t-1} + \alpha_2 EM_{2i,t-1} + \alpha_3 ISO14001_{i,t-1} + \alpha_4 ROA_{i,t-1} + \alpha_5 LEV_{i,t-1} + \alpha_6 SIZE_{i,t-1} + \alpha_7 GOV_{i,t-1} + \alpha_8 BALANCE_{i,t-1} + \alpha_9 POLLUTION_{i,t-1} + \alpha_{10} MARKET_{i,t-1} + \alpha_{11} AGE_{i,t-1} + \sum YEAR + \varepsilon \quad (6-1)$$

为了检验 CEO 两职合一对政府监管强度与企业环保投资规模之间关系的调节作用，在模型（6－1）的基础上增加变量 *DUALITY*、交乘项 $EM \times DUALITY$ 与 $EM^2 \times DUALITY$ 构建了模型（6－2）：

$$EI_{i,t} = \beta_0 + \beta_1 EM_{i,t-1} + \beta_2 EM_{2i,t-1} + \beta_3 DUALITY_{i,t-1} + \beta_4 EM_{i,t-1} \times DUALITY_{i,t-1} + \beta_5 EM_{2i,t-1} \times DUALITY_{i,t-1} + \beta_6 ISO14001_{i,t-1} + \beta_7 ROA_{i,t-1} + \beta_8 LEV_{i,t-1} + \beta_9 SIZE_{i,t-1} + \beta_{10} GOV_{i,t-1} + \beta_{11} BALANCE_{i,t-1} +$$

$$\beta_{12}POLLUTION_{i,t-1} + \beta_{13}MARKET_{i,t-1} +$$

$$\beta_{14}AGE_{i,t-1} + \sum YEAR + \varepsilon \qquad (6-2)$$

为了避免模型中的内生性问题，模型（6－1）和模型（6－2）中自变量均采用滞后一期的数据，并对模型进行Robust异方差检验。

2. 变量说明

企业环保投资规模（*EI*）[①] 采用“投资总额/资本存量”来衡量企业环保投资规模[②]。本节将环保投资分为环保产品及技术的研发与改造投资、环保设施及系统购置与改造投资、清洁生产类投资、污染治理技术研发与改造投资、污染治理设备及系统购置与改造投资五大类。其中，投资总额为当年新增环保投资总额，资本存量为平均总资产。

政府监管强度（*EM*）采用各地区工业污染物环境管制综合指数来衡量。本节借鉴傅京燕和李丽莎（2010）[③] 的做法，通过《中国环境年鉴》收集2007—2014年工业“三废”的数据，以及通过《中国统计年鉴》收集工业产值的数据计算环境管制指数。本节选取工业二氧化碳、工业二氧化硫、工业烟（粉）尘和工业固体废物为计算对象，通过四步完成环境管制综合指数的计算：

第一步，计算工业污染物去除率。i省（市、区）j类工业污染物去除率$X_{i,j}$＝（i省j类工业污染物去除量/j类工业污染物排放总量）×100%，（$i=1$，2……30；$j=1$，2，3，4）。

第二步，标准化处理。工业污染物去除率的标准化值$R_{i,j}$＝（$X_{i,j}$－当年各省j类污染物去除率的最小值/（当年各省j类污染物去除率的最大值－当年各省第j类污染物去除率的最小值）。

第三步，计算调整系数。调整系数$C_{i,j}=TR_{i,j}/PR_{i,j}$，其中$TR_{i,j}$＝$i$省（市、区）$j$类工业污染物排放量/当年全国$j$类工业污染物排放总量；

① 下列项目不纳入企业环保投资核算范围：第一，企业进行环境保护而发生的其他相关支出，如环保监察费、环保设计费、环评和能评费、厂部绿化费、环保教育及培训费用、环境管理费用等；第二，间接性支出项目，如捐赠绿色基金费；第三，已经费用化的支出项目，如编制社会责任报告（环境报告）的费用、环境税费、排污费等。

② 唐国平、李龙会：《股权结构、产权性质与企业环保投资——来自中国A股上市公司的经验证据》，《财经问题研究》2013年第3期。

③ 傅京燕、李丽莎：《FDI、环境规制与污染避难所效应——基于中国省级数据的经验分析》，《公共管理学报》2010年第3期。

$PR_{i,j}=i$ 省（市、区）工业产值/当年全国工业总产值。

第四步，计算环境管制综合指数。环境管制综合指数 $EM=\sum R_{i,j}\times C_{i,j}$。

CEO 两职合一（*DUALITY*）：该指标为虚拟变量，若该年度内 CEO 兼任董事长为 1，否则为 0①。

本节涉及的其他变量详见表 6-2。

表 6-2　研究变量说明

变量类型	缩写	变量名称	变量定义
被解释变量	*EI*	企业环保投资规模	当期新增环保投资额/平均总资产
解释变量	*EM*	政府监管强度	各地区工业污染物环境管制综合指数
	EM^2		*EM* 的平方值
调节变量	*DUALITY*	CEO 两职合一	若该年度内 CEO 兼任董事长为 1，否则为 0
控制变量	*ISO*14001	环境管理能力	若企业通过 ISO14001 认证为 1，否则为 0
	ROA	资产回报率	息税前利润/平均总资产
	LEV	资产负债率	期末负债总额/期末资产总额
	SIZE	企业规模	上市公司期末总资产的自然对数
	GOV	资源获取能力	当期获得政府补助的自然对数
	BALANCE	股权制衡度	第二至第五大股东持股数/总股数
	MARKET	市场化程度	各地区市场化指数②
	AGE	企业年龄	企业上市的年份
	POLLUTION	行业	若为重污染行业为 1，否则为 0③
	YEAR	年份	8 年设 7 个虚拟变量

① Dalton D. R., Daily C. M., Ellstrand A. E., Johnson J. L., "Meta-analytic Reviews of Board Composition, Leadership Structure, and Financial Performance", *Strategic Management Journal*, Vol. 19, No. 3, 1998, pp. 269-290.

② 樊纲、王小鲁、朱恒鹏：《中国分省份市场化指数——各地区市场化相对进程 2011 年报告》，经济科学出版社 2011 年版；王小鲁、樊纲、余静文：《中国分省份市场化指数报告(2017)》，社会科学文献出版社 2017 年版。

③ 重污染行业与非重污染行业的划分根据《上市公司环境保护核查行业分类管理名录》（环办函〔2008〕373 号）划分标准划分。

四 政府监管、CEO 两职合一与企业环保投资关系的实证分析

（一）描述性统计

从表 6 – 3 研究变量的描述性统计来看，企业环保投资规模的最大值和最小值分别为 0. 2099 和 0. 0000，二者之间的差距较大，企业环保投资规模的中位数 0. 0038 小于均值 0. 0180，说明多数样本公司的环保投资规模低于平均水平；政府监管强度的均值为 1. 6787，略大于中位数 1. 1330，说明样本公司大多分布在政府监管强度较弱的地区；CEO 两职合一的均值为 0. 0135，中位数为 0. 0000，表明多数样本公司 CEO 两职分离。其他指标的最大值和最小值的差距偏大，说明样本企业在经营业绩和内部治理等方面存在一定差异。

表 6 – 3　　　　研究变量描述性统计

变量	N	均值	标准差	最大值	最小值	中位数
EI	1919	0. 0180	0. 0359	0. 2099	0. 0000	0. 0038
EM	1919	1. 6787	1. 2410	6. 0190	0. 2720	1. 1330
EM^2	1919	4. 3573	6. 6386	36. 2284	0. 0740	1. 2837
DUALITY	1919	0. 0135	0. 1156	1. 0000	0. 0000	0. 0000
*ISO*14001	1919	0. 5743	0. 4946	1. 0000	0. 0000	1. 0000
ROA	1919	6. 4358	6. 1795	32. 6700	– 14. 3200	5. 7700
LEV	1919	46. 7306	19. 7727	94. 1300	7. 3400	48. 9100
BALANCE	1919	0. 9322	0. 8034	3. 1557	0. 0147	0. 7942
SIZE	1919	22. 0236	1. 1519	25. 8600	19. 5100	21. 8900
GOV	1919	16. 1514	1. 4614	19. 8987	12. 1594	16. 1522
POLLUTION	1919	0. 6087	0. 4882	1. 0000	0. 0000	1. 0000
MARKET	1919	7. 3328	1. 8132	11. 3900	2. 9400	7. 5100
AGE	1919	14. 1324	4. 4446	27. 0000	4. 0000	14. 0000

（二）相关性分析

由表 6 – 4 变量相关性分析发现，政府监管强度与企业环保投资规模之间在 1% 水平下显著相关，说明政府监管强度对企业环保投资规模具有较好的解释力，CEO 两职合一与企业环保投资规模之间负相关，CEO 两

表 6 - 4　　研究变量相关性分析

变量	*EI*	*EM*	*DUALITY*	*ISO14001*	*ROA*	*LEV*	*SIZE*	*GOV*	*BALANCE*	*POLLUTION*	*MARKET*	*AGE*
EI	1											
EM	-0. 1074 ***	1										
DUALITY	-0. 0044	-0. 0584 **	1									
*ISO*14001	0. 0666 ***	-0. 0714 ***	0. 0280	1								
ROA	0. 0585 **	-0. 0120	0. 0280	0. 0449 **	1							
LEV	-0. 0859 ***	0. 1515 ***	-0. 0720 ***	-0. 0867 ***	-0. 3300 ***	1						
SIZE	-0. 0483 **	0. 0860 ***	-0. 0228	0. 1261 ***	-0. 0232	0. 4725 ***	1					
GOV	0. 0520 **	-0. 0510 **	-0. 0073	0. 0936 ***	-0. 0102	0. 2413 ***	0. 6040 ***	1				
BALANCE	-0. 0154	0. 0645 ***	0. 0097	-0. 0756 ***	0. 1080 ***	0. 0356	0. 0225	-0. 1004 ***	1			
POLLUTION	-0. 1729 ***	0. 2116 ***	-0. 0538 **	-0. 1031 ***	0. 0183	0. 0913 ***	0. 1024 ***	-0. 0841 ***	0. 0502 **	1		
MARKET	0. 0473 **	-0. 5962 ***	0. 0613 ***	0. 1492 ***	0. 0618 ***	-0. 1944 ***	-0. 1521 ***	-0. 0383 *	-0. 0738 ***	-0. 1830 ***	1	
AGE	-0. 0650 ***	-0. 0596 ***	0. 0026	-0. 0272	-0. 0557 **	0. 0948 ***	0. 1833 ***	0. 1740 ***	-0. 2681 ***	0. 0157	-0. 0001	1

注：*** 、** 、* 分别表示在 10% 、5% 和 1% 的置信水平上显著。

职合一与政府监管强度之间在5%水平下负相关。其他变量两两之间的相关系数普遍低于0.5，说明变量之间不存在严重的多重共线性问题。

（三）政府监管对企业环保投资的非线性实证分析

从表6-5模型（1）和模型（3）的回归结果发现，政府监管强度的一次项与企业环保投资规模在1%显著性水平下负相关，但是从表6-5模型（2）和模型（4）的回归结果发现，政府监管强度的一次项与企业环保投资规模依然在1%显著性水平下负相关，政府监管强度的二次项与企业环保投资规模在5%显著性水平下正相关，说明政府监管强度与企业环保投资规模的关系不是线性关系，而是非线性关系，两者呈“U”形关系。回归结果说明政府监管强度对企业环保投资规模的影响存在“门限值”，即当政府监管强度低于门限值时，政府监管强度与企业环保投资规模负相关，当政府监管强度高于门限值时，政府监管强度与企业环保投资规模正相关。

（四）CEO两职合一对政府监管与企业环保投资关系调节作用的实证分析

进一步检验CEO两职合一对政府监管强度与企业环保投资规模的调节作用，从表6-5模型（5）的回归结果可以发现，CEO两职合一与企业环保投资规模在5%显著性水平下正相关，交乘项 $EM \times DUALITY$ 与 EM 的方向一致，与企业环保投资规模在1%显著性水平下负相关，$EM^2 \times DUALITY$ 与 EM^2 的方向一致，与企业环保投资规模在1%显著性水平下正相关。回归结果说明CEO两职合一正向调节政府监管强度与企业环保投资规模的“U”形关系。即当政府监管强度低于门限值时，CEO两职合一使政府监管强度与企业环保投资规模负相关系数的绝对值变大。当政府监管强度高于门限值时，CEO两职合一使政府监管强度与企业环保投资规模正相关系数绝对值变大。上述结果说明企业高管在做环保投资决策时离不开强有力的政府监管。政府监管强度较弱，增加了CEO两职合一的机会主义行为的可能性，不利于企业环保投资。另外，证明了CEO两职合一的“信息优势效应”观点。在政府监管强度较强区间内，外部环境不确定风险增加了竞争和新市场机会，CEO两职合一将发挥信息优势，快速做出企业环保投资决策。

表 6-5　　　政府监管、CEO 两职合一与企业环保投资的回归检验结果

变量	EI				
	模型（1）	模型（2）	模型（3）	模型（4）	模型（5）
EM	-0.003*** (-5.74)	-0.007*** (-3.68)	-0.003*** (-3.28)	-0.007*** (-2.90)	-0.007*** (-2.96)
EM^2		0.001** (2.39)		0.001** (2.21)	0.001** (2.26)
DUALITY					0.149** (2.54)
EM × DUALITY					-0.684*** (-2.67)
EM^2 × *DUALITY*					0.650*** (2.61)
*ISO*14001			0.003* (1.89)	0.004** (2.03)	0.004** (2.03)
ROA			0.000 (1.50)	0.000 (1.47)	0.000 (1.48)
LEV			-0.000 (-1.28)	-0.000 (-1.18)	-0.000 (-1.19)
SIZE			-0.002* (-1.78)	-0.002* (-1.92)	-0.002* (-1.90)
GOV			0.002*** (2.67)	0.002*** (2.67)	0.002*** (2.62)
BALANCE			-0.001 (-0.35)	-0.001 (-0.37)	-0.001 (-0.39)
POLLUTION			-0.010*** (-5.83)	-0.010*** (-5.81)	-0.010*** (-5.83)
MARKET			-0.001 (-1.36)	-0.001* (-1.67)	-0.001* (-1.68)
AGE			-0.001** (-2.30)	-0.001** (-2.29)	-0.001** (-2.31)
YEAR	控制	控制	控制	控制	控制

续表

变量	EI				
	模型（1）	模型（2）	模型（3）	模型（4）	模型（5）
常数项	0.017*** (7.27)	0.020*** (7.01)	0.044** (2.46)	0.052*** (2.75)	0.053*** (2.77)
N	1919	1919	1919	1919	1919
R^2	0.018	0.020	0.057	0.059	0.060
R^2_Adj	0.0143	0.0156	0.0486	0.0499	0.0494
F	5.782***	5.216***	5.339***	5.104***	5.444***

注：***、**、*分别表示1%、5%、10%的显著性水平。

（五）政府监管、CEO两职合一与企业不同类型环保投资的实证分析

政府监管能否对企业不同类型环保投资产生不同影响呢？CEO两职合一对政府监管和企业不同类型环保投资的关系有调节效应吗？为了回答上述问题，本节根据企业环保投资的内容结构和行为特征，将其分为企业前瞻性环保投资和企业治理性环保投资。其中，企业前瞻性环保投资包括环保产品及环保技术的研发与改造投资、环保设施及系统购置与改造投资、清洁生产类投资三大类。企业治理性环保投资包括污染治理技术研发与改造投资、污染治理设备及系统购置与改造投资两大类。企业前瞻性环保投资体现了预防性特征，即在污染物没有发生之前，企业就采取积极的投资行为，使污染排放物减少、消除，或者达到节能降耗的目的。企业治理性环保投资体现滞后性特征，即污染物已经产生，企业针对已产生污染物进行事后处理，使最终污染排放量减少或资源综合利用，相对于事前预防而言具有一定的滞后性。

按照关键词搜索法，本节共收集了企业前瞻性环保投资样本量1103个、企业治理性环保投资样本量1042个。由于部分企业既进行了前瞻性环保投资，又进行了治理性环保投资，对这部分企业环保投资额合并计算，企业环保投资样本量少于企业前瞻性环保投资样本量与企业治理性环保投资样本量之和。

1. 政府监管、CEO两职合一与企业前瞻性环保投资

由表6-6模型（1）的回归结果可知，政府监管强度一次项与企业前瞻性环保投资规模在1%显著性水平下负相关，而政府监管强度二次项

与企业前瞻性环保投资规模在5%显著性水平下正相关，说明政府监管强度与企业前瞻性环保投资规模的关系不是线性关系，而是非线性关系，两者呈“U”形关系。回归结果说明政府监管强度对企业前瞻性环保投资规模的影响存在门限值，即当政府监管强度低于门限值时，政府监管强度与企业前瞻性环保投资规模负相关；当政府监管强度高于门限值时，政府监管强度与企业前瞻性环保投资规模正相关。

进一步检验了CEO两职合一对政府监管强度与企业前瞻性环保投资规模的调节作用，从表6－6模型（2）的回归结果可以发现，交乘项$EM \times DUALITY$与EM的方向一致，与企业环保投资规模在5%显著性水平下负相关，$EM^2 \times DUALITY$与EM^2的方向一致，与企业环保投资规模在1%显著性水平下正相关。回归结果说明CEO两职合一正向调节政府监管强度与企业前瞻性环保投资规模之间的“U”形关系。即当政府监管强度低于门限值时，CEO两职合一使政府监管强度与企业前瞻性环保投资规模负相关系数的绝对值变大，当政府监管强度高于门限值时，CEO两职合一使政府监管强度与企业前瞻性环保投资规模正相关系数绝对值变大。上述结果说明政府监管对企业前瞻性环保投资规模有重要影响，当政府监管强度较弱时，CEO两职合一增加了CEO的机会主义行为的可能性。另外，CEO两职合一的“信息优势效应”在企业前瞻性环保投资方面也有体现，当政府监管强度较强时，CEO两职合一有助于快速做出决策，增加企业前瞻性环保投资规模。

2. 政府监管、CEO两职合一与企业治理性环保投资

由表6－6的模型（3）和模型（4）的回归结果可知，政府监管强度一次项和二次项与企业治理性环保投资规模均不显著。加入交乘项$EM \times DUALITY$和交乘项$EM^2 \times DUALITY$后，结果仍然没有改变，说明CEO两职合一对政府监管与企业治理性环保投资规模关系的调节作用不显著。环境管理能力与企业治理性环保投资规模在10%显著性水平下正相关，但是，企业年龄与企业治理性环保投资规模在1%显著性水平下负相关，说明企业随着年龄越大，越具有惯性，不愿进行企业治理性环保投资。上述结果说明企业治理性环保投资决策受到更复杂因素的综合影响。

表 6－6 政府监管、CEO 两职合一与企业不同类型环保投资回归检验结果

变量	PEI		GEI	
	模型（1）	模型（2）	模型（3）	模型（4）
EM	－0.012*** （－3.34）	－0.013*** （－3.43）	0.001 （0.60）	0.001 （0.62）
EM^2	0.001** （2.03）	0.001** （2.14）	－0.000 （－0.31）	－0.000 （－0.34）
DUALITY		0.064 （1.60）		－1.224 （－1.25）
EM × *DUALITY*		－0.462** （－2.32）		3.222 （1.25）
EM^2 × *DUALITY*		0.514*** （2.61）		－2.046 （－1.24）
*ISO*14001	0.002 （0.90）	0.002 （0.84）	0.002* （1.77）	0.002* （1.77）
ROA	0.000 （1.65）	0.000 （1.61）	0.000 （1.57）	0.000 （1.58）
LEV	－0.000 （－0.55）	－0.000 （－0.63）	0.000 （0.31）	0.000 （0.27）
SIZE	－0.005*** （－2.97）	－0.005*** （－2.98）	－0.001 （－1.53）	－0.001 （－1.40）
GOV	0.003** （2.39）	0.003** （2.40）	0.001 （1.37）	0.001 （1.28）
BALANCE	－0.002 （－0.81）	－0.002 （－0.82）	－0.000 （－0.26）	－0.000 （－0.27）
POLLUTION	－0.007*** （－2.78）	－0.007*** （－2.83）	－0.005*** （－2.73）	－0.005*** （－2.66）
MARKET	－0.003** （－2.44）	－0.003** （－2.54）	－0.000 （－0.38）	－0.000 （－0.47）
AGE	－0.001 （－1.63）	－0.001 （－1.59）	－0.000*** （－2.83）	－0.000*** （－2.87）
YEAR	控制	控制	控制	控制

续表

变量	PEI		GEI	
	模型（1）	模型（2）	模型（3）	模型（4）
常数项	0.127***	0.129***	0.023	0.022
	(4.20)	(4.25)	(1.47)	(1.43)
N	1103	1103	1042	1042
R^2	0.071	0.074	0.035	0.038
R^2_Adj	0.0559	0.0556	0.0178	0.0183
F	5.432***	5.014***	2.114**	1.900*

注：***、**、*分别表示1%、5%、10%的显著性水平。

（六）稳健性检验

为使结论更具有可靠性，本节对回归模型和假设检验做了一定的稳定性测试。

第一，使用“企业环保投资额/期末总资产”代替原“企业环保投资额/平均总资产”作为企业环保投资规模的替代变量，检验结果见表6-7模型（1）和模型（2）。企业前瞻性环保投资和企业治理性环保投资的稳健性检验结果见表6-8。

第二，增加内部治理因素变量，管理层持股比例（*MSHARE*），即管理层持股股数/总股本；代理成本（*COST*），即管理费用/营业收入总额；增加财务指标经营现金流量（*FLOW*），即经营现金净流量/平均总资产；增加外部制度因素，地区环境立法管制（*AL*），即当年各地区累计颁布的法规数；地区环境处罚力度（*AR*），即当年各地区环境相关行政处罚案件数/当年GDP。企业环保投资的稳健性检验结果见表6-7模型（3）和模型（4）。企业前瞻环保投资和企业治理性环保投资的稳健性检验结果，见表6-9。

第三，考虑到研究模型中可能遗漏了重要变量导致遗漏变量偏差，本节在稳健性检验部分使用两阶段工具变量法来控制潜在的内生性问题。使用企业是否通过ISO14001环境管理体系认证作为企业环境管理能力可能存在测量误差，因此本节选择企业是否通过ISO9001质量管理体系认证作为企业环境管理能力的工具变量，该变量为虚拟变量，企业获得ISO9001质量管理体系认证为1，否则为0。相关研究表明企业获得ISO9001质量管理体系认证与ISO14001环境管理体系认证显著正相关[①]，Inoue等（2013）[②]实证研究发现ISO9001质量管理体系认证与企业环保投资行为没有显著关系。通过表6－10的结果显示2SLS回归结果。虽然2SLS估计是一致的，却是有偏的，为了稳健起见，通过对于弱工具变量更不敏感的方法——有限信息最大似然法（LIML）进行估计，由表6－11可以发现，LIML回归结果与2SLS回归结果接近，排除"弱工具变量"的可能性。进一步使用GMM检验来提高在存在异方差情况下的效率，检验结果见表6－12。

经过以上程序发现，稳健性检验结果与前文的研究结论基本一致。所不同的是，部分解释变量在模型中的显著性有细微变化，但是这些变化不影响本节的整体研究结论。因此，本节的研究结论较为可靠。

表6－7　政府监管、CEO两职合一与企业环保投资稳健性检验结果——指标替代和增加变量

变量	*NEI*		*EI*	
	模型（1）	模型（2）	模型（3）	模型（4）
EM	－0.006*** （－2.95）	－0.006*** （－3.00）	－0.007*** （－2.83）	－0.007*** （－2.88）
EM^2	0.001** （2.33）	0.001** （2.38）	0.001** （2.19）	0.001** （2.24）
DUALITY		0.136** （2.53）		0.157** （2.48）
EM×*DUALITY*		－0.625*** （－2.67）		－0.714*** （－2.59）
EM^2×*DUALITY*		0.595*** （2.60）		0.675** （2.52）

① Nakamura M., Takhashi T., Vertinsky I., "Why Japanese Firms Choose to Certify: A Study of Managerial Responses to Environmental Issues", *Journal of Environmental Economics and Management*, Vol. 42, No. 1, 2001, pp. 23－52；张三峰、卜茂亮：《嵌入全球价值链、非正式环规制与中国企业ISO14001认证》，《财贸研究》2015年第2期。

② Inoue E., Arimura T. H., Nakano M., "A New Insight into Environmental Innovation: Does the Maturity of Environmental Management Systems Matter?", *Ecological Economics*, No. 94, 2013, pp. 156－163.

续表

变量	NEI		EI	
	模型（1）	模型（2）	模型（3）	模型（4）
*ISO*14001	0.003 ** (2.20)	0.003 ** (2.21)	0.003 ** (1.99)	0.003 ** (2.00)
ROA	0.000 (0.94)	0.000 (0.95)	0.000 * (1.73)	0.000 * (1.74)
LEV	-0.000 (-1.40)	-0.000 (-1.41)	-0.000 (-1.09)	-0.000 (-1.09)
SIZE	-0.001 (-1.28)	-0.001 (-1.27)	-0.002 (-1.56)	-0.002 (-1.53)
GOV	0.002 ** (2.37)	0.002 ** (2.33)	0.002 *** (2.72)	0.002 *** (2.68)
BALANCE	-0.001 (-0.54)	-0.001 (-0.55)	-0.000 (-0.26)	-0.000 (-0.27)
POLLUTION	-0.009 *** (-5.61)	-0.009 *** (-5.63)	-0.010 *** (-5.29)	-0.010 *** (-5.31)
MARKET	-0.001 (-1.50)	-0.001 (-1.51)	-0.001 (-1.61)	-0.001 (-1.62)
AGE	-0.000 ** (-2.30)	-0.000 ** (-2.32)	-0.000 ** (-2.05)	-0.000 ** (-2.07)
FLOW			-0.011 (-0.86)	-0.011 (-0.86)
COST			0.000 (0.49)	0.000 (0.51)
MSHARE			0.002 (0.35)	0.002 (0.37)
AL			0.000 (0.22)	0.000 (0.28)
AR			-0.002 (-0.46)	-0.002 (-0.49)
YEAR	控制	控制	控制	控制

续表

变量	NEI		EI	
	模型（1）	模型（2）	模型（3）	模型（4）
常数项	0.039 ** （2.26）	0.039 ** （2.28）	0.045 ** （2.07）	0.045 ** （2.07）
N	1919	1919	1911	1911
R^2	0.054	0.055	0.061	0.062
R^2_Adj	0.0450	0.0445	0.0494	0.0490
F	4.751 ***	4.896 ***	4.140 ***	4.376 ***

注：*** 、** 、* 分别表示1%、5%、10%的显著性水平。

表6-8　政府监管、CEO两职合一与企业不同类型环保投资稳健性检验结果——指标替代

变量	PEI		GEI	
	模型（1）	模型（2）	模型（3）	模型（4）
EM	-0.012 *** （-3.41）	-0.012 *** （-3.49）	0.001 （0.76）	0.001 （0.77）
EM^2	0.001 ** （2.15）	0.001 ** （2.24）	-0.000 （-0.41）	-0.000 （-0.44）
DUALITY		0.063 * （1.71）		-1.028 （-1.25）
EM × DUALITY		-0.433 ** （-2.41）		2.705 （1.25）
EM^2 × DUALITY		0.476 *** （2.69）		-1.717 （-1.24）
ISO14001	0.003 （1.11）	0.003 （1.05）	0.002 ** （1.98）	0.002 ** （1.98）
ROA	0.000 （1.30）	0.000 （1.27）	0.000 （1.13）	0.000 （1.15）
LEV	-0.000 （-0.71）	-0.000 （-0.78）	0.000 （0.10）	0.000 （0.07）
SIZE	-0.004 ** （-2.22）	-0.004 ** （-2.23）	-0.001 （-1.51）	-0.001 （-1.38）

续表

变量	PEI		GEI	
	模型（1）	模型（2）	模型（3）	模型（4）
GOV	0.003 ** (2.05)	0.003 ** (2.06)	0.001 (1.50)	0.001 (1.42)
BALANCE	-0.002 (-0.97)	-0.002 (-0.97)	-0.000 (-0.07)	-0.000 (-0.08)
POLLUTION	-0.005 ** (-2.49)	-0.006 ** (-2.54)	-0.004 ** (-2.57)	-0.004 ** (-2.49)
MARKET	-0.002 ** (-2.32)	-0.002 ** (-2.42)	-0.000 (-0.22)	-0.000 (-0.30)
AGE	-0.001 (-1.62)	-0.000 (-1.58)	-0.000 *** (-2.61)	-0.000 *** (-2.64)
YEAR	控制	控制	控制	控制
常数项	0.101 *** (3.55)	0.102 *** (3.60)	0.019 (1.44)	0.018 (1.40)
N	1103	1103	1042	1042
R^2	0.063	0.065	0.031	0.034
R^2_Adj	0.0471	0.0467	0.0143	0.0144
F	4.434 ***	4.204 ***	1.971 **	1.780 *

注：***、**、*分别表示1%、5%、10%的显著性水平。

表6-9　政府监管、CEO两职合一与企业不同环保投资稳健性检验结果——增加变量

变量	PEI		GEI	
	模型（1）	模型（2）	模型（3）	模型（4）
EM	-0.013 *** (-3.33)	-0.014 *** (-3.40)	0.001 (0.70)	0.001 (0.74)
EM^2	0.001 ** (2.12)	0.001 ** (2.21)	-0.000 (-0.44)	-0.000 (-0.49)
DUALITY		0.071 (1.59)		-1.351 (-1.37)

续表

变量	PEI		GEI	
	模型（1）	模型（2）	模型（3）	模型（4）
$EM \times DUALITY$		-0.499** (-2.31)		3.560 (1.37)
$EM^2 \times DUALITY$		0.551*** (2.59)		-2.265 (-1.36)
*ISO*14001	0.002 (0.80)	0.002 (0.75)	0.002* (1.86)	0.002* (1.87)
ROA	0.000 (1.37)	0.000 (1.34)	0.000** (2.02)	0.000** (2.03)
LEV	-0.000 (-0.41)	-0.000 (-0.46)	0.000 (0.41)	0.000 (0.38)
SIZE	-0.005*** (-2.71)	-0.005*** (-2.69)	-0.000 (-0.56)	-0.000 (-0.44)
GOV	0.003** (2.42)	0.003** (2.42)	0.001 (1.43)	0.001 (1.34)
BALANCE	-0.002 (-0.72)	-0.002 (-0.73)	0.000 (0.14)	0.000 (0.12)
POLLUTION	-0.007** (-2.56)	-0.007*** (-2.59)	-0.004** (-2.43)	-0.004** (-2.33)
MARKET	-0.003** (-2.43)	-0.003** (-2.55)	0.000 (0.13)	0.000 (0.05)
AGE	-0.001 (-1.62)	-0.001 (-1.56)	-0.000** (-2.34)	-0.000** (-2.37)
FLOW	0.016 (0.78)	0.016 (0.79)	-0.020* (-1.86)	-0.020* (-1.86)
COST	0.000 (0.27)	0.000 (0.35)	0.000* (1.74)	0.000* (1.76)
MSHARE	0.003 (0.32)	0.003 (0.43)	0.000 (0.08)	0.000 (0.10)
AL	0.000 (0.39)	0.000 (0.41)	-0.000 (-0.64)	-0.000 (-0.90)

续表

变量	PEI		GEI	
	模型（1）	模型（2）	模型（3）	模型（4）
AR	-0.004	-0.004	-0.003 (-0.47)	-0.003 (-0.49)
YEAR	控制	控制	控制	控制
常数项	0.123*** (3.74)	0.123*** (3.74)	0.007 (0.39)	0.006 (0.35)
N	1098	1098	1037	1037
R^2	0.074	0.076	0.048	0.051
R^2_Adj	0.0538	0.0537	0.0262	0.0270
F	4.458***	4.238***	1.835*	1.701**

注：***、**、*分别表示1%、5%、10%的显著性水平。

表6-10　政府监管、CEO两职合一与企业环保投资稳健性检验结果——工具变量法

变量	2SLS		LIML	GMM
	模型（1）	模型（2）	模型（3）	模型（4）
EM	-0.003*** (-3.81)	-0.003*** (-3.93)	-0.003*** (-3.93)	-0.003*** (-3.93)
EM^2	0.000*** (2.99)	0.000*** (3.12)	0.000*** (3.12)	0.000*** (3.12)
DUALITY		0.064*** (7.53)	0.064*** (7.53)	0.064*** (7.53)
$EM \times DUALITY$		-0.028* (-1.80)	-0.028* (-1.80)	-0.028* (-1.80)
$EM^2 \times DUALITY$		0.018*** (4.08)	0.018*** (4.08)	0.018*** (4.08)
*ISO*14001	0.009*** (2.88)	0.008*** (2.80)	0.008*** (2.80)	0.008*** (2.80)
ROA	0.000* (1.95)	0.000** (1.99)	0.000** (1.99)	0.000** (1.99)

续表

变量	2SLS		LIML	GMM
	模型（1）	模型（2）	模型（3）	模型（4）
LEV	-0.000 (-0.31)	-0.000 (-0.30)	-0.000 (-0.30)	-0.000 (-0.30)
SIZE	-0.001 (-1.24)	-0.001 (-1.16)	-0.001 (-1.16)	-0.001 (-1.16)
BALANCE	-0.002 (-0.93)	-0.002 (-0.97)	-0.002 (-0.97)	-0.002 (-0.97)
POLLUTION	-0.011*** (-5.95)	-0.011*** (-6.01)	-0.011*** (-6.01)	-0.011*** (-6.01)
AGE	-0.000 (-1.63)	-0.000 (-1.58)	-0.000 (-1.58)	-0.000 (-1.58)
EC	-0.049 (-1.63)	-0.045 (-1.52)	-0.045 (-1.52)	-0.045 (-1.52)
YEAR	控制	控制	控制	控制
常数项	0.050*** (3.01)	0.049*** (2.78)	0.049*** (2.78)	0.049*** (2.78)
N	1981	1981	1981	1981
R^2	0.047	0.052	0.052	0.052
Wald	93.02	295.38	295.38	295.38

注：***、**、*分别表示1%、5%、10%的显著性水平。

表6-11　政府监管、CEO两职合一与企业前瞻性环保投资稳健性检验结果——工具变量法

变量	2SLS		LIML	
	模型（1）	模型（2）	模型（3）	模型（4）
EM	-0.007*** (-5.10)	-0.007*** (-5.11)	-0.007*** (-5.09)	-0.007*** (-5.10)
EM^2	0.000*** (4.44)	0.000*** (4.45)	0.000*** (4.44)	0.000*** (4.45)
DUALITY		1.703 (1.57)		1.711 (1.58)

续表

变量	2SLS		LIML	
	模型（1）	模型（2）	模型（3）	模型（4）
EM×DUALITY		-5.327* (-1.65)		-5.350* (-1.65)
EM^2×*DUALITY*		4.095* (1.70)		4.112* (1.71)
*ISO*14001	0.004 (0.81)	0.004 (0.81)	0.004 (0.81)	0.004 (0.81)
ROA	0.000* (1.77)	0.000* (1.81)	0.000* (1.75)	0.000* (1.80)
LEV	-0.000 (-0.60)	-0.000 (-0.61)	-0.000 (-0.71)	-0.000 (-0.72)
SIZE	-0.002 (-1.50)	-0.002 (-1.46)	-0.002 (-1.47)	-0.002 (-1.43)
BALANCE	-0.004 (-1.38)	-0.004 (-1.44)	-0.003 (-1.35)	-0.004 (-1.40)
POLLUTION	-0.007*** (-3.13)	-0.008*** (-3.26)	-0.007*** (-3.13)	-0.008*** (-3.27)
AGE	-0.000 (-1.03)	-0.000 (-0.90)	-0.000 (-1.00)	-0.000 (-0.87)
EC	-0.080* (-1.76)	-0.084* (-1.84)	-0.079* (-1.75)	-0.083* (-1.83)
YEAR	控制	控制	控制	控制
常数项	0.077*** (2.94)	0.076*** (2.88)	0.076*** (2.93)	0.076*** (2.87)
N	1126	1126	1126	1126
R^2	0.060	0.063	0.059	0.062
Wald	131.68	580.06	132.94	456.24

注：***、*分别表示1%、10%的显著性水平。

表 6－12　　政府监管、CEO 两职合一与企业治理性环保投资稳健性检验结果——工具变量法

变量	2SLS		LIML	
	模型（1）	模型（2）	模型（3）	模型（4）
EM	0.000 (0.14)	0.000 (0.15)	0.000 (0.14)	0.000 (0.15)
EM^2	0.000 (0.17)	0.000 (0.17)	0.000 (0.17)	0.000 (0.17)
DUALITY		−0.962 (−1.63)		−0.962 (−1.63)
$EM \times DUALITY$		2.450 (1.59)		2.450 (1.59)
$EM^2 \times DUALITY$		−1.522 (−1.55)		−1.522 (−1.55)
*ISO*14001	0.010*** (2.69)	0.010*** (2.75)	0.010*** (2.69)	0.010*** (2.75)
ROA	0.000* (1.70)	0.000* (1.72)	0.000* (1.70)	0.000* (1.72)
LEV	0.000 (0.79)	0.000 (0.79)	0.000 (0.79)	0.000 (0.79)
SIZE	−0.002 (−1.00)	−0.002 (−1.01)	−0.002 (−1.00)	−0.002 (−1.01)
BALANCE	−0.000 (−0.14)	−0.000 (−0.13)	−0.000 (−0.14)	−0.000 (−0.13)
POLLUTION	−0.008** (−2.24)	−0.008** (−2.26)	−0.008** (−2.24)	−0.008** (−2.26)
AGE	−0.000 (−1.61)	−0.000 (−1.63)	−0.000 (−1.61)	−0.000 (−1.63)
EC	−0.023 (−0.54)	−0.026 (−0.60)	−0.023 (−0.54)	−0.026 (−0.60)
YEAR	控制	控制	控制	控制
常数项	0.042 (1.41)	0.043 (1.42)	0.042 (1.41)	0.043 (1.42)

续表

变量	2SLS		LIML	
	模型（1）	模型（2）	模型（3）	模型（4）
N	618	618	618	618
R^2	0.039	0.040	0.039	0.040
Wald	36.92	49.05	36.92	49.05

注：***、**、*分别表示1%、5%、10%的显著性水平。

五　本节小结

在市场经济活动中，环境资源作为公共产品，具有消费的非排他性、非竞争性等特点，这使得在环境资源使用过程中存在普遍的“搭便车”现象，导致环境资源过度利用，环境污染问题凸显，出现市场失灵，需要通过政府干预弥补市场失灵以维护公共利益，因此政府监管对企业环保行为产生重要影响。本节还考察了CEO两职合一作为现代公司治理结构的基本内容，是如何发挥其在政府监管强度与企业环保投资之间调节作用的。本节利用2008—2015年沪深两市A股制造业上市公司的数据，研究发现：

第一，政府监管强度与企业环保投资规模的关系是非线性关系，两者呈“U”形关系。回归结果说明政府监管强度对企业环保投资规模的影响存在门限值，即当政府监管强度低于门限值时，政府监管强度与企业环保投资规模负相关；当政府监管强度高于门限值时，政府监管强度与企业环保投资规模正相关。

第二，CEO两职合一正向调节政府监管强度与企业环保投资规模之间的“U”形关系。即当政府监管强度低于门限值时，CEO两职合一使政府监管强度与企业环保投资规模负相关系数的绝对值变大，当政府监管强度高于门限值时，CEO两职合一使政府监管强度与企业环保投资规模正相关系数绝对值变大。

第三，若将企业环保投资作为多维构念，那么政府监管强度仅与企业前瞻性环保投资规模之间存在显著的“U”形关系，CEO两职合一仅对政府监管强度与企业前瞻性环保投资规模之间的“U”形关系有正向调节作用。

本节的实证结果有助于明确政府监管强度对企业环保投资决策的影响，结果说明企业CEO在做环保投资决策时离不开强有力的政府监管，加强政府监管可以有效减少 CEO 两职合一在环保投资方面的机会主义行为。

对于政府而言，应加强地方政府环境监管强度，从严防污治污。外部制度环境对企业内部控制和环保投资决策均有重要影响，加强地方政府环境监管强度可以有效降低企业管理者的机会主义行为，提升企业资本运营效率。另外，当政府监管强度超过某一门限值时，CEO 两职合一具有“信息优势效应”，有助于企业快速做出环保投资决策。因此，政府和企业股东应重视企业 CEO 的环保意识培养。思想决定行动，加强企业 CEO 的环保意识，有利于 CEO 对环境变化做出快速反应，减少环境保护机会主义行为，促使 CEO 积极制定环境管理政策。政府和企业股东应积极为 CEO 提供学习和培训的机会，实现股东和管理者的利益协同效应。

第二节　公众环境关注度、绿色形象与企业环保投资

新制度经济学家诺思将制度分为正式规制和非正式规制，其中非正式规制更多地与个人和企业联系在一起，具体包括道德的约束、禁忌、习惯、传统和行为准则等，非正式规制将在引导公众和企业的行为方面发挥重要作用。如陈冬华等（2013）[①] 研究发现上市公司所在地的宗教传统对公司治理产生积极影响，正式规制与非正式规制存在一定的互补关系。Creyer（1997）[②] 研究发现消费者关心企业的商业道德表现，并通过购买行为对企业的道德行为做出反应，当企业的商业道德行为符合消费者预期，那么消费者愿意通过支付更高的价格来奖励企业的道德行为。Dyreng 等（2012）[③] 将宗教信仰水平作为宗教社会规范的代理变量，研究发现更高水平的宗教信仰与财务重述的可能性负相关。可见，非正式规制对公司治理行为产生重要影响，是不可忽视的重要因素。

① 陈冬华、胡晓莉、梁上坤、新夫：《宗教传统与公司治理》，《经济研究》2013 年第 9 期。

② Creyer E. H., “The Influence of Firm Behavior on Purchase Intention: Do Consumers Really Care about Business Ethics?”, *Journal of Consumer Marketing*, Vol. 14, No. 6, 1997, pp. 421 – 432.

③ Dyreng S. D., Mayew W. J., Williams C. D., “Religious Social Norms and Corporate Financial Reporting Religious”, *Journal of Business Finance and Accounting*, Vol. 39, No. 8, 2012, pp. 845 – 875.

尽管较多的文献从文化、信仰、道德约束等多个角度探索了非正式规制对公司治理行为的影响，但是较少关注在环境问题上非正式规制对企业污染环境防治行为的影响。大多数研究认为，在环境问题上，由于污染环境防治的正外部性特征，使边际收益小于边际成本，理性的市场主体往往不愿意主动进行环保投资，正式环境规制的权威性和强制性才能促使企业环保投资行为，如李永友和沈坤荣（2008）[①]、原毅军和耿殿贺（2010）[②]、毕茜和于连超（2016）[③] 等研究认为如果没有政府严格的环境规制，企业是不会主动开展环保投资进行环境污染治理，即使进行一些环保投资，也仅是在面对政府环境规制时所做出的反应，正式环境规制强度与企业环保投资之间存在正相关关系[④]。也有部分文献认为，正式环境规制与企业环保投资之间不是线性关系，两者之间存在“门槛效应”[⑤]，反映出正式环境规制对企业环保投资的影响存在限值，这一结果说明在环境保护问题上纯粹依靠环境规制是不够的。

基于正式环境规制对企业环保投资影响的局限性，部分学者开始关注非正式环境规制如何对企业环保投资行为产生重要影响，大多学者认为非正式环境规制是正式环境规制的重要补充[⑥]，能对政府环保监督行为产生重要影响[⑦]，或对企业环保行为产生直接影响，抑制企业污染

---

① 李永友、沈坤荣：《我国污染控制政策的减排效果——基于省际工业污染数据的实证分析》，《管理世界》2008 年第 7 期。

② 原毅军、耿殿贺：《环境政策传导机制与中国环保产业发展——基于政府、排污企业与环保企业的博弈研究》，《中国工业经济》2010 年第 10 期。

③ 毕茜、于连超：《环境税、媒体监督和企业绿色投资》，《财会月刊》2016 年第 20 期。

④ Johnstone N., Labonne J., “Environmental Policy, Management and R&D”, *OECD Economic Studies*, No. 42, 2006, pp. 170 – 201; Demirel P., Kesidou E., “Stimulating Different Types of Eco-innovation in the UK: Government Policies and Firm Motivations”, *Ecological Economics*, Vol. 70, No. 8, 2011, pp. 1546 – 1557.

⑤ 唐国平、倪娟、何如桢：《地区经济发展、企业环保投资与企业价值——以湖北省上市公司为例》，《湖北社会科学》2018 年第 6 期；Leiter A. M., Parolini A., Winner H., “Environmental Regulation and Investment: Evidence from European Industry Data”, *Ecological Economics*, No, 70, 2011, pp. 759 – 770.

⑥ 徐圆：《源于社会压力的非正式性环境规制是否约束了中国的工业污染?》，《财贸研究》2014 年第 2 期；夏后学：《非正式环境规制下产业协同集聚的结构调整效应——基于 Fama-Macbeth 与 GMM 模型的实证检验》，《软科学》2017 年第 4 期。

⑦ 郑思齐、万广华、孙伟增、罗党论：《公众诉求与城市环境治理》，《管理世界》2013 年第 6 期。

排放[①]。但是，有学者认为非正式环境规制对企业环保投资行为的影响不明显[②]，非正式环境规制的效力弱于正式环境规制的效力[③]，也有学者认为非正式环境规制对企业环保投资行为的影响不受正式环境规制的影响[④]。

针对现有文献对非正式环境规制与企业环保投资行为关系问题研究的不一致结论，本节认为有必要基于中国目前的社会和制度环境，对非正式环境规制与企业环保投资行为的关系进行研究。本节将公众环境关注度作为非正式环境规制强度的代理变量，对公众环境关注度与企业环保投资行为的关系进行研究。探讨这个问题非常重要，如果公众环境关注度能对企业环保投资行为产生积极影响，那么中央政府和地方政府就可以考虑如何充分利用公众的力量，构建政府为主导，企业为主体，社会组织和公众共同参与的环境治理体系。

另外，随着市场竞争的加剧，政府执行更严格的正式环境规制以及公众环境保护意识的不断提高，越来越多的企业谋求在行业中构建高区分度的绿色形象。国外学者在企业形象概念的基础上衍生出了绿色形象的概念[⑤]，如 Chen（2010）[⑥] 认为绿色形象是消费者对企业环境承诺和环境关注的一系列感知；也有学者将绿色形象作为一种无形资产，等同于绿色声誉[⑦]。

---

① Kathuria V.，"Informal Regulation of Pollution in a Developing Country：Evidence from India"，*Ecological Economics*，Vol，63，No. 2 - 3，2007，pp. 403 - 417；徐圆：《源于社会压力的非正式性环境规制是否约束了中国的工业污染？》，《财贸研究》2014 年第 2 期；张三峰、卜茂亮：《嵌入全球价值链、非正式环规制与中国企业 ISO14001 认证》，《财贸研究》2015 年第 2 期。

② 傅京燕：《环境规制、要素禀赋与我国贸易模式的实证分析》，《中国人口·资源与环境》2008 年第 6 期。

③ 彭文斌、陈蓓：《环境规制作用下污染密集型企业空间演变影响因素的实证研究》，《社会科学》2014 年第 8 期；周海华、王双龙：《正式与非正式的环境规制对企业绿色创新的影响机制研究》，《软科学》2016 年第 8 期。

④ 胡珺、宋献中、王红建：《非正式制度、家乡认同与企业环境治理》，《管理世界》2017 年第 2 期。

⑤ Chen Y. S.，"The Driver of Green Innovation and Green Image——Green Core Competence"，*Journal of Business Ethics*，Vol. 81，No. 3，2008，pp. 531 - 543.

⑥ Chen Y. S.，"The Drivers of Green Brand Equity：Green Brand Image，Green Satisfaction，and Green Trust"，*Journal of Business Ethics*，Vol. 93，No. 2，2010，pp. 307 - 319.

⑦ Kang M.，Yang S. U.，"Comparing Effects of Country Reputation and the Overall Corporate Reputations of a Country on International Consumers' Product Attitudes and Purchase Intentions"，*Corporate Reputation Review*，Vol. 13，No. 1，2010，pp. 52 - 62.

大多数学者认为绿色形象与企业利益相关者感知相关[①]，不同群体对绿色形象的感知不一样，绿色形象是一个相对概念。只有将一个企业与其他企业形象进行比较，才能让利益相关者感知该企业的绿色形象。另外，绿色形象有感知和评价两个重要维度，即一个人可以感知抽象对象中的一组特定属性，并能够将它们进行分类，做出评价。基于上述分析，本节认为绿色形象是指政府、公众、投资者、客户、员工等企业内部和外部利益相关者对企业环境承诺和环境关注的一系列感知和评价。

可见，绿色形象能够向公众传递企业环境管理和决策信息，为公众评价企业履行环保责任提供条件。那么绿色形象会影响公众环境关注度与企业环保投资行为之间的关系吗？若能明确绿色形象对公众环境关注度与企业环保投资行为关系的调节作用，那么说明企业差异化环保战略能够对企业产生积极影响，该结果将对企业提高环保意识、自觉履行环保责任塑造绿色形象具有一定的启示意义。

基于上述问题，本节基于2008—2015年中国A股制造业上市公司的数据，首先利用百度指数分析功能构造不同地区不同年份的公众环境关注度的指标；其次讨论公众环境关注度对企业环保投资规模的影响；最后探讨绿色形象对公众环境关注度与企业环保投资规模关系的调节作用。

一　公众环境关注度影响企业环保投资的理论分析

改革开放40多年来，中国经济取得了巨大的进步，但伴随着严重的环境污染问题，危及自然生态的平衡和人民群众的健康。为解决环境污染问题，中国政府转变了发展思路。2005年国务院发布的《关于落实科学发展观加强环境保护的决定》提出“经济、社会发展与环境保护相协调”的指导思想，2013年党的十八大报告明确了“坚持节约优先、保护优先、自然恢复为主”的环保优先指导方针，2015年党的十八届五中全会提出“创新、协调、绿色、开放、共享”的新发展理念，2017年党的十九大报告将绿色发展置于更突出位置。为促进环境保护战略的实施，从严治理环境污染，中国出台了一系列环保制度。

---

① Amores-Salvadó J. G., Castro M. D. and Navas-López J. E., “Green Corporate Image: Moderating the Connection between Environmental Product Innovation and Firm Performance”, *Journal of Cleaner Production*, No. 83, 2014, pp. 356 –365.

一方面，中国政府不断建立健全公众参与环境管理和决策制度。2006 年 3 月 18 日《环境影响评价公众参与暂行办法》开始实施，这是以制度化的方式将公众参与引入环境影响评价工作中。2015 年环保部印发了《环境保护公众参与办法》，这是首个对公众参与做出专门规定的部门规章，为公众参与环境管理和决策提供了制度保障。

另一方面，环境信息披露制度的建立健全为公众监督、评价企业污染环境防治行为提供了条件。企业环境信息是企业以一定形式记录、保存的，与企业经营活动产生环境影响和企业环境行为有关的信息。2006 年 9 月深圳证券交易所发布了《上市公司社会责任指引》，明确要求上市公司对自然环境和资源承担相应责任。2008 年 5 月 14 日上海证券交易所为了加强上市公司社会责任，发布了《上市公司环境信息披露指引》，鼓励上市公司披露自身履行环保责任的特色做法和取得的成绩，并强制要求上市公司披露在污染环境防治、保护和提高物种多样性、保护水资源及能源和保证所在区域的适合居住性等促进环境及生态可持续发展方面的工作情况。同时，针对不同类型的企业制定了具体的披露事项。2014 年 12 月 19 日环保部发布了《企业事业单位环境信息公开办法》，进一步扩大了环境信息公开的主体。中国环境信息制度的不断完善，为公众监督、评价企业履行环保责任提供了必要信息。

国家环境保护战略的实施、公众参与制度和环境信息披露制度的建立健全，不仅提高了社会公众对环保事务的管理和监督意识，也使越来越多的公众加入环境保护实践工作，使环境保护成为公众广泛认可的道德规范，道德规范在塑造经济行为和市场成果方面起着重要作用①。

公众对环境保护问题形成的道德规范既影响公众行为，也影响企业行为。公众可以作为消费者和投资者对违背道德规范的企业采用“用脚投票”的退出机制向企业表示抗议，这让上市公司大股东遭受巨额市值损失，也相当于向企业施加了一层压力，督促企业尽快解决污染问题。如 Shane 和 Spicer（1983）② 通过分析 CEP（经济优先委员会）报告对股价

---

① Hong H., Kacperczyk M., “The Price of Sin: The Effects of Social Norms on Markets”, *Journal of Financial Economics*, Vol. 93, No. 1, 2009, pp. 15 – 36.

② Shane P. B., Spicer B. H., “Market Response to Environmental Information Produced Outside the Firm”, *The Accounting Review*, No. 3, 1983, pp. 521 – 539.

的影响，发现收到相对低的污染控制绩效评级企业，平均价格变动要比那些收到相对较高的污染控制绩效评级企业大，投资者能够对 CEP 报告做出反应。Stafford（2007）[①] 以美国危险废物管理行业为研究对象，研究了环境绩效对消费者需求的影响，发现企业不遵从环境规制将降低消费者需求。沈红波等（2012）[②] 以事件研究法分析了紫金矿业污染事件对股价的影响，发现投资者决策受到上市公司环保绩效的影响，股价能对上市公司重大环境污染事件做出显著的负面反应。肖华和张国清（2008）[③] 以 79 家 A 股化工行业上市公司为样本研究了重大环境事故对相关行业上市公司股价的影响，发现在重大环境事故发生后，发生重大环境事故的上市公司及其相关行业上市公司的股价能对该事件做出负面反应。Konar 和 Cohen（2001）[④] 研究了企业有毒释放清单（TIL）披露对美国上市公司股价的影响以及股价降低对企业随后的污染治理水平的影响，发现环境信息披露影响上市公司股价，股价下降最大的企业，在信息公开后减少的污染排放量要高于同行业企业。可见，公众关注企业环保行为，并将环境保护视为社会道德规范，一旦企业违反环境保护道德规范，公众将通过“退出”来向违规企业表示抗议和不满。因此，公众环境关注度越高，越能影响企业环保行为。

公众在退出机制的基础上，还可以通过政治途径的呼吁机制向企业表达环保诉求。正如郑思齐等（2013）[⑤] 认为的，公众可以通过信访、举报等方式直接向地方政府表达环保诉求，地方政府本着对公众负责的态度，应对公众环保诉求做出响应；公众也可以向上级政府表达环保诉求，上级政府通过自上而下的监督和激励方式督促地方政府对公众环保诉求做出响应。公众实现呼吁机制具有现实可行性：一是公众的环境权受到法律保

---

① Stafford S. L.，“Can Consumers Enforce Environmental Regulations? The Role of the Market in Hazardous Waste Compliance”，*Journal of Regulatory Economics*，Vol. 31，No. 1，2007，pp. 83 – 107.

② 沈红波、谢樾、陈峥嵘：《企业的环境保护、社会责任及其市场效应——基于紫金矿业环境污染事件的案例研究》，《中国工业经济》2012 年第 1 期。

③ 肖华、张国清：《公共压力与公司环境信息披露——基于“松花江事件”的经验研究》，《会计研究》2008 年第 5 期。

④ Konar S.，Cohen M. A.，“Does the Market Value Environmental Performance?”，*Review of Economics and Statistics*，Vol. 83，No. 2，2001，pp. 281 – 289.

⑤ 郑思齐、万广华、孙伟增、罗党论：《公众诉求与城市环境治理》，《管理世界》2013 年第 6 期。

障，《中华人民共和国宪法》第二条规定、《中华人民共和国环境保护法》第六条规定和第八条规定明确了公众拥有知情权、参与权、表达权、监督权的环境权利，政府有对公众环保诉求做出回应的义务。公众向地方政府提供有关环保诉求的信息和压力，促使地方政府考虑公众诉求设计正式环境规制，加强正式环境规制对企业的作用效力。特别是在中国将环境保护因素纳入地方政府绩效考核体系后，加强了地方政府之间的环境绩效竞争，地方政府倾向于通过更为独立而非模仿性的正式环境规制的制定、实施和监督，达到环境治理效果①。二是在中国上下分治的治理体制内，中央政府允许地方政府与公众在许多重大利益问题上讨价还价，但是公众的合法反抗可以向中央政府传递有价值的信息，暴露出公众最不满的领域和政策，有利于中央政府监督地方政府和调节政策②。Wang 和 Di（2002）③通过对中国 3 个省份的 85 个乡镇调查和 151 个乡镇领导干部访谈的数据分析，发现中国上级政府压力和公众压力能够促使下级政府加强环境规制和提供环境服务。徐圆（2014）④ 利用 2001—2011 年地区数据研究发现，在仅考虑正式环境规制的影响模型中，正式环境规制与工业污染物排放强度显著负相关，但是加入公众环境关注度等非正式环境规制后，污染治理投资的环境绩效有所提升，说明公众环境关注度等非正式环境规制能对政府治污行为产生影响，促使政府对公众环保诉求做出响应。吴力波等（2022）⑤ 研究发现公众环境关注度可以降低企业与政府之间的信息不对称程度，激励企业环保投资行为。

综合上述分析，无论是公众通过退出机制，还是呼吁机制影响企业环保投资行为，都表明公众环境关注度越高，企业环保压力和违规风险越大，越能促进企业进行环保投资。基于上述，提出假设 H6. 3、H6. 3a、H6. 3b：

H6. 3：限定其他条件，公众环境关注度越高，企业环保投资规模

① 李胜兰、初善冰、申晨：《地方政府竞争、环境规制与区域生态效率》，《世界经济》2014 年第 4 期。

② 曹正汉：《中国上下分治的治理体制及其稳定机制》，《社会学研究》2011 年第 1 期。

③ Wang H., Di W. H., "The Determinants of Government Environmental Performance: An Empirical Analysis of Chinese Townships", *Policy Research Working Paper*, No. 2937, 2002, pp. 704 – 708.

④ 徐圆：《源于社会压力的非正式性环境规制是否约束了中国的工业污染?》，《财贸研究》2014 年第 2 期。

⑤ 吴力波、杨眉敏、孙可贺：《公众环境关注度对企业和政府环境治理的影响》，《中国人口·资源与环境》2022 年第 2 期。

越大。

H6. 3a：限定其他条件，公众环境关注度越高，企业前瞻性环保投资规模越大。

H6. 3b：限定其他条件，公众环境关注度越高，企业治理性环保投资规模越大。

二　绿色形象调节作用的理论分析

由于环境污染负外部性特征，公众作为企业环境污染的直接受害者，对企业污染环境行为有最直观的感受，公众强烈期望企业环保行为。公众期望是否得以满足是决定他们绿色满意度的关键。公众可以通过直接经验、外部信息、推理三种方式来判断企业环保行为是否达到、超过或未达到期望①。若将企业环保行为达到或超过公众期望，视为满意；若将企业进行环境污染行为未达到公众期望，视为不满意，那么这将如何影响公众对企业环保投资的监督效力呢？

对于公众而言，他们关心的是企业如何满足污染控制的最低标准，如果企业披露比公众原有期望的更加不遵从环境标准，那么企业的环境信息披露效果是消极的。相反地，如果企业披露与公众原有期望一致或更加遵从环境标准，那么企业的环境信息披露效果是积极的②。其中，企业努力塑造的绿色形象含有大量企业污染防控的信息，能够影响公众对企业环保行为的意图的感知，如ISO14001环境管理体系认证的评价标准以环境法律法规的要求为基础，强调企业的环境管理和污染防治的符合性，一旦企业获得ISO14001环境管理体系认证塑造绿色形象，那么该企业生产和管理过程就能向公众传递企业履行环保责任的可靠信息③。因此，绿色形象反映出企业环保行为与公众预期一致或更加遵从环境标准，满足公众环保

① Creyer E. H., "The Influence of Firm Behavior on Purchase Intention: Do Consumers Really Care about Business Ethics?", *Journal of Consumer Marketing*, Vol. 14, No. 6, 1997, pp. 421 – 432.

② Shane P. B., Spicer B. H., "Market Response to Environmental Information Produced Outside the Firm", *The Accounting Review*, No. 3, 1983, pp. 521 – 539.

③ Lin R. J., Chen R. H., Nguyen T. H., "Green Supply Chain Management Performance in Automobile Manufacturing Industry under Uncertainty", *Procedia-Social and Behavioral Sciences*, No. 25, 2011, pp. 233 – 245.

的期望和绿色需求。如 Chen（2010）[①]、Chang 和 Fong（2010）[②] 认为绿色形象与消费者在环保期望、可持续性期望和绿色需求方面的绿色满意度显著正相关，且绿色形象对消费者信任产生积极影响。

企业塑造的绿色形象也是企业环境态度的突出表现，将提高公众绿色满意度和信任，一定程度上缓解了公众在某一时间段内对企业环保行为的担忧，降低了公众监督强度和企业合法性压力；相反地，若企业未塑造绿色形象，将降低公众绿色满意度，公众对该类企业将增加监督强度，一旦企业发生环境污染事件，会造成公众更激烈的抗议，因此对于未塑造绿色形象的企业而言，会通过加大环保投入规避违规成本和诉讼风险。正如 Ajzen（1991）[③] 提出的计划行为理论认为的，个人感受到周围规范压力的大小与个体对某一行为的态度有正相关关系。基于上述，提出本节假设 H6.4、H6.4a、H6.4b：

H6.4：限定其他条件，绿色形象能够增加公众对企业环保投资行为的包容度。

H6.4a：限定其他条件，绿色形象能够增加公众对企业前瞻性环保投资行为的包容度。

H6.4b：限定其他条件，绿色形象能够增加公众对企业治理性环保投资行为的包容度。

三　研究设计

（一）研究样本与数据来源

1. 研究样本

本节选取 2008—2015 年[④]沪深两市 A 股制造业上市公司作为研究样本。首先，按关键字搜集上市公司的环保投资数据，主要包括“环保”

① Chen Y. S.，“The Drivers of Green Brand Equity：Green Brand Image，Green Satisfaction，and Green Trust”，*Journal of Business Ethics*，Vol. 93，No. 2，2010，pp. 307－319.

② Chang N. J.，Fong C. M.，“Green Product Quality，Green Corporate Image，Green Customer Satisfaction，and Green Customer Loyalty”，*African Journal of Business Management*，Vol. 4，No. 13，2010，pp. 2836－2844.

③ Ajzen I.，“The Theory of Planned Behavior”，*Organizational Behavior and Human Decision Processes*，Vol. 50，No. 2，1991，pp. 179－211.

④ 2008 年 7 月将国家环保总局升格为环境保护部，成为国务院的组成部门，相继颁布、修订、修正了系列环保法规，2008 年起企业外部环境管制强度发生变化，基于数据可得性，考虑自变量和因变量滞后一期的设计，因此本节样本区间为 2008—2015 年。

“生态”“绿色”“节能”“新能源”“再生”“清洁生产”“除尘”“降噪”“废水”“污染”等与环境污染防治相关的关键词。其次，搜索这些词的变体，例如“除尘”的变体为“降尘”“抑尘”“无尘”“收尘”等。最后，检查这些关键词在上下文的描述，按照确定性原则和一致性原则剔除与环境保护行为无关的项目，例如“厂区绿化”等，经过逐一检查核对，仅保留相关项目。对披露环保投资数据的上市公司如下筛选：（1）剔除ST、PT的样本公司；（2）剔除数据缺失的样本公司；（3）剔除西藏地区的样本公司，共收集企业环保投资样本1905个。本节共收集了企业前瞻性环保投资样本量1132个、企业治理性环保投资样本量1044个。由于部分企业既进行了前瞻性环保投资，又进行了治理性环保投资，对这部分企业环保投资额合并计算，因此企业环保投资样本量少于企业前瞻性环保投资样本量与企业治理性环保投资样本量之和。

2. 数据来源

样本数据主要来源于：①企业环保投资数据来源于CSMAR数据库；②绿色形象数据来源于中国合格评定国家认可委员会（www. cnas. org. cn）；③公众环境关注度数据来源于百度指数（index. cnas. org. cn）；④环境管制强度、环保意识数据来源于《中国环境年鉴》；⑤其他数据来源于Wind数据库。为了克服异常值对研究结论的影响，对连续型变量在1%与99%分位数上进行Winsorize处理，所有数据处理软件为Stata13.0。

（二）模型设定与变量选取

1. 模型设定

为了更好地设定模型，本节首先使用Logit模型检验组织内外部因素对企业环保投资概率的影响，以此观察影响企业环保投资的重要因素，构建模型（6-3）：

$$LOGITP_{i,t} = c + EXTERNAL\ VARIABLES + INTERNAL\ GOVERNANCE\ VARIABLES + PERFORMANCE\ VARIABLES + \varepsilon \quad (6-3)$$

为了检验公众环境关注度对企业环保投资的影响，以及公众环境关注度对企业不同类型环保投资的影响，构建模型（6-4）—模型（6-6）：

$$EPI_{i,t} = c + \beta_1 PC_{i,t-1} + CONTROLVARIABLES + \varepsilon \quad (6-4)$$

$$PEI_{i,t} = c + \beta_1 PC_{i,t-1} + CONTROLVARIABLES + \varepsilon \quad (6-5)$$

$$GEI_{i,t} = c + \beta_1 PC_{i,t-1} + CONTROLVARIABLES + \varepsilon \tag{6-6}$$

为了检验绿色形象对公众环境关注度与企业环保投资规模之间关系的调节作用，以及绿色形象对公众环境关注度与企业不同类型环保投资规模之间关系的调节作用，在模型（6-4）—模型（6-6）的基础上增加变量绿色形象 GIM 和交乘项 $GIM \times PC$，构建了模型（6-7）—模型（6-9）：

$$EPI_{i,t} = c + \beta_1 PC_{i,t-1} + \beta_2 GIM + \beta_3 GIM \times PC + CONTROLVARIABLES + \varepsilon \tag{6-7}$$

$$PEI_{i,t} = c + \beta_1 PC_{i,t-1} + \beta_2 GIM + \beta_3 GIM \times PC + CONTROLVARIABLES + \varepsilon \tag{6-8}$$

$$GEI_{i,t} = c + \beta_1 PC_{i,t-1} + \beta_2 GIM + \beta_3 GIM \times PC + CONTROLVARIABLES + \varepsilon \tag{6-9}$$

为了避免模型中的内生性问题，模型（6-4）、模型（6-5）中自变量均采用滞后一期的数据，并对模型进行 Robust 异方差检验。

2. 变量选取

（1）被解释变量

企业环保投资规模（EI）[①] 采用"投资总额/资本存量"来衡量企业环保投资规模[②]。根据企业环保投资的内容结构，将环保投资分为环保产品及环保技术的研发与改造投资、环保设施及系统购置与改造投资、清洁生产类投资、污染治理技术研发与改造投资、污染治理设备及系统购置与改造投资。其中投资总额为当年新增环保投资总额，资本存量为平均总资产。

企业前瞻性环保投资（PEI）：企业前瞻性环保投资包括环保产品及环保技术的研发与改造投资、环保设施及系统购置与改造投资、清洁生产

---

① 下列项目不纳入企业环保投资核算范围：第一，企业进行环境保护而发生的其他相关支出，如环保监察费、环保设计费、环评和能评费、厂部绿化费、环保教育及培训费用、环境管理费用等；第二，间接性支出项目，如捐赠绿色基金费；第三，已经费用化的支出项目，如编制社会责任报告（环境报告）的费用、环境税费、排污费等。

② 唐国平、李龙会：《股权结构、产权性质与企业环保投资——来自中国 A 股上市公司的经验证据》，《财经问题研究》2013 年第 3 期。

类投资三大类。

企业治理性环保投资（*GEI*）：企业治理性环保投资包括污染治理技术研发与改造投资、污染治理设备及系统购置与改造投资两大类。

（2）解释变量

公众环境关注度（*PC*）是指公众通过某一渠道对环境问题的关注程度。有学者使用Google的趋势分析中搜索功能构造公众对某一关键词的关注度[①]。但是，Goole引擎已于2010年4月退出中国，继续使用该方法收集数据将影响数据的一致性。本节参照张三峰和卜茂亮（2015）[②] 的做法，以“环境污染”为关键词在百度指数趋势分析中检索，选取各地区各年中最高的周平均值的对数作为公众环境关注度的代理变量。

公众环境关注度和公众参与度是有区别的。公众参与是一种正式环境规制，《中华人民共和国环境保护法》和《中华人民共和国环境影响评价法》等法律法规中明确了公众参与方式，政府必须对公众来信、来访等合法参与意见做出回应。但是，公众环境关注度指标反映的是公众对企业环境污染行为或企业环境友好行为的直观感受，一般通过消费、舆论等市场行为对企业环境决策产生影响，是一种非正式环境规制。

（3）调节变量

绿色形象（*GIM*）使用ISO14001环境管理体系认证来衡量，ISO14001环境管理体系具有合法性、预防性、持续性、系统性、自愿性、可认证性和适用性等特点，该认证按照国际标准制定，获得国际认可。Epstein和Roy（1997）[③] 认为ISO14001环境管理标准的使用与环境绩效有强相关性。Chen（2010）[④] 认为ISO14001环境管理体系能够较好地衡量企业绿色形象。该变量为虚拟变量，若企业通过ISO14001环境管理体系认证为1，否则为0。

---

① Kahn M. E., Kotchen M. J., “Business Cycle Effects on Concern About Climate Change: The Chilling Effect of Recession”, *Climate Change Economics*, Vol. 2, No. 3, 2011, pp. 257 – 273；郑思齐、万广华、孙伟增、罗党论：《公众诉求与城市环境治理》，《管理世界》2013年第6期。

② 张三峰、卜茂亮：《嵌入全球价值链、非正式环规制与中国企业ISO14001认证》，《财贸研究》2015年第2期。

③ Epstein M. J., Roy M. J., “Integrating Environmental Impacts into Capital Investment Decisions”, *Greener Management International*, No. 17, 1997, pp. 69 – 88.

④ Chen Y. S., “The Drivers of Green Brand Equity: Green Brand Image, Green Satisfaction, and Green Trust”, *Journal of Business Ethics*, Vol. 93, No. 2, 2010, pp. 307 – 319.

（4）控制变量

本节重点考察了企业财务状况、内部治理、外部环境等因素，将其作为模型中的控制变量。具体控制变量选取如下。

环境管制强度：环境监管强度（EM）采用各地区工业污染物环境管制综合指数来衡量。本节借鉴傅京燕和李丽莎（2010）①、唐国平和李龙会（2013）② 的做法，通过《中国环境年鉴》收集 2007—2014 年工业“三废”的数据，以及通过《中国统计年鉴》收集工业产值的数据计算环境管制指数。本节选取工业二氧化碳、工业二氧化硫、工业烟（粉）尘和工业固体废物为计算对象，通过四步完成环境管制综合指数的计算。

第一步，计算工业污染物去除率。i 省（市、区）j 类工业污染物去除率 $X_{i,j}$ =（i 省 j 类工业污染物去除量/j 类工业污染物排放总量）×100%（$i=1$，2……30；$j=1$，2，3，4）。

第二步，标准化处理。工业污染物去除率的标准化值 $R_{i,j}$ =（$X_{i,j}$ - 当年各省 j 类污染物去除率的最小值/（当年各省 j 类污染物去除率的最大值 - 当年各省 j 类污染物去除率的最小值）。

第三步，计算调整系数。调整系数 $C_{i,j} = TR_{i,j}/PR_{i,j}$，其中 $TR_{i,j} = i$ 省（市、区）j 类工业污染物排放量/当年全国 j 类工业污染物排放总量；$PR_{i,j} = i$ 省（市、区）工业产值/当年全国工业总产值。

第四步，计算环境管制综合指数。环境管制综合指数 $EM = \sum R_{i,j} \times C_{i,j}$。

环保意识（EC）：该指标由各地区环保宣传数除以全国环保宣传总数占比来衡量。环保意识是一个地区环境保护水平和文明程度的重要标志。公众环保意识越强，越关注企业环境责任情况。

环境立法管制（AL）：参照李虹等（2016）③ 的做法，采用各地区累计颁布的环境法规数来衡量，该指标从环境法规的角度体现地方政府环境管制强度。

---

① 傅京燕、李丽莎：《FDI、环境规制与污染避难所效应——基于中国省级数据的经验分析》，《公共管理学报》2010 年第 3 期。

② 唐国平、李龙会：《股权结构、产权性质与企业环保投资——来自中国 A 股上市公司的经验证据》，《财经问题研究》2013 年第 3 期。

③ 李虹、娄雯、田马飞：《企业环保投资、环境管制与股权资本成本——来自重污染行业上市公司的经验证据》，《审计与经济研究》2016 年第 2 期。

市场化水平（*MARKET*）：取自樊纲、王小鲁（2011）① 以及王小鲁等（2017）② 构建的各地区市场化指数。该指标由政府与市场关系、非国有经济发展、产品市场的发育程度、要素市场的发育程度以及市场中组织发育和法律法规环境五个方面的内容组成，较好地衡量了地区市场化发展水平和程度。

资源获取能力（*GOV*）：取政府补助总数与平均总资产的比值。政府补助有助于缓解外部融资约束，推动企业创新活动③，为企业环保创新行为提供资金支持。

资产回报率（*ROA*）：该指标取息税前利润/平均总资产，能反映企业全部资产的获利能力和增值能力。

偿债能力（*LEV*）：取资产负债率。资产负债率越高，利益相关者的预期财务风险越大，这可能影响企业环保投资决策。

经营现金流量（*FLOW*）：取经营现金流量净额与平均总资产的比值。该指标可以反映企业资产的综合管理水平，该指标越高，说明企业资金通过经营活动的流动形成的净收益能力越强，运营效益越好。唐国平等（2018）④ 的研究结果显示，该指标与企业环保投资规模有显著相关关系。

投资机会（*OPP*）：取托宾 Q 值。该指标能够有效地提高投资者对企业未来经营状况判断和预测的准确性，也是管理者了解企业自身市场价值和发展潜力的重要综合性指标。

代理成本（*COST*）：取管理费用与营业收入的比值。现有研究表明，管理层受到社会期望⑤、媒体监督⑥等多方利益相关者的关注和监

---

① 樊纲、王小鲁、朱恒鹏：《中国分省份市场化指数——各地区市场化相对进程 2011 年报告》，经济科学出版社 2011 年版。

② 王小鲁、樊纲、余静文：《中国分省份市场化指数报告（2017）》，社会科学文献出版社 2017 年版。

③ 李健、杨蓓蓓、潘镇：《政府补助、股权集中度与企业创新可持续性》，《中国软科学》2016 年第 6 期。

④ 唐国平、倪娟、何如桢：《地区经济发展、企业环保投资与企业价值——以湖北省上市公司为例》，《湖北社会科学》2018 年第 6 期。

⑤ 何世文、崔秀梅：《绿色投资，被动与主动的抉择》，《新理财》2014 年第 9 期。

⑥ 张济建、于连超、毕茜等：《媒体监督、环境规制与企业绿色投资》，《上海财经大学学报》2016 年第 5 期；沈洪涛、冯杰：《舆论监督、政府监督与企业环境信息披露》，《会计研究》2012 年第 2 期。

督。股东与管理层的代理冲突也受到环境责任和环境伦理的影响。本节参照 Jensen 和 Meckling（1976）[①]、李寿喜（2007）[②] 以及杨汉明和刘广瑞（2014）[③] 的做法，将管理费用率作为管理层代理成本的代理变量。

成长能力（*GROWTH*）：取总资产增长率。未来成长的潜力越大，盈利水平将会随之提高，越有可能进行环保投资。

第一大股东持股比例（*SHARE*1）：取第一大股东持股股数与总股数的比值。股权集中度是衡量企业内部治理机制的指标，该指标越高，股东越有可能有效地对管理者进行控制和监督。Grossman 和 Hart（1986）[④] 提出，股权集中度越高，对企业管理和环境保护等方面越有利。

股权制衡度（*BALANCE*）：取第二大股东持股至第五大股东持股比例。股权制衡度是对集中股权结构的一种调整，股东制衡可以对管理层发挥激励和约束的双重作用，从而促进管理层在做出经营决策时必须考虑更广泛利益相关者的利益[⑤]。

管理层持股比例（*MSHARE*）：管理层持股是协调股东和管理层利益的治理机制，管理层持股有助于促进管理人员重视企业的长远发展，做出更符合可持续发展的经营决策[⑥]。

企业规模（*SIZE*）：取总资产的自然对数。汤亚莉等（2006）[⑦]、张俊瑞等（2008）[⑧] 研究发现，企业规模是影响企业环保投资规模的重要因素。

企业年龄（*AGE*）：取公司上市的年份。从企业长期生存发展来看，

---

① Jensen M., Meckling W., "Theory of the Firm: Managerial Behavior Agency Cost and Ownership Structure", *Journal of Financial Economic*, No. 3, 1976, pp. 305 – 360.

② 李寿喜：《产权、代理成本和代理效率》，《经济研究》2007 年第 1 期。

③ 杨汉明、刘广瑞：《金融发展、两类股权代理成本与过度投资》，《宏观经济研究》2014 年第 1 期。

④ Grossman S. J., Hart O. D., "The Costs and Benefits of Ownership: A Theory of Vertical and Lateral Integration", *Journal of Political Economy*, Vol. 94, No. 4, 1986. pp. 691 – 719.

⑤ 黄珺、周春娜：《股权结构、管理层行为对环境信息披露影响的实证研究——来自沪市重污染行业的经验证据》，《中国软科学》2012 年第 1 期。

⑥ 黄珺、周春娜：《股权结构、管理层行为对环境信息披露影响的实证研究——来自沪市重污染行业的经验证据》，《中国软科学》2012 年第 1 期。

⑦ 汤亚莉、陈自力、刘星、李文红：《我国上市公司环境信息披露状况及影响因素的实证研究》，《管理世界》2006 年第 1 期。

⑧ 张俊瑞、郭慧婦、贾宗武、刘东霖：《企业环境会计信息披露影响因素研究——来自中国化工类上市公司的经验证据》，《统计与信息论坛》2008 年第 3 期。

企业上市年份越久，企业的财富积累就越多。同时，企业年龄也反映了一种经验和市场反应速度。

年度（*YEAR*）：虚拟变量，8 年取 7 个虚拟变量。本节涉及的变量见表 6 – 13。

表 6 – 13　研究变量说明

变量类型	缩写	变量名称	变量定义
被解释变量	Logit*P*	企业环保投资概率	若企业年度内发生了环保投资取 1，否则为 0
	EI	企业环保投资规模	当期新增环保投资额/平均总资产
解释变量	*PC*	公众环境关注度	以“环境污染”为关键字在百度指数检索，为地区最高的周平均值对数
调节变量	*GIM*	绿色形象	若通过 ISO14001 认证为 1，否则为 0
控制变量	*EM*	环境监管强度	各地区工业污染物环境管制综合指数
	EC	环保意识	各地区环保宣传数/全国环保宣传总数
	AL	环境立法管制	各地区累计颁布的环境法规数
	MARKET	市场化水平	各地区市场化指数
	GOV	资源获取能力	当期获得的政府补助的自然对数
	ROA	资产回报率	息税前利润/平均总资产
	LEV	偿债能力	期末负债总额/期末资产总额
	FLOW	经营现金流量	当期经营现金净流量/平均总资产
	OPP	投资机会	托宾 Q 值
	COST	代理成本	管理费用/营业收入总额
	GROWTH	成长能力	（期末资产 – 期初资产）/期初资产
	*SHARE*1	第一大股东持股比例	第一大股东的持股数/总股数
	BALANCE	股权制衡度	第二至第五大股东持股数/总股数
	MSHARE	管理层持股比例	管理层持股数/总股数
	SIZE	企业规模	上市公司期末总资产的自然对数
	AGE	企业年龄	企业上市的年份
	YEAR	年份	8 年取 7 个虚拟变量

四　公众环境关注度、绿色形象与企业环保投资关系的实证分析

（一）描述性统计

从表 6 – 14 研究变量的描述性统计来看，企业环保投资规模的最大值

和最小值分别为0.2099和0.0000，二者之间的差距较大，企业环保投资规模的中位数为0.0041，小于均值0.0179，说明多数样本公司的环保投资规模低于平均水平；公众环境关注度的均值为4.9701，略大于中位数4.9273，说明样本公司较均匀地分布在公众环境关注度较高地区和公众环境关注度较低地区；绿色形象的均值为0.5837，中位数为1.0000，表明多数样本公司愿意塑造绿色形象。其他指标的最大值和最小值的差距较大，说明样本企业在经营业绩和内部治理水平上存在较大的差异。

表6-14　　　　研究变量描述性统计

变量	观测值	均值	标准差	最大值	最小值	中位数
EI	1905	0.0179	0.0353	0.2099	0.0000	0.0041
PC	1905	4.9701	0.4030	5.7621	3.9512	4.9273
GIM	1905	0.5837	0.4931	1.0000	0.0000	1.0000
ROA	1905	6.1593	6.2473	32.6700	-14.3200	5.5700
LEV	1905	46.6857	19.8927	94.1300	7.3400	48.6500
OPP	1905	1.6502	1.2526	11.1745	0.2153	1.3445
FLOW	1905	0.0458	0.0745	0.2900	-0.1900	0.0400
COST	1905	7.8068	4.5335	27.5900	0.8100	7.1800
BALANCE	1905	0.8939	0.8008	3.1557	0.0147	0.7040
MSHARE	1905	0.1130	0.1976	0.6809	0.0000	0.0003
GROWTH	1905	14.2786	27.0226	121.1300	-45.6400	11.4000
SIZE	1905	22.0639	1.1783	25.8600	19.5100	21.9100
GOV	1905	16.2510	1.4316	19.8987	12.1594	16.2295
EC	1905	0.0463	0.0385	0.1807	0.0000	0.0384

注：表6-14仅统计模型（6-7）—模型（6-9）中所涉及的变量。

（二）相关性分析

由表6-15变量相关性分析发现，公众环境关注度与企业环保投资之间在1%水平上显著相关，绿色形象与企业环保投资规模之间在1%水平上显著相关，说明公众环境关注度与绿色形象对企业环保投资规模均具有较好的解释力；公众环境关注度与绿色形象之间均在1%水平上显著相关，说明绿色形象与公众环境关注度之间均有较好的解释力。其他变量两两之间的相关系数普遍低于0.5，说明变量之间不存在严重的多重共线性问题。

表 6－15　研究变量相关性分析

变量	*EI*	*PC*	*GIM*	*ROA*	*LEV*	*OPP*	*FLOW*	*COST*	*BALANCE*	*MSHARE*	*GROWTH*	*SIZE*	*GOV*	*EC*
EI	1													
PC	0.085***	1												
GIM	0.061***	0.195***	1											
ROA	0.066***	0.075***	0.070***	1										
LEV	-0.088***	-0.197***	-0.099***	-0.370***	1									
OPP	0.121***	0.105***	-0.065***	0.396***	-0.499***	1								
FLOW	-0.025	0.035	0.036	0.378***	-0.107***	0.106***	1							
COST	0.063***	0.087***	-0.039*	-0.120***	-0.247***	0.255***	-0.103***	1						
BALANCE	0.003	0.042*	-0.072***	0.095***	0.022	-0.052*	-0.009	-0.138***	1					
MSHARE	0.073***	0.244***	0.113***	0.105***	-0.386***	0.211***	-0.136***	0.131***	-0.028	1				
GROWTH	0.138***	-0.039*	0.027	0.363***	-0.037*	0.188***	0.022	-0.152***	0.164***	0.121***	1			
SIZE	-0.056**	-0.133***	0.097***	-0.034	0.479***	-0.498***	0.062***	-0.315***	0.049*	-0.339***	-0.019	1		
GOV	0.038*	-0.048**	0.064***	-0.007	0.260***	-0.271***	0.018	-0.078***	-0.061***	-0.192***	-0.025	0.609***	1	
EC	0.029	0.401***	0.025	0.085***	-0.095***	0.176***	0.051**	0.025	0.046**	0.097***	0.018	-0.125***	-0.090***	1

注：***、**、*分别表示1%、5%、10%的显著性水平。

（三）企业环保投资影响因素的 Logit 模型分析

作为参照组，表 6 - 16 第一列列示了 OLS 的估计结果，第二列至第四列列示了的 Logit 模型估计结果。从企业外部因素来看，公众环境关注度和环境监管强度是企业环保投资概率的增函数。从企业内部因素来看，资源获取能力、第一大股东持股比例、成长能力和企业规模是企业环保投资概率的增函数。企业年龄则是企业环保投资概率的减函数，这也表明企业上市时间越久，其进行环保投资的积极性越差。上述结果说明，企业环保投资决策受组织内外部因素共同影响。

表 6 - 16　　公众环境关注度等因素对企业环保投资概率影响的 Logit 检验结果

变量	OLS	LOGIT_1	LOGIT_2	LOGIT_3
PC	0. 061 **	0. 251 **	0. 282 **	0. 252 **
	(2. 05)	(2. 38)	(2. 32)	(2. 05)
GIM	0. 031 *			0. 128 *
	(1. 85)			(1. 86)
EM	0. 028 ***	0. 134 ***	0. 120 ***	0. 116 ***
	(2. 75)	(3. 29)	(2. 86)	(2. 76)
AL	-0. 001	-0. 008	-0. 004	-0. 005
	(-0. 35)	(-0. 57)	(-0. 28)	(-0. 33)
MARKET	0. 014	0. 082 **	0. 060	0. 057
	(1. 49)	(2. 37)	(1. 58)	(1. 51)
GOV	0. 016 **	0. 064 **	0. 065 **	0. 065 **
	(2. 28)	(2. 28)	(2. 29)	(2. 28)
ROA	0. 002	0. 006	0. 008	0. 008
	(1. 07)	(0. 84)	(1. 19)	(1. 10)
LEV	-0. 001	-0. 003	-0. 003	-0. 003
	(-1. 25)	(-1. 40)	(-1. 46)	(-1. 28)
OPP	-0. 014	-0. 024	-0. 066 *	-0. 059
	(-1. 51)	(-0. 71)	(-1. 75)	(-1. 54)

续表

变量	OLS	LOGIT_1	LOGIT_2	LOGIT_3
FLOW	-0. 072 (-0. 62)	-0. 310 (-0. 66)	-0. 259 (-0. 54)	-0. 296 (-0. 61)
COST	0. 001 (0. 70)	0. 004 (0. 58)	0. 005 (0. 60)	0. 005 (0. 69)
*SHARE*1	0. 001 ** (2. 51)	0. 005 ** (2. 32)	0. 006 ** (2. 44)	0. 006 ** (2. 51)
GROWTH	0. 036 * (1. 93)	0. 171 ** (2. 27)	0. 142 * (1. 87)	0. 146 * (1. 92)
AGE	-0. 006 *** (-2. 81)	-0. 021 *** (-2. 67)	-0. 024 *** (-3. 01)	-0. 023 *** (-2. 81)
SIZE	0. 020 * (1. 80)	0. 111 ** (2. 51)	0. 085 * (1. 87)	0. 081 * (1. 79)
YEAR	控制	未控制	控制	控制
常数项	-0. 662 *** (-2. 65)	-5. 465 *** (-5. 58)	-4. 590 *** (-4. 26)	-4. 480 *** (-4. 15)
N	4034	4034	4034	4034
R^2	0. 023	0. 014	0. 016	0. 017

注：***、**、*分别表示1%、5%、10%的显著性水平。

（四）绿色形象对公众环境关注度与企业环保投资规模关系调节作用的回归分析

从表6-17的第一列回归结果可知，公众环境关注度与企业环保投资规模在1%显著性水平上正相关，说明公众环境关注度越高，企业环保投资规模越大，假设H6. 3获得验证。

第二列加入了绿色形象后，公众环境关注度与企业环保投资规模在1%显著性水平上正相关，绿色形象与企业环保投资规模在5%显著性水平上正相关。第三列加入绿色形象和公众环境关注度的交乘项 *GIM*×*PC* 后，公众环境关注度与企业环保投资规模在1%显著性水平上正相关，交乘项 *GIM*×*PC* 的系数符号与公众环境关注度的系数符号相反，与企业环保投资规模在5%显著性水平上负相关，说明绿色形象能够增加公众对企业环保投资行为的包容度，假设H6. 4获得验证。

这一结果说明与未塑造绿色形象的企业相比，塑造绿色形象能够提高公众绿色满意度和信任，一定程度上缓解了公众在某一时间段内对企业环保行为的担忧，降低公众监督强度和企业合法性压力。

在控制变量中，代理成本和资源获取能力与企业环保投资分别在10%和1%的显著性水平上正相关，说明内部治理因素和企业资源获取能力对企业环保投资决策能够产生重要影响。

表6-17 公众环境关注度、绿色形象与企业环保投资的回归检验结果

变量	模型（1）	模型（2）	模型（3）
PC	0.009*** (3.78)	0.008*** (3.34)	0.014*** (3.70)
GIM		0.004** (2.08)	0.003* (1.88)
GIM×PC			-0.009** (-2.11)
ROA	-0.000 (-0.78)	-0.000 (-0.85)	-0.000 (-0.88)
LEV	-0.000 (-1.21)	-0.000 (-1.05)	-0.000 (-1.16)
OPP	0.002 (1.52)	0.002 (1.63)	0.002 (1.57)
FLOW	-0.019 (-1.51)	-0.020 (-1.55)	-0.020 (-1.56)
COST	0.000* (1.75)	0.000* (1.81)	0.000* (1.78)
BALANCE	0.001 (0.71)	0.001 (0.68)	0.001 (0.56)
MSHARE	0.003 (0.46)	0.002 (0.37)	0.002 (0.41)
GROWTH	0.000*** (3.90)	0.000*** (3.87)	0.000*** (3.94)

续表

变量	模型（1）	模型（2）	模型（3）
SIZE	-0.001 （-1.34）	-0.002 （-1.55）	-0.002* （-1.67）
GOV	0.003*** （3.34）	0.003*** （3.41）	0.003*** （3.47）
EC	-0.027 （-1.00）	-0.026 （-0.96）	-0.030 （-1.09）
YEAR	控制	控制	控制
常数项	0.005 （0.25）	0.006 （0.29）	0.008 （0.42）
N	1905	1905	1905
R^2	0.051	0.053	0.055
R^2_Adj	0.0415	0.0432	0.0453
F	4.349***	4.200***	4.177***

注：***、**、*分别表示1%、5%、10%的显著性水平。

（五）绿色形象对公众环境关注度与企业不同类型环保投资规模关系调节作用的回归分析

公众能否对企业不同类型环保投资做出不同的反应呢？为了回答上述问题，本节根据企业环保投资的内容结构和行为特征，将其分为企业前瞻性环保投资和企业治理性环保投资。其中，企业前瞻性环保投资包括环保产品及环保技术的研发与改造投资、环保设施及系统购置与改造投资、清洁生产类投资三大类。企业治理性环保投资包括污染治理技术研发与改造投资、污染治理设备及系统购置与改造投资两大类。企业前瞻性环保投资体现了预防性特征，即在污染物没有发生之前，企业就采取积极的投资行为，使污染排放物减少、消除，或者达到节能降耗的目的。企业治理性环保投资体现滞后性特征，即污染物已经产生，企业针对已产生污染物进行事后处理，使最终污染排放量减少或资源综合利用，相对于事前预防而言具有一定的滞后性。

按照关键词搜索法，本节共收集了企业前瞻性环保投资样本量1132个、企业治理性环保投资样本量1044个。由于部分企业既进行了前瞻性环保投资，又进行了治理性环保投资，对这部分企业环保投资额合并计算，因此企业环保投资样本量少于企业前瞻性环保投资样本量与企业治理性环保投资样本量之和。

1. 公众环境关注度、绿色形象与企业前瞻性环保投资

企业前瞻性环保投资具有预防性特征，通过对污染源头的技术和设备改造实现企业环境绩效，并可以产出一定的环境治理技术产品、工艺、流程等具有不可复制性的资源，有助于企业实现环境合法性的同时实现经济效益。当公众环境关注度增强时，促进企业从公众期望出发开展企业前瞻性环保投资从而实现潜在收益。由表6－18的*PEI*_模型（1）—模型（3）可知，公众环境关注度与企业前瞻性环保投资均在1%显著性水平上正相关，说明公众环境关注度的提高可以有效促进企业前瞻性环保投资，假设H6.3a获得验证。在*PEI*_模型（3）加入交乘项$GIM \times PC$后，交乘项的系数符号与公众环境关注度的系数符号相反，与企业前瞻性环保投资规模在1%显著性水平上负相关，说明绿色形象对公众环境关注度与企业前瞻性环保投资规模之间的正相关关系有负向调节作用，假设H6.4a获得验证。

2. 公众环境关注度、绿色形象与企业治理性环保投资

公众是企业污染排放的直接受害者，废水、废气、废渣、噪声等污染物直接损害公众的身体健康，影响人们情绪和日常生活，公众对环境污染较敏感，期望企业能从源头防治污染。从创新补偿角度来看，与企业前瞻性环保投资比，企业治理性环保投资的经济效益不明显，不能较好地激发企业从道德的角度出发进行企业治理性环保投资。由表6－19的*GEI*_模型（1）—模型（3）可知，公众环境关注度与企业治理性环保投资关系不显著，说明公众环境关注度对企业治理性环保投资规模的影响作用不突出，假设H6.3b没有获得验证。交乘项$GIM \times PC$与企业环保投资规模的关系不显著，说明绿色形象对公众环境关注度与企业治理性环保投资规模之间的关系的调节作用不显著，假设H6.4b没有获得验证。

由企业环保投资分类的回归结果表明，公众能够识别企业不同类型环保投资，公众环境关注度对企业环保投资决策的影响效力受到企业环保投资类型的影响。

表 6－18　　公众环境关注度、绿色形象与企业前瞻性环保投资的回归检验结果

变量	PEI		
	*PEI*_模型（1）	*PEI*_模型（2）	*PEI*_模型（3）
PC	0.011 *** （3.11）	0.011 *** （2.87）	0.024 *** （3.94）
GIM		0.001 （0.50）	0.001 （0.39）
GIM × *PC*			－0.020 *** （－3.04）
ROA	－0.000 （－0.51）	－0.000 （－0.52）	－0.000 （－0.57）
LEV	－0.000 （－0.64）	－0.000 （－0.61）	－0.000 （－0.74）
OPP	0.002 （1.28）	0.003 （1.30）	0.002 （1.23）
FLOW	－0.006 （－0.31）	－0.006 （－0.30）	－0.006 （－0.28）
COST	0.000 （1.14）	0.000 （1.16）	0.000 （1.12）
BALANCE	0.001 （0.38）	0.001 （0.35）	0.001 （0.26）
MSHARE	0.001 （0.09）	0.001 （0.10）	0.000 （0.04）
GROWTH	0.000 *** （2.70）	0.000 *** （2.69）	0.000 *** （2.80）
SIZE	－0.004 ** （－2.50）	－0.004 ** （－2.52）	－0.004 *** （－2.66）
GOV	0.003 ** （2.34）	0.003 ** （2.36）	0.003 ** （2.44）
EC	－0.034 （－0.83）	－0.033 （－0.81）	－0.049 （－1.16）
YEAR	控制	控制	控制

续表

变量	PEI		
	PEI_模型（1）	PEI_模型（2）	PEI_模型（3）
常数项	0.054** (2.11)	0.054** (2.07)	0.059** (2.29)
N	1132	1132	1132
R^2	0.060	0.060	0.069
R^2_Adj	0.0451	0.0444	0.0527
F	4.071***	3.862***	3.915***

注：***、** 分别表示 1%、5% 的显著性水平。

表 6－19　　公众环境关注度、绿色形象与企业治理性环保投资的回归检验结果

变量	GEI		
	GEI_模型（1）	GEI_模型（2）	GEI_模型（3）
PC	0.001 (0.41)	−0.000 (−0.07)	−0.000 (−0.08)
GIM		0.004*** (3.15)	0.004*** (3.13)
GIM × PC			0.000 (0.04)
ROA	0.000 (0.19)	−0.000 (−0.01)	−0.000 (−0.01)
LEV	−0.000 (−1.20)	−0.000 (−0.90)	−0.000 (−0.90)
OPP	0.001 (1.31)	0.001* (1.77)	0.001* (1.77)
FLOW	−0.024** (−2.05)	−0.025** (−2.20)	−0.025** (−2.20)
COST	0.000 (1.12)	0.000 (1.19)	0.000 (1.20)

续表

变量	GEI		
	GEI_模型（1）	GEI_模型（2）	GEI_模型（3）
BALANCE	0.001 (1.22)	0.001 (1.36)	0.001 (1.37)
MSHARE	-0.000 (-0.12)	-0.002 (-0.43)	-0.002 (-0.42)
GROWTH	0.000*** (3.23)	0.000*** (3.26)	0.000*** (3.24)
SIZE	-0.000 (-0.22)	-0.000 (-0.60)	-0.000 (-0.60)
GOV	0.001* (1.86)	0.001* (1.92)	0.001* (1.93)
EC	-0.023 (-1.19)	-0.022 (-1.13)	-0.022 (-1.11)
YEAR	控制	控制	控制
常数项	0.001 (0.04)	0.002 (0.15)	0.002 (0.15)
N	1044	1044	1044
R^2	0.050	0.060	0.060
R^2_Adj	0.0328	0.0429	0.0419
F	1.992***	3.082***	2.965***

注：***、**、*分别表示1%、5%、10%的显著性水平。

（六）稳健性检验

为了确保研究结论的准确性，分别采用指标替代、增加变量和反向因果检验法进行了相关的稳健性检验。

第一，指标替代。采用“企业环保投资额/期末总资产”（*NEI*）代替“企业环保投资额/平均总资产”作为企业环保投资规模的替代变量。稳健性检验结果见表6-20、表6-23和表6-26。

第二，增加变量。适当地在OLS回归模型中添加其他可能影响企业环保投资行为的因素，例如外部因素：环境处罚力度（*AR*）、环境立法管制（*AL*）；内部治理因素：机构投资者持股比例（*INSHARE*）、独立董事占比（DD）、控制权与所有权偏离程度（DEV）。稳健性检验结果见表6－21、表6－23和表6－27。

第三，进行反向因果检验。公众环境关注度与企业环保投资之间可能存在反向因果关系，即环保投资突出的企业更有可能引起公众环境关注度。本节利用地区环境管制强度差异效应来解决此问题。与环境管制弱的地区相比，环境管制强的地区更有可能对环境污染企业进行严厉惩罚，因此环境管制强的地区企业更有可能扩大环保投资规模。相反地，如果是公众环境关注度促进企业环保投资规模，那么在环境管制弱的地区公众环境关注度与企业环保投资之间的关系更强。本节参照唐国平等（2013）① 的做法，具体选取工业二氧化碳、工业二氧化硫、工业烟（粉）尘和工业固体废物为对象计算地区环境管制强度。并参照李强等（2016）② 的做法根据地区环境管制强度的中位数将样本划分为环境管制强和环境管制弱两组，分别对两个子样本进行回归分析。稳健性检验结果见表6－22、表6－25和表6－28。

上述三个方面的稳健性结果均显示H6.3、H6.3a、H6.4、H6.4a通过了统计检验，结果与前文的研究结论保持一致，因此本节的研究结论较为可靠。

表6－20　公众环境关注度、绿色形象与企业环保投资稳健性检验——指标替代

变量	*NEI*		
	模型（1）	模型（2）	模型（3）
PC	0.008***	0.007***	0.012***
	（3.66）	（3.20）	（3.70）
GIM		0.003**	0.003**
		（2.23）	（2.03）
GIM×*PC*			－0.009**
			（－2.17）

① 唐国平、李龙会、吴德军：《环境管制、行业属性与企业环保投资》，《会计研究》2013年第6期。

② 李强、田双双、刘佟：《高管政治网络对企业环保投资的影响——考虑政府与市场的作用》，《山西财经大学学报》2016年第3期。

续表

变量	NEI		
	模型（1）	模型（2）	模型（3）
ROA	-0.000 (-1.06)	-0.000 (-1.13)	-0.000 (-1.16)
LEV	-0.000 (-1.16)	-0.000 (-0.98)	-0.000 (-1.10)
OPP	0.002 (1.60)	0.002* (1.72)	0.002* (1.66)
FLOW	-0.015 (-1.33)	-0.016 (-1.38)	-0.016 (-1.38)
COST	0.000* (1.66)	0.000* (1.73)	0.000* (1.70)
BALANCE	0.001 (0.43)	0.001 (0.40)	0.000 (0.27)
MSHARE	0.003 (0.62)	0.003 (0.53)	0.003 (0.56)
GROWTH	0.000*** (3.44)	0.000*** (3.41)	0.000*** (3.48)
SIZE	-0.001 (-0.75)	-0.001 (-0.94)	-0.001 (-1.06)
GOV	0.002*** (2.96)	0.002*** (3.03)	0.002*** (3.10)
EC	-0.020 (-0.83)	-0.019 (-0.79)	-0.023 (-0.93)
YEAR	控制	控制	控制
常数项	-0.003 (-0.18)	-0.003 (-0.14)	-0.000 (-0.01)
N	1905	1905	1905
R^2	0.044	0.047	0.049
R^2_Adj	0.0349	0.0370	0.0393
F	3.494***	3.470***	3.649***

注：***、**、*分别表示1%、5%、10%的显著性水平。

表 6－21　　　　公众环境关注度、绿色形象与企业环保投资稳健性检验——增加变量

变量	EPI		
	模型（1）	模型（2）	模型（3）
PC	0. 008 *** (3. 29)	0. 007 *** (2. 81)	0. 013 *** (3. 47)
GIM		0. 004 ** (2. 38)	0. 004 ** (2. 26)
GIM × *PC*			－0. 010 ** (－2. 13)
ROA	－0. 000 (－0. 99)	－0. 000 (－1. 06)	－0. 000 (－1. 07)
LEV	－0. 000 (－1. 57)	－0. 000 (－1. 41)	－0. 000 (－1. 53)
OPP	0. 002 (1. 53)	0. 003 * (1. 68)	0. 002 (1. 63)
FLOW	－0. 015 (－1. 11)	－0. 016 (－1. 15)	－0. 016 (－1. 16)
COST	0. 000 (1. 15)	0. 000 (1. 20)	0. 000 (1. 13)
BALANCE	0. 001 (0. 38)	0. 001 (0. 34)	0. 000 (0. 24)
MSHARE	0. 003 (0. 46)	0. 002 (0. 29)	0. 002 (0. 28)
GROWTH	0. 000 *** (3. 51)	0. 000 *** (3. 49)	0. 000 *** (3. 59)
SIZE	－0. 001 (－1. 08)	－0. 001 (－1. 26)	－0. 001 (－1. 40)
GOV	0. 003 *** (3. 08)	0. 003 *** (3. 13)	0. 003 *** (3. 19)
EC	－0. 020 (－0. 65)	－0. 020 (－0. 63)	－0. 023 (－0. 73)

续表

变量	EPI		
	模型（1）	模型（2）	模型（3）
AL	0.000 (0.72)	0.000 (0.79)	0.000 (0.74)
AR	0.003 (0.49)	0.004 (0.67)	0.004 (0.68)
INSHARE	0.000 (0.15)	-0.000 (-0.02)	-0.000 (-0.09)
DD	-0.004 (-0.19)	-0.003 (-0.15)	-0.004 (-0.18)
DEV	-0.001 (-0.65)	-0.001 (-0.71)	-0.001 (-0.73)
YEAR	控制	控制	控制
常数项	0.004 (0.21)	0.004 (0.20)	0.007 (0.35)
N	1689	1689	1689
R^2	0.050	0.053	0.056
R^2_Adj	0.0368	0.0394	0.0416
F	3.225***	3.174***	3.301***

注：***、**、*分别表示1%、5%、10%的显著性水平。

表6-22　公众环境关注度、绿色形象与企业环保投资稳健性检验——反向因果关系检验

变量	EPI	
	环境管制强组	环境管制弱组
PC	0.011* (1.85)	0.013** (2.21)
GIM	0.002 (0.73)	0.009*** (2.59)
GIM×PC	-0.005 (-0.82)	-0.016** (-2.03)

续表

变量	EPI	
	环境管制强组	环境管制弱组
ROA	-0.000 (-0.60)	-0.000 (-0.95)
LEV	-0.000 ** (-2.45)	0.000 (0.17)
OPP	-0.000 (-0.11)	0.005 ** (2.23)
FLOW	0.005 (0.37)	-0.043 * (-1.82)
BALANCE	-0.001 (-0.59)	0.001 (0.45)
MSHARE	-0.004 (-0.61)	-0.001 (-0.16)
GROWTH	0.000 *** (2.87)	0.000 ** (2.15)
SIZE	-0.002 (-1.49)	-0.002 (-1.04)
GOV	0.003 *** (3.17)	0.002 (1.51)
EC	-0.067 (-1.63)	-0.035 (-0.62)
DEV	0.000 (0.06)	-0.004 ** (-2.09)
YEAR	控制	控制
常数项	-0.033 (-0.89)	-0.041 (-0.96)
N	816	901
R^2	0.061	0.061
R^2_*Adj*	0.0369	0.0402
F	1.939 ***	2.164 ***

注：***、**、*分别表示1%、5%、10%的显著性水平。

表 6-23　公众环境关注度、绿色形象与企业前瞻性环保投资稳健性检验——指标替代

变量	NPEI		
	模型（1）	模型（2）	模型（3）
PC	0.010 *** (2.97)	0.009 *** (2.68)	0.021 *** (3.94)
GIM		0.001 (0.71)	0.001 (0.60)
GIM × *PC*			-0.019 *** (-3.08)
ROA	-0.000 (-0.68)	-0.000 (-0.70)	-0.000 (-0.74)
LEV	-0.000 (-0.60)	-0.000 (-0.54)	-0.000 (-0.68)
OPP	0.002 (1.32)	0.002 (1.34)	0.002 (1.28)
FLOW	-0.003 (-0.17)	-0.003 (-0.16)	-0.002 (-0.14)
COST	0.000 (1.05)	0.000 (1.08)	0.000 (1.04)
BALANCE	0.000 (0.11)	0.000 (0.07)	-0.000 (-0.02)
MSHARE	0.002 (0.25)	0.002 (0.28)	0.002 (0.22)
GROWTH	0.000 ** (2.29)	0.000 ** (2.27)	0.000 ** (2.38)
SIZE	-0.003 * (-1.75)	-0.003 * (-1.77)	-0.003 * (-1.91)
GOV	0.002 ** (2.00)	0.002 ** (2.02)	0.003 ** (2.12)
EC	-0.024 (-0.65)	-0.023 (-0.62)	-0.038 (-0.99)
YEAR	控制	控制	控制

续表

变量	NPEI		
	模型（1）	模型（2）	模型（3）
常数项	0.037 (1.46)	0.036 (1.41)	0.041 (1.63)
N	1132	1132	1132
R^2	0.052	0.052	0.062
R^2_Adj	0.0356	0.0356	0.0619
F	2.86***	2.76***	3.24***

注：***、**、*分别表示1%、5%、10%的显著性水平。

表6-24　公众环境关注度、绿色形象与企业前瞻性环保投资稳健性检验——增加变量

变量	PEI		
	模型（1）	模型（2）	模型（3）
PC	0.009** (2.35)	0.008** (2.13)	0.021*** (3.34)
GIM		0.002 (0.78)	0.002 (0.78)
GIM×PC			-0.018*** (-2.63)
ROA	-0.000 (-0.42)	-0.000 (-0.44)	-0.000 (-0.44)
LEV	-0.000 (-0.77)	-0.000 (-0.72)	-0.000 (-0.85)
OPP	0.003 (1.36)	0.003 (1.37)	0.003 (1.30)
FLOW	0.004 (0.20)	0.005 (0.22)	0.005 (0.24)
COST	0.000 (0.04)	0.000 (0.08)	-0.000 (-0.01)
BALANCE	-0.000 (-0.14)	-0.000 (-0.18)	-0.001 (-0.24)

续表

变量	PEI		
	模型（1）	模型（2）	模型（3）
MSHARE	0. 000 (0. 00)	-0. 000 (-0. 00)	-0. 001 (-0. 10)
GROWTH	0. 000 ** (2. 10)	0. 000 ** (2. 08)	0. 000 ** (2. 24)
SIZE	-0. 004 *** (-2. 63)	-0. 003 *** (-2. 64)	-0. 004 *** (-2. 80)
GOV	0. 003 ** (2. 29)	0. 003 ** (2. 31)	0. 003 ** (2. 39)
EC	-0. 010 (-0. 21)	-0. 008 (-0. 18)	-0. 021 (-0. 45)
AL	0. 000 (0. 69)	0. 000 (0. 72)	0. 000 (0. 66)
AR	0. 007 (1. 07)	0. 008 (1. 13)	0. 008 (1. 10)
INSHARE	0. 000 (0. 15)	0. 000 (0. 11)	0. 000 (0. 06)
DD	0. 010 (0. 32)	0. 011 (0. 34)	0. 010 (0. 32)
DEV	-0. 001 (-0. 48)	-0. 001 (-0. 54)	-0. 001 (-0. 60)
YEAR	控制	控制	控制
常数项	0. 050 * (1. 78)	0. 048 * (1. 72)	0. 056 ** (1. 99)
N	1004	1004	1004
R^2	0. 061	0. 061	0. 068
R^2_Adj	0. 0395	0. 0394	0. 0393
F	2. 85 ***	2. 75 ***	2. 90 ***

注：***、**、*分别表示1%、5%、10%的显著性水平。

表 6-25 公众环境关注度、绿色形象与企业前瞻性环保投资稳健性检验——反向因果关系检验

变量	PEI	
	环境管制强组	环境管制弱组
PC	0.016 (1.63)	0.025*** (2.68)
GIM	0.003 (0.69)	0.008 (1.47)
GIM×PC	-0.003 (-0.31)	-0.035*** (-2.94)
ROA	0.000 (0.96)	-0.000 (-0.89)
LEV	-0.000 (-1.27)	0.000 (0.21)
OPP	-0.001 (-0.24)	0.006* (1.93)
FLOW	0.028 (1.31)	-0.014 (-0.42)
BALANCE	-0.006** (-2.51)	0.004 (0.92)
MSHARE	-0.015 (-1.43)	-0.004 (-0.37)
GROWTH	0.000 (1.26)	0.000** (1.97)
SIZE	-0.004** (-2.15)	-0.004 (-1.52)
GOV	0.003** (2.16)	0.002 (1.06)
EC	-0.052 (-0.81)	-0.138* (-1.68)

续表

变量	PEI	
	环境管制强组	环境管制弱组
DEV	-0.002 (-0.81)	-0.003 (-0.88)
YEAR	控制	控制
常数项	-0.013 (-0.21)	-0.050 (-0.86)
N	442	577
R^2	0.093	0.075
R^2_Adj	0.0494	0.0419
F	1.688**	1.792**

注：***、**、*分别表示1%、5%、10%的显著性水平。

表6-26　公众环境关注度、绿色形象与企业治理性环保投资稳健性检验——指标替代

变量	NGEI		
	模型（1）	模型（2）	模型（3）
PC	0.001 (0.37)	-0.000 (-0.12)	-0.000 (-0.09)
GIM		0.004*** (3.28)	0.004*** (3.26)
GIM×PC			0.000 (0.01)
ROA	-0.000 (-0.04)	-0.000 (-0.25)	-0.000 (-0.25)
LEV	-0.000 (-1.11)	-0.000 (-0.81)	-0.000 (-0.80)
OPP	0.001 (1.40)	0.001* (1.86)	0.001* (1.85)
FLOW	-0.020* (-1.90)	-0.022** (-2.05)	-0.022** (-2.06)

续表

变量	NGEI		
	模型（1）	模型（2）	模型（3）
COST	0.000 (1.13)	0.000 (1.22)	0.000 (1.22)
BALANCE	0.001 (1.18)	0.001 (1.32)	0.001 (1.32)
MSHARE	-0.001 (-0.16)	-0.002 (-0.48)	-0.002 (-0.47)
GROWTH	0.000*** (3.13)	0.000*** (3.16)	0.000*** (3.15)
SIZE	-0.000 (-0.15)	-0.000 (-0.54)	-0.000 (-0.55)
GOV	0.001 (1.61)	0.001* (1.69)	0.001* (1.69)
EC	-0.019 (-1.07)	-0.018 (-1.01)	-0.018 (-1.00)
YEAR	控制	控制	控制
常数项	0.001 (0.06)	0.002 (0.17)	0.002 (0.18)
R^2	0.045	0.057	0.057
R^2_Adj	0.0284	0.0393	0.0383
F	1.867**	3.064***	2.936***

注：***、**、*分别表示1%、5%、10%的显著性水平。

表6-27　公众环境关注度、绿色形象与企业治理性环保投资稳健性检验——增加变量

变量	GEI		
	模型（1）	模型（2）	模型（3）
PC	0.002 (0.79)	0.001 (0.34)	0.001 (0.41)
GIM		0.004*** (2.98)	0.004*** (2.97)

续表

变量	GEI		
	模型（1）	模型（2）	模型（3）
$GIM \times PC$			-0.001 (-0.22)
ROA	0.000 (0.19)	0.000 (0.03)	0.000 (0.03)
LEV	-0.000 (-1.19)	-0.000 (-0.96)	-0.000 (-0.97)
OPP	0.001 (1.12)	0.001 (1.60)	0.001 (1.59)
FLOW	-0.027** (-2.23)	-0.029** (-2.37)	-0.029** (-2.37)
COST	0.000 (1.53)	0.000 (1.54)	0.000 (1.54)
BALANCE	0.001 (0.87)	0.001 (1.02)	0.001 (1.00)
MSHARE	0.002 (0.34)	0.000 (0.02)	0.000 (0.03)
GROWTH	0.000*** (3.32)	0.000*** (3.36)	0.000*** (3.35)
SIZE	0.000 (0.00)	-0.000 (-0.28)	-0.000 (-0.28)
GOV	0.001* (1.96)	0.001** (1.98)	0.001** (2.00)
EC	-0.021 (-0.93)	-0.022 (-0.97)	-0.022 (-0.97)
AL	-0.000 (-0.21)	-0.000 (-0.08)	-0.000 (-0.09)
AR	-0.006** (-2.09)	-0.005* (-1.70)	-0.005* (-1.69)

续表

变量	GEI		
	模型（1）	模型（2）	模型（3）
INSHARE	0.000 (0.86)	0.000 (0.70)	0.000 (0.70)
DD	-0.029 *** (-3.50)	-0.027 *** (-3.30)	-0.027 *** (-3.28)
DEV	0.000 (0.35)	0.000 (0.41)	0.000 (0.41)
YEAR	控制	控制	控制
常数项	0.007 (0.46)	0.007 (0.46)	0.007 (0.47)
N	923	923	923
R^2	0.068	0.078	0.078
R^2_Adj	0.0445	0.0529	0.0519
F	1.928 ***	2.542 ***	2.454 ***

注：***、**、*分别表示1%、5%、10%的显著性水平。

表6-28　公众环境关注度、绿色形象与企业治理性环保投资稳健性检验——反向因果关系检验

变量	GEI	
	环境管制强组	环境管制弱组
PC	-0.003 (-0.67)	-0.002 (-0.48)
GIM	0.002 (1.29)	0.001 (0.51)
GIM × PC	-0.011 (-1.54)	0.008 * (1.76)
ROA	-0.000 (-1.35)	0.000 (1.25)

续表

变量	GEI	
	环境管制强组	环境管制弱组
LEV	-0.000 (-1.30)	-0.000 (-0.15)
OPP	0.002 (0.19)	-0.054*** (-2.68)
FLOW	0.000 (1.11)	0.000 (1.34)
BALANCE	0.001 (0.55)	0.001 (0.52)
MSHARE	0.002 (0.37)	-0.004 (-0.67)
GROWTH	0.000** (2.50)	0.000* (1.80)
SIZE	0.000 (0.47)	-0.002*** (-2.75)
GOV	0.001* (1.81)	0.000 (0.50)
EC	0.000 (0.45)	0.000 (0.32)
DEV	-0.003 (-0.67)	-0.002 (-0.48)
YEAR	控制	控制
常数项	-0.002 (-0.04)	0.048 (1.56)
N	436	521
R^2	0.107	0.094
R^2_Adj	0.0664	0.0598
F	2.071***	1.808**

注：***、**、*分别表示1%、5%、10%的显著性水平。

五 本节小结

随着中国政府不断加强环保宣传、推动环境信息公开、畅通公众表达及诉求渠道，完善环境法律法规，公众作为一股重要力量对企业环保行为产生越来越重要的影响。本节基于绿色发展背景，利用2008—2015年中国A股制造业上市公司的数据，在使用Logit回归方法对影响企业环保投资概率的组织内外部因素进行检验的同时，探讨了公众环境关注度对企业环保投资的影响，以及公众环境关注度对企业不同类型环保投资的影响。进一步以企业是否通过ISO14001环境管理体系认证作为企业绿色形象的代理变量，分析了绿色形象对公众环境关注度与企业环保投资关系的调节作用，以及绿色形象对公众环境关注度与企业不同类型环保投资关系的调节作用。本节研究发现：

第一，企业环保投资决策受组织内外部因素共同影响。从企业外部因素来看，公众环境关注度和环境监管强度是企业环保投资概率的增函数。从企业内部因素来看，资源获取能力、第一大股东持股比例、成长能力和企业规模是企业环保投资概率的增函数。企业年龄则是企业环保投资概率的减函数，这也表明企业上市时间越久，其进行环保投资的积极性越差。

第二，公众环境关注度与企业环保投资规模显著正相关，绿色形象能够增加公众对企业环保投资行为的包容度。

第三，公众环境关注度仅与企业前瞻性环保投资显著正相关，但是与企业治理性环保投资不存在显著相关性。绿色形象仅能够增加公众对企业前瞻性环保投资行为的包容度。

本节的实证结果有助于人们理解公众环境关注对改善环境质量的推动作用；明确企业差异化环保战略对企业产生积极的影响，并对企业提高环保意识自觉履行环保责任塑造绿色形象具有一定的启示意义。

第三节 资源松弛、环境管理成熟度与企业环保投资

面对当前严峻的资源与环境问题，作为资源的消耗者和污染物的制造者，企业理应承担相应的社会责任，其中开展环保投资是企业节能减

排的必然选择。现有研究大多集中于环境法规对企业环保投资的影响[①]，并认为环境法规具有强制性特征，企业环保投资是企业为了实现合法性而进行的被动行为[②]。诚然，环境法规是组织外部影响的重要因素，但外部影响因素仍然需要通过内部因素才能发挥较好的作用。松弛资源赋予了企业管理者最大的自由裁量权以及更多的投资项目选择权，那么管理者是否会对环境保护问题做出积极回应呢？是否会通过增加企业环保投资规模缓解外部环境规制压力和绿色竞争冲击的影响呢？

现有文献分别基于组织理论和代理理论对松弛资源的价值效应展开了激烈的讨论，却未得出一致性结论[③]。在企业投资方面，部分文献讨论了松弛资源对企业产品研发投资[④]、产品创新的影响[⑤]。在环保方面，少量文献关注了松弛资源对组织行为与企业环境实践活动的调节作用，并肯定

---

① 李虹、娄雯、田马飞：《企业环保投资、环境管制与股权资本成本——来自重污染行业上市公司的经验证据》，《审计与经济研究》2016年第2期；王云、李延喜、马壮、宋金波：《媒体关注、环境规制与企业环保投资》，《南开管理评论》2017年第6期；谢智慧、孙养学、王雅楠：《环境规制对企业环保投资的影响——基于重污染行业的面板数据研究》，《干旱区资源与环境》2018年第3期。

② 李永友、沈坤荣：《我国污染控制政策的减排效果——基于省际工业污染数据的实证分析》，《管理世界》2008年第7期；原毅军、耿殿贺：《环境政策传导机制与中国环保产业发展——基于政府、排污企业与环保企业的博弈研究》，《中国工业经济》2010年第10期；李月娥、李佩文、董海伦：《产权性质、环境规制与企业环保投资》，《中国地质大学学报》（社会科学版）2018年第6期。

③ Seifert B., Morris S. A., Bartkus B. R., "Having, Giving, and Getting: Slack Resources, Corporate Philanthropy, and Firm Financial Performance", *Business & Society*, Vol. 43, No. 2, 2004, pp. 135 - 161; Chiu S. C., Sharfman M., "Legitimacy, Visibility, and the Antecedents of Corporate Social Performance: An Investigation of the Instrumental Perspective", *Journal of Management*, Vol. 37, No. 6, 2001, pp. 1558 - 1585; Tan J., Peng M. W., "Organizational Slack and Firm Performance During Economic Transitions: Two Studies from an Emerging Economy", *Strategic Management Journal*, Vol. 24, No. 13, 2003, pp. 1249 - 1263.

④ Voss G. B., Sirdeshmukh D., Voss Z. G., "The Effects of Slack Resources and Environmental Threat on Product Exploration and Exploitation", *Academy of Management Journal*, Vol. 51, No. 1, 2008, pp. 147 - 164.

⑤ Bao G. M., Zhang W., Xiao Z. R., Hine D., "Slack Resources and Growth Performance: The Mediating Roles of Product and Process Innovation Capabilities", *Asian Journal of Technology Innovation*, No. 28, 2020, pp. 60 - 76.

了松弛资源对企业环境绩效的积极作用①。

然而，有关松弛资源对企业环保实践活动直接作用的文献并不多见。基于资源基础观，资源是企业经营运作的基础。松弛资源能够促使管理者将资源投放到社会责任领域中②，企业资源松弛程度在较大程度上解释了企业履行社会责任的动因③。但是，相关研究仅关注松弛资源对环境绩效的影响④，而非松弛资源对具体环保投资项目决策的直接影响。因此，本节的主要目的是确定资源松弛与企业环保投资之间的关系。

但是，单纯研究两者之间的关系是不够的。考虑到企业松弛资源的使用去向可能受内部管理因素影响，本节进一步引入环境管理成熟度作为调节变量，分析其对资源松弛度与企业环保投资关系的影响。环境管理成熟度反映了企业在政府非强制性管理规定情况下，采取的自愿环境管理方式，反映了企业在处理环境问题时的态度和能力。其中，企业获得 ISO14001 环境管理体系认证是企业自愿环境管理方式的主要表现。现有研究关注了企业自愿环境管理行为对企业环保实践行为的影响，如 Demirel 和 Kesidou（2011）⑤ 研究了 ISO14001 环境管理体系认证和生态创新支出的关系，发现 ISO14001 环境管理体系认证对污染控

① 龙文滨、李四海、丁绒：《环境政策与中小企业环境表现：行政强制抑或经济激励》，《南开经济研究》2018 年第 3 期；邹海亮、曾赛星、林翰、翟育明：《董事会特征、资源松弛性与环境绩效：制造业上市公司的实证分析》，《系统管理学报》2016 年第 2 期；于飞、刘明霞、王凌峰、李雷：《知识耦合对制造企业绿色创新的影响机理——冗余资源的调节作用》，《南开管理评论》2019 年第 3 期；Liao Z.，Long S.，"CEOs' Regulatory Focus，Slack Resources and Firms' Environmental Innovation"，*Corporate Social Responsibility and Environmental Management*，Vol. 25，No. 5，2018，pp. 981 – 990.

② McGuire J. B.，Schneeweis T.，Branch B.，"Perceptions of Firm Quality：A Cause or Result of Firm Performance"，*Journal of Management*，Vol. 16，No. 1，1990，pp. 167 – 180；McGuire J. B.，Sundgren A.，Schneeweis T.，"Corporate Social Responsibility and Firm Financial Performance"，*Acadcmy of Management Journal*，Vol. 31，No. 1，1988，pp. 851 – 872；Graves S. B.，Waddock S. A.，"Institutional Owners and Corporate Social Performance"，*Academy of Management Journal*，Vol. 37，No. 4，1994，pp. 1034 – 1046.

③ 沈弋、徐光华：《企业社会责任及其"前因后果"——基于结构演化逻辑的述评》，《贵州财经大学学报》2017 年第 1 期。

④ 邹海亮、曾赛星、林翰、翟育明：《董事会特征、资源松弛性与环境绩效：制造业上市公司的实证分析》，《系统管理学报》2016 年第 2 期。

⑤ Demirel P.，Kesidou E.，"Stimulating Different Types of Eco-innovation in the UK：Government Policies and Firm Motivations"，*Ecological Economics*，Vol. 70，No. 8，2011，pp. 1546 – 1557.

制技术和环境研发有积极影响。Rennings 等（2006）[①] 研究发现 ISO14001 环境管理体系认证的持续时间和再次认证对企业环境过程创新有积极影响。可见，企业自愿环境管理方式对企业环保实践有重要影响。然而，上述文献并未明确将企业自愿环境管理行为或能力作为一种企业独特资源。根据资源基础观，企业的竞争优势源于其独特的资源[②]，这些资源既包括有形资源，也包括无形资源。本节将环境管理成熟度视为一种内部控制能力方面的无形资源，进一步研究环境管理成熟度对资源松弛度与企业环保投资之间关系的调节作用，使资源基础观在绿色化投资研究领域得以延伸。

另外，尽管有部分文献从动态的视角关注了生态创新过程[③]以及企业社会责任绩效[④]等问题。但是，在上述三者关系问题上，却缺乏相应的研究。根据企业生命周期理论[⑤]，处于不同生命周期阶段的企业生产经营以及组织特征具有显著差异，会影响企业的经营管理方式以及投资决策[⑥]。因此，研究上述三者关系在不同生命周期下所呈现的动态特征，有助于从动态的角度认识企业环境管理成熟度在松弛资源影响企业环保投资规模方面的实施效果。

为解决上述研究问题和满足当前环境治理需要，本节基于组织理论、代理理论、资源基础观和生命周期理论重点关注企业内部因素对企业环保投资的影响作用，实证检验了资源松弛度对企业环保投资的影响、环境管

---

① Rennings K., Ziegler A., Ankele K., Hoffman E., "The Influence of Different Characteristics of the EU Environmental Management and Auditing Scheme on Technical Environmental Innovations and Economic Performance", *Ecological Economics*, Vol. 57, No. 1, 2006, pp. 45 – 59.

② Barney J., "Firm Resources and Sustained Competitive Advantage", *Journal of Management*, Vol. 17, No. 1, 1991, pp. 99 – 120.

③ Remmen A., Holgaard J. E., "Environmental Innovations in the Product Chain", *Innovating for Sustainability*, No. 4, 2004, pp. 7 – 31；杨燕、尹守军、Myrdal C. G.：《企业生态创新动态过程研究：以丹麦格兰富为例》，《研究与发展管理》2013 年第 1 期。

④ 王琦、吴冲：《企业社会责任财务效应动态性实证分析——基于生命周期理论》，《中国管理科学》2013 年第 2 期；王清刚、徐欣宇：《企业社会责任的价值创造机理及实证检验——基于利益相关者理论和生命周期理论》，《中国软科学》2016 年第 2 期。

⑤ Miller D., Friesen P. H., "A Longitudinal Study of the Corporate Life Cycle", *Management Science*, Vol. 30, No. 10, 1984, pp. 1161 – 1183.

⑥ 刘焱、姚树中：《企业生命周期视角下的内部控制与公司绩效》，《系统工程》2014 年第 11 期；Arikan A. M., Stulz R. M., "Corporate Acquisitions, Diversification, and the Firm's Life Cycle", *The Journal of Finance*, Vol. 71, No. 1, 2016, pp. 139 – 194.

理成熟度对资源松弛度与企业环保投资规模关系的调节作用，进一步分析了处于不同生命周期阶段的企业环境管理成熟度对资源松弛度与企业环保投资规模关系的调节作用异质性。为了检验以上问题，本节采用了 Tobit 模型来克服样本选择性偏差，稳健的研究结论不仅可以为理论研究提供更加丰富的实证证据，还可以为实务中的管理者制定政策提供借鉴参考。

一 资源松弛度影响企业环保投资的理论分析

松弛资源是指组织资源超出了维持正常组织产出需要的资源[①]。面对松弛资源，企业管理者是否会运营过剩的资源来缓解企业受到的内外部冲击，并寻求新的发展机会？是否会发展成“精益”企业？目前，管理者对松弛资源的管理及其绩效是公司行为理论争论的焦点。

组织理论的核心观点是将企业比作一个以持续生存为终极目标的有机体[②]。企业要实现持续生存，需要具有一定的资源储备。从组织理论出发，松弛资源为确保企业可持续发展所需的资源创造可能，能够帮助企业抗击内部压力和适应外部环境变化，确保企业迅速地调整战略[③]。第一，松弛资源为企业更容易地解决冲突问题提供了资源可能性[④]。第二，松弛资源可以缓冲组织之间的依赖性，保护组织免受外部压力和环境冲击[⑤]。第三，松弛资源可以发挥适应性作用，促进组织尝试新战略，开发新产品，进入新市场[⑥]。然而，部分研究认为，松弛资源是组织的额外成本，

---

① Nohria N., Gulati R., “Is Slack Good or Bad for Innovation?”, *Academy of Management Journal*, Vol. 39, No. 5, 1996, pp. 1245 - 1264.

② Thompson J. D., *Organizations in Action*, New York: McGraw-Hill, 1967.

③ Voss G. B., Sirdeshmukh D., Voss Z. G., “The Effects of Slack Resources and Environmental Threat on Product Exploration and Exploitation”, *Academy of Management Journal*, Vol. 51, No. 1, 2008, pp. 147 - 164.

④ Moch M. K., Pondy L. R., “The Structure of Chaos: Organized Anarchy as a Response to Ambiguity”, *Administrative Science Quarterly*, No. 22, 1997, pp. 351 - 362.

⑤ Bromiley P., “Testing a Causal Model of Corporate Risk Taking and Performance”, *Academy of Management Journal*, Vol. 34, No. 1, 1991, pp. 37 - 59; Cyert R. M., Feigenbaum E. A., March J. G., “Models in a Behavioral Theory of the Firm”, *Journal of the Society for General Systems Research*, Vol. 4, No. 2, 1959, pp. 81 - 95; Thompson J. D., *Organizations in Action*, New York: McGraw-Hill, 1967.

⑥ Bourgeois L. J., “On the Measurement of Organizational Slack”, *Academy of Management Review*, Vol. 6, No. 1, 1981, pp. 29 - 39.

过度资源松弛水平不利于企业发展①。从总体上看，考虑到组织生存和发展所处的复杂环境，拥有松弛资源利大于弊，对企业绩效有积极的影响②。

代理理论将企业的本质视为契约关系。具体来说，企业是相互冲突的多目标在契约关系的框架中实现均衡过程中的焦点③，代理问题主要源于现代企业所有权与管理权的分离。基于此，当管理者（即代理人）拥有追求权力、声望、金钱等私利目标时，松弛资源很容易成为代理人侵占所有者利益的直接来源，加剧代理问题，导致组织效率的低下，对企业绩效有消极的影响④。当管理者可以利用松弛资源时，可能会选择投资于效率低下的项目，抑制风险承担，损害企业绩效。研究表明，资源松弛度与企业董事和管理者的目标冲突正相关⑤。

但也有学者提出，松弛资源与企业价值之间可能存在更复杂的关系。⑥。可见，较多学者已对松弛资源的价值效应展开讨论，但针对企业

---

① Davis G. F., Stout S. K., "Organization Theory and the Market for Corporate Control: A Dynamic Analysis of the Characteristics of Large Takeover Targets, 1980 - 1990", *Administrative Science Quarterly*, Vol. 37, No. 4, 1992, pp. 605 - 633; Tan J., Peng M. W., "Organizational Slack and Firm Performance During Economic Transitions: Two Studies from an Emerging Economy", *Strategic Management Journal*, Vol. 24, No. 13, 2003, pp. 1249 - 1263.

② Cyert R. M., Feigenbaum E. A., March J. G., "Models in a Behavioral Theory of the Firm", *Journal of the Society for General Systems Research*, Vol. 4, No. 2, 1959, pp. 81 - 95.

③ Jensen M., Meckling W., "Theory of the Firm: Managerial Behavior Agency Cost and Ownership Structure", *Journal of Financial Economic*, No. 3, 1976, pp. 305 - 360.

④ Fama E., "Agency Problem and the Theory of the Firm", *Journal of Political Economy*, No. 88, 1980, pp. 288 - 298; Jensen M., Meckling W., "Theory of the Firm: Managerial Behavior Agency Cost and Ownership Structure", *Journal of Financial Economic*, No. 3, 1976, pp. 305 - 360.

⑤ 邹海量、曾赛星、林翰、翟育明：《董事会特征、资源松弛性与环境绩效：制造业上市公司的实证分析》，《系统管理学报》2016 年第 2 期。

⑥ Nohria N., Gulati R., "Is Slack Good or Bad for Innovation?", *Academy of Management Journal*, Vol. 39, No. 5, 1996, pp. 1245 - 1264; Greenley G., Oktemgil M. A., "Comparison of Slack Resources in High and Low Performing British Companies", *Journal of Management Studies*, No. 35, 1998, pp. 377 - 398; Tan J., Peng M. W., "Organizational Slack and Firm Performance During Economic Transitions: Two Studies from an Emerging Economy", *Strategic Management Journal*, Vol. 24, No. 13, 2003, pp. 1249 - 1263; 张红波、王国顺：《资源松弛视角下企业技术创新策略选择的实物期权模型》，《中国管理科学》2009 年第 6 期；Vanacker T., Collewaert V., Zahra S. A., "Slack Resources, Firm Performance, and the Institutional Context: Evidence from Privately Held European Firms", *Strategic Management Journal*, Vol. 38, No. 6, 2017, pp. 1305 - 1326.

环保责任履行方面，相关的研究并不多见。虽然 McGuire 等（1988，1990）[①]、Graves 和 Waddock（1994）[②] 提出松弛资源能够促使管理者将资源投放到社会责任领域中，其中包括改善环境等问题。但是相关研究仅关注松弛资源对环境绩效的影响，而非松弛资源对具体环保投资项目决策的影响。如沈弋和徐光华（2017）[③] 认为，企业资源松弛度在较大程度上解释了企业社会责任的动因。龙文滨等（2018）[④] 研究发现，松弛资源对内部控制与企业社会责任关系具有正向调节作用。邹海量等（2016）[⑤] 研究发现，资源松弛度正向调节董事连锁性与环境绩效之间的关系。

毫无疑问的是，松弛资源保证了企业在不确定环境下可用的资金，这确实给管理者在进行松弛资源分配时最大的自由裁量权，赋予了管理者更大的投资项目选择权[⑥]。然而，企业环保投资是复杂的，需要公司财务、人力、技术等方面资源的支持。同时，企业环保投资需要集中的资源投入，而且投资回报周期较长。虽然从组织行为理论出发，松弛资源为环保投资提供了机会[⑦]。但是从代理理论出发，资源松弛度越高，越能引起管理层投资目标的分散和行为上的摩擦，降低环保投资水平[⑧]。特别是在对

① McGuire J. B., Sundgren A., Schneeweis T., "Corporate Social Responsibility and Firm Financial Performance", *Acadcmy of Management Journal*, Vol. 31, No. 1, 1988, pp. 851 – 872; McGuire J. B., Schneeweis T., Branch B., "Perceptions of Firm Quality: A Cause or Result of Firm Performance", *Journal of Management*, Vol. 16, No. 1, 1990, pp. 167 – 180.

② Graves S. B., Waddock S. A., "Institutional Owners and Corporate Social Performance", *Academy of Management Journal*, Vol. 37, No. 4, 1994, pp. 1034 – 1046.

③ 沈弋、徐光华：《企业社会责任及其"前因后果"——基于结构演化逻辑的述评》，《贵州财经大学学报》2017 年第 1 期。

④ 龙文滨、李四海、丁绒：《环境政策与中小企业环境表现：行政强制抑或经济激励》，《南开经济研究》2018 年第 3 期。

⑤ 邹海量、曾赛星、林翰、翟育明：《董事会特征、资源松弛性与环境绩效：制造业上市公司的实证分析》，《系统管理学报》2016 年第 2 期。

⑥ Bansal P., "From Issues to Actions: The Importance of Individual Concerns and Organizational Values in Responding to Natural Environmental Issues", *Organization Science*, Vol. 14, No. 5, 2003, pp. 510 – 527.

⑦ George G., "Slack Resources and Performance of Privately Held Firms", *Academy of Management Journal*, Vol. 48, No. 4, 2005, pp. 661 – 676.

⑧ Modi S. B., Mishra S., "What Drives Financial Performance-Resource Efficiency or Resource Slack? Evidence from U. S. Based Manufacturing Firms from 1991 to 2006", *Journal of Operations Management*, Vol. 29, No. 3, 2011, pp. 254 – 273.

管理者缺乏有效监控的条件下，松弛资源将更大可能被用于投资在私人利益项目。另外，企业财务风险与松弛资源成正比，随着管理者控制的松弛资源增加，会使管理者感到自满，从而使其拥有乐观态度，不太可能尝试进行战略调整[①]，降低了管理者进行环保投资的动机。基于此，提出假设：

H6.5：资源松弛度与企业环保投资规模负相关。

二 环境管理成熟度调节作用的理论分析

在现代企业中，由于代理问题直接影响了企业投资决策。在缺乏有效激励或监督制度的组织中，管理者更可能通过松弛资源实现私利。这要求企业加强内部控制能力，提高内部运作效率，降低代理成本[②]。在处理环境问题上，企业往往通过环境管理加强自身建设，提高组织运营效率。现有研究表明，企业内部控制能力能有效促进企业社会责任的履行[③]。其中，环境管理成熟度是代表企业内部控制能力的重要方面。

现有文献对企业环境管理的定义进行了界定，如 McCloskey 和 Maddock（1994）[④]、崔睿和李延勇（2011）[⑤]、杨东宁等（2011）[⑥] 认为环境管理是为了表明与环境变量相关立场而进行组织结构的改进与规划，并由此形成的系统和活动内容。虽然不同学者对企业环境管理的定义有所不同，但都突出地强调企业从组织战略到业务，从理论到应用均应纳入环境问题，以促使组织实现“绿色化”目标。与以上定义内容和目标最相符的国际标准为 ISO14001 环境管理体系。ISO14001 环境管理体系是一套环

---

① Kim H., Lee P. M., “Ownership Structure and the Relationship between Financial Slack and R&D Investments: Evidence from Korean Firms”, *Organization Science*, Vol. 19, No. 3, 2008, pp. 404 – 418.

② 郑军、林钟高、彭琳：《高质量的内部控制能增加商业信用融资吗？——基于货币政策变更视角的检验》，《会计研究》2013 年第 6 期。

③ 龙文滨、李四海、丁绒：《环境政策与中小企业环境表现：行政强制抑或经济激励》，《南开经济研究》2018 年第 3 期。

④ McCloskey J., Maddock S., “Environmental Management: Its Role in Corporate Strategy”, *Management Decision*, Vol. 32, No. 1, 1994, pp. 27 – 32.

⑤ 崔睿、李延勇：《企业环境管理与财务绩效相关性研究》，《山东社会科学》2011 年第 7 期。

⑥ 杨东宁、周林洁、李祥进：《利益相关方参与及其对企业竞争优势的影响——中国大中型工业企业环境管理的实证研究》，《经济管理》2011 年第 5 期。

境管理的实践程序，通过帮助组织减少对环境的负面影响，提高运营效率，最终实现环境保护的目标①。

就组织内部目标而言，ISO14001 环境管理体系可以管控企业管理层影响环境实践过程和活动，使全体员工了解组织的环保责任。就组织外部目标而言，ISO14001 环境管理体系有助于向外部利益相关者传递企业处理环境问题的信息，证明企业合法性。企业想要获得 ISO14001 环境管理体系认证，必须对企业环境实践进行全面审查，并进行污染防止行为，遵守环境法规，履行对环境持续改进的环境承诺。一旦企业获得该认证，必须遵循“计划—执行—检查—行动”的过程，即 PDCA 循环。此外，要获得实际认证，企业必须每年接受第三方验证，以确保他们符合 ISO14001 环境管理体系标准。企业若要更新该认证，每三年仍要接受一次全面的再认证审核。

ISO14001 环境管理体系通过 PDCA 循环和环境管理承诺，不断向管理者传递环境信息，强化管理者的环保意识。随着环境管理体系的运行持续时间增加，将有效缓解代理问题，约束管理者的机会主义行为，在规范管理者利用松弛资源进行投机方面发挥重要作用。

在管理者做出环保投资决策时，需要遵循一般的投资原则，既需要考虑利益相关者的压力，也需要考虑环保投资的价值效应②。由于重污染行业企业面临着较高程度的环境规制和公众环境关注度，获得的环保投资效益往往大于非重污染行业企业。因此，当重污染行业企业拥有较高的环境管理成熟度时，将有助于缓解信息不对称问题，提高管理者对企业环保投资效益的重视程度，更可能将松弛资源主动地投资于环保项目以实现企业价值最大化的目标。相反，对于环境管理成熟度较低的企业管理者，会由于缺乏有效的监督和激励，更有可能将松弛资源投资于私利项目。

综上所述，环境管理是企业内部治理的重要内容，环境管理成熟度一定程度上反映企业内部控制的实施效果。企业加强环境管理能进一步提高管理者的环保意识和减小信息不对称程度，改善企业代理问题，规范松弛

---

① Inoue E., Arimura T. H., Nakano M., “A New Insight into Environmental Innovation: Does the Maturity of Environmental Management Systems Matter?”, *Ecological Economics*, No. 94, 2013, pp. 156 – 163.

② 龙文滨、李四海、丁绒：《环境政策与中小企业环境表现：行政强制抑或经济激励》，《南开经济研究》2018 年第 3 期。

资源的使用。基于此，提出假设 H6.6：

H6.6：环境管理成熟度能够缓解资源松弛度与企业环保投资规模之间的负相关关系。

三　环境管理成熟度在不同生命周期中调节作用的理论分析

生命周期理论认为企业的形成和发展与生物体成长有着相似的历程，都经历了出生、成长、成熟和衰亡等阶段，是由最初创立到最终清算的动态发展全过程①。处于不同生命周期的企业在生产经营、组织特征、资源和能力以及投资者与管理者之间关系等方面都呈现异质性特征②。根据生命周期理论，在不同生命周期阶段的企业，即便是面对相同的外部环境和变化，也会有不同的资金需求和投资意愿。处于不同生命周期阶段的企业具有不同程度的融资约束，呈现不同的资本配置效率③。因此，对于处于不同生命周期阶段的企业，环境管理成熟度在调节资源松弛度与企业环保投资规模关系的过程中的作用也可能存在差异。

成长期企业的总资产扩张速度较快，随着经营业务扩大，开始引入职业经理人，逐步由集权制向分权制发展，但是企业所有者和经营者之间还不能建立相互信任和尊重的稳定关系，组织内部存在较为明显的信息不对称情况，引发代理问题。成长期的企业以盈利最大化和快速扩大生产为目标，管理者因职业防御可能更加关注投资收益明显的项目，而忽视环保投资项目。当成长期企业组织内部嵌入环境管理体系时，将完善企业制度建设，形成制度约束，直接有力地引导企业管理者将松弛资源投入环保投资项目，提高环保投资水平。

成熟期的企业自由资金来源稳定，承担风险的能力较强，内部形成了制度化的管理流程。同时，此阶段的企业所有者存在清晰的愿景和价值观，充分考虑利益相关者的需求，能够坚守社会责任价值观。但是，由于

---

① James B. G.，"The Theory of the Corporate Life Cycle. Long Range Planning"，Vol. 6，No. 2，1973，pp. 68－74.

② Adizes I.，Hall P.，"Corporate Life Cycles：How and Why Corporations Grow and Die and What to Do about It"，*Long Range Planning*，Vol. 25，No. 1，1992，pp. 128.

③ 黄宏斌、翟淑萍、陈静楠：《企业生命周期、融资方式与融资约束——基于投资者情绪调节效应的研究》，《金融研究》2016 年第 7 期；李云鹤、李湛、唐松莲：《企业生命周期、公司治理与公司资本配置效率》，《南开管理评论》2011 年第 3 期。

所有权和经营权的进一步分离，成熟期的代理问题变得最为严重，此阶段充足的自由现金流量为代理问题的扩大提供了条件。但是，随着企业环境管理能力的加强，如 ISO40001 环境管理体系认证时间的持续增长，可以使环境信息进一步透明化，降低组织内部信息不对称程度，并通过制度化的管理方式约束管理者利用松弛资源投资私利项目，使企业投资更符合社会责任价值导向。

衰退期企业由于市场对其产品需求逐渐萎缩，产品供大于求的状况日趋严重，致使企业的关注点重新回归到投资上。为防止企业出错和出于规避并购风险的职业防御需要，企业管理者以效率最大化为执行目标，更关心压缩成本问题，以短期绩效为导向进行投资。因此，即使企业环境管理成熟度高，管理者拥有着强烈的环保投资需求，但是碍于能够从传统经营中转移的可用资源匮乏，且风险较大，不太可能对环保项目投入更多的资源[①]。

由此可见，处于生命周期不同阶段的企业所具备的发展特征不同，使其面对的信息不对称和代理问题的严重程度不一，这势必使环境管理成熟度在企业不同发展进程中所发挥的调节作用存在差异。基于此，提出假设 H6.7、H6.8：

H6.7：环境管理成熟度在不同生命周期的企业中，对资源松弛度与企业环保投资规模之间关系的缓解程度不同。

H6.8：相对于衰退期，在成长期和成熟期的企业中，环境管理成熟度更能缓解资源松弛度与企业环保投资规模之间的负向关系。

四　研究设计

（一）研究样本

考虑到重污染行业的环境敏感性，本节选取 2007—2018 年中国 A 股重污染行业 8531 家上市公司为研究对象。环境管理成熟度的数据来源于中国认证信息网（http：//www.cniso.com.cn），其他数据均来源于中国 CSMAR 数据库。为了保证数据的可靠性，删除了数据不健全和被 ST、PT 处理的企业数据。实证研究采用软件为 Stata13.0，对连续变量进行 1%、99% 分位数缩尾的 Winsorize 处理，尽可能降低异常观测值对本研究的扰动。

---

① 龙文滨、李四海、丁绒：《环境政策与中小企业环境表现：行政强制抑或经济激励》，《南开经济研究》2018 年第 3 期。

（二）模型设定与变量选取

1. 模型构建

为了检验资源松弛度对企业环保投资的影响，构建模型（6－10）。为了进一步检验环境管理成熟度对资源松弛度与企业环保投资关系的调节作用构建模型（6－11）。

在本节的研究样本中，并不是所有企业都进行了环保投资，即部分样本的因变量的值为零，说明企业环保投资为受限被解释变量。在这种情况下，如果用 OLS 来估计，无论使用的是整个样本，还是去掉离散点后的子样本，都不能得到一致估计。因此，使用 Tobit 模型进行估计。同时，考虑到可能存在异方差，还使用了稳健标准差：

$$EPI_t = \beta_0 + \beta_1 SLACK_t + \sum_{k=2} \beta_k ControlVar_i + \varepsilon_i \qquad (6-10)$$

$$EPI_t = \beta_0 + \beta_1 SLACK_t + \beta_2 MOEM_t + \beta_3 SLACK_t \times MOEM_t + \sum_{k=4} \beta_k ControlVar_i + \varepsilon_i \qquad (6-11)$$

2. 变量选取

（1）企业环保投资规模（*EPI*）。目前，学术界对企业环保投资的定义尚未得出统一的界定。多数学者对企业环保投资的解释倾向于：企业以防治污染和保护环境为目的，在实现经济效益的同时，兼顾环境效益和社会效益的特殊投资活动①。本节采用企业当年新增环保投资额的自然对数来衡量企业环保投资，有效减小企业规模对环保投资额的影响②。

（2）资源松弛度（*SLACK*）。本研究旨在分析增加管理者自由裁量权对企业环保投资决策的影响。其中，现金是企业最容易部署的资源，可以为管理者在分配时提供最大自由裁量权③。借鉴前期研究成果，采用财务

---

① 唐国平、李龙会、吴德军：《环境管制、行业属性与企业环保投资》，《会计研究》2013年第6期。

② Li H.，Zhao Q. W.，"Provincial Environmental Competition，Internal Control and Corporate Environmental Protection Investment：Based on the Study of Two-Stage Intentional legalization"，*Financ. Econ*，No. 3，2020，pp. 92－106；刘艳霞、祁怀锦、刘斯琴：《融资融券，管理者自信与企业环保投资》，《中南财经政法大学学报》2020年第5期。

③ 黄宏斌、翟淑萍、陈静楠：《企业生命周期、融资方式与融资约束——基于投资者情绪调节效应的研究》，《金融研究》2016年第7期；George G.，"Slack Resources and Performance of Privately Held Firms"，*Academy of Management Journal*，Vol. 48，No. 4，2005，pp. 661－676.

比率来衡量资源松弛度。资源松弛度为现金及现金等价物与总资产的比值[①]。

（3）环境管理成熟度（*MOEM*）。环境管理成熟度反映了企业在政府非强制性管理规定的情况下采取的自愿环境管理方式，是企业在处理环境问题时的态度和能力[②]。一般而言，随着 ISO14001 环境管理体系认证的持续时间变长，PDCA 的不断循环，企业的环境管理趋于成熟，将采用更环保的方式运行。借鉴[③]，采用企业获得 ISO14001 环境管理体系认证的持续时间为代理变量，以持续时间年度为单位。

借鉴现有文献的一般做法[④]，在模型中加入企业特征、内部治理和行业特征因素，将总资产净利率、资产负债率、经营风险、机构投资者持股比例、独立董事占比、CEO 变更、企业规模、市场竞争度作为控制变量，具体见表 6－29。

表 6－29　　研究变量说明

变量类型	变量名称	变量符号	变量定义
被解释变量	企业环保投资	*EPI*	企业当年新增环保投资额的自然对数
解释变量	资源松弛度	*SLACK*	现金及现金等价物/总资产
调节变量	环境管理成熟度	*MOEM*	获得 ISO14001 环境管理体系认证的持续时间长度

① Vanacker T., Collewaert V., Zahra S. A., "Slack Resources, Firm Performance, and the Institutional Context: Evidence from Privately Held European Firms", *Strategic Management Journal*, Vol. 38, No. 6, 2017, pp. 1305－1326.

② Rennings K., Ziegler A., Ankele K., Hoffman E., "The Influence of Different Characteristics of the EU Environmental Management and Auditing Scheme on Technical Environmental Innovations and Economic Performance", *Ecological Economics*, Vol. 57, No. 1, 2006, pp. 45－59.

③ Inoue E., Arimura T. H., Nakano M., "A New Insight into Environmental Innovation: Does the Maturity of Environmental Management Systems Matter?", *Ecological Economics*, No. 94, 2013, pp. 156－163.

④ 唐国平、李龙会、吴德军：《环境管制、行业属性与企业环保投资》，《会计研究》2013 年第 6 期；Li H., Zhao Q. W., Provincial Environmental Competition, Internal Control and Corporate Environmental Protection Investment: Based on the Study of Two-Stage Intentional legalization. *Financ. Econ*, No. 3, 2020, pp. 92－106；刘艳霞、祁怀锦、刘斯琴：《融资融券，管理者自信与企业环保投资》，《中南财经政法大学学报》2020 年第 5 期。

续表

变量类型	变量名称	变量符号	变量定义
控制变量	总资产净利率	*ROA*	净利润/总资产
	资产负债率	*LEV*	负债总额/资产总额
	经营风险	*VOL*	每年股价波动
	机构投资者持股比例	*INSHARE*	机构投资者持股数/总股数
	独立董事占比	*IDR*	独立董事人数/董事总人数
	CEO 变更	*TURN*	前一年发生 CEO 变更为 1，否则为 0
	企业规模	*SIZE*	总资产的自然对数
	市场竞争度	*HHI*	赫芬达尔—赫希曼指数

五　资源松弛度、环境管理成熟度与企业环保投资规模关系的实证分析

（一）描述性统计

由表 6 - 30 的描述性统计结果可知，企业环保投资规模的标准差为 7.9489，均值为 5.4825，且最大值与最小值之间差距较大，说明重污染行业企业之间的环保投资规模存在较大的差异。资源松弛度的中位数为 0.1064，均值为 0.1478，说明对于大多数重污染行业企业而言，松弛资源小于行业平均水平。环境管理成熟度的最大值为 21，最小值为 0.0000，且中位数为 0.0000，说明重污染行业企业环境管理成熟度呈两极分化状态，差异较大。

表 6 - 30　　　　描述性统计结果

变量	样本量	均值	标准差	最大值	最小值	中位数
EPI	8531	5.4825	7.9489	19.8673	0.0000	0.0000
SLACK	8531	0.1478	0.1298	0.7349	0.0077	0.1064
MOEM	8531	3.3001	4.3438	21.0000	0.0000	0.0000
ROA	8531	4.8570	7.0426	35.7035	-20.8297	4.1568
LEV	8531	43.2250	21.6946	98.3857	5.3594	42.7057
VOL	8531	48.2992	22.4936	161.7772	18.1551	42.8822
INSHARE	8531	37.9425	23.7382	87.9847	0.0995	38.3950
IDR	8531	0.3660	0.0502	0.5714	0.1429	0.3333
TURN	8531	0.1452	0.3524	1.0000	0.0000	0.0000

续表

变量	样本量	均值	标准差	最大值	最小值	中位数
SIZE	8531	22.0712	1.3129	26.7437	18.3313	21.8848
HHI	8531	0.1971	0.2041	1.0000	0.0194	0.1197

（二）相关性分析

由表6－31的相关性分析结果可知，资源松弛度与企业环保投资规模在1%显著性水平下负相关；环境管理成熟度与企业环保投资规模在1%显著性水平下正相关。环境管理成熟度与资源松弛在1%显著性水平下负相关。其他变量与企业环保投资规模显著相关，且两两变量之间的系数均小于0.5，说明不存在严重的多重共线性问题。

（三）资源松弛度对企业环保投资影响的实证分析

本节利用Tobit对资源松弛度与企业环保投资规模的关系进行回归，结果如表6－33所示。

由表6－33第一列的全样本Tobit回归结果显示，资源松弛度与企业环保投资规模之间的系数为－14.835，并在1%显著性水平下负相关，假设H6.5获得验证。上述结果支持了代理理论，说明资源松弛度越高，越能引起管理层投资目标的分散和行为上的摩擦，降低环保投资水平。在管理者缺乏有效监控和激励的条件下，松弛资源更可能被用于投资在私人利益项目。

（四）环境管理成熟度调节作用的实证分析

为了进一步分析环境管理成熟度对资源松弛度与企业环保投资关系的调节作用，利用模型（6－11）进行Tobit回归检验，依然使用稳健标准差克服异方差问题。由表6－33第二列的全样本Tobit回归结果可知，资源松驰度与企业环保投资规模在1%显著性水平下负相关，而环境管理成熟度与企业环保投资规模在1%显著性水平下正相关。交乘项*MOEM*×*SLACK*的系数为1.699，与资源松弛度的系数方向相反，与环境管理成熟度的系数方向一致，且与企业环保投资规模在1%显著性水平下正相关，假设H6.6获得验证。该结果说明环境管理成熟度反映企业内部控制对改善企业代理问题和信息不对称问题的实施效果，环境管理成熟度能够缓解资源松弛度与企业环保投资规模之间的负相关关系。

表 6-31　　相关性分析

变量	*EPI*	*SLACK*	*MOEM*	*ROA*	*LEV*	*VOL*	*INSHARE*	*IDR*	*TURN*	*SIZE*	*HHI*
EPI	1										
SLACK	-0.1707***	1									
MOEM	0.0666***	-0.0508***	1								
ROA	-0.0720***	0.3560***	0.0420***	1							
LEV	0.2049***	-0.4880***	-0.0824***	-0.4563***	1						
VOL	-0.0620***	0.0423***	-0.0752***	0.0341***	-0.0539***	1					
INSHARE	0.1342***	-0.0536***	0.0793***	0.0781***	0.1442***	-0.2916***	1				
IDR	-0.0289***	0.0231**	-0.0064	-0.0143	-0.0211*	-0.0063	-0.0162	1			
TURN	0.0388***	-0.0579***	-0.027**	-0.1073***	0.1291***	-0.007	0.0502***	0.0161	1		
SIZE	0.3098***	-0.2527***	0.1569***	-0.0116	0.3670***	-0.2640***	0.4510***	0.0062	0.0576***	1	
HHI	-0.1656***	0.0549***	0.0035	0.0525***	-0.1180***	0.0396***	-0.0546***	0.0213**	-0.0151	-0.0858***	1

注：***、**、*分别表示1%、5%、10%的显著性水平。

（五）环境管理成熟度在不同生命周期中调节作用的实证分析

为了考察环境管理成熟度在不同生命周期阶段的企业间对资源松弛度与企业环保投资关系的缓解程度，借鉴 Dickinson（2011）①、曹裕等（2010）② 和黄宏斌等（2016）③ 的做法，采用现金流组合法对企业生命周期进行划分，划分为成长期、成熟期和衰退期三个阶段。现金流分布特征见表 6－32。

表 6－32　不同企业生命周期的现金流特征组合

现金净流量	成长期		成熟期	衰退期				
	导入期	增长期	成熟期	衰退期	衰退期	衰退期	淘汰期	淘汰期
经营活动	－	＋	＋	－	＋	＋	－	－
投资活动	－	－	－	－	＋	＋	＋	＋
筹资活动	＋	＋	－	－	＋	－	＋	－

根据表 6－33 的 Tobit 回归结果可知，在不同生命周期阶段的企业之间，环境管理成熟度对资源松弛度与企业环保投资关系的调节作用存在显著差异。成长期企业，资源松弛度与企业环保投资规模在 1% 显著性水平下负相关，而环境管理成熟度与企业环保投资规模正相关但不显著；交乘项 $MOEM \times SLACK$ 的系数为 2.950，与资源松弛度的系数方向相反，与环境管理成熟度的系数方向一致，且与企业环保投资规模在 1% 显著性水平下正相关。成熟期企业，资源松弛度与企业环保投资规模在 1% 显著性水平下负相关，而环境管理成熟度与企业环保投资规模在 1% 显著性水平下正相关；交乘项 $MOEM \times SLACK$ 的系数为 1.651，与资源松弛度的系数方向相反，与环境管理成熟度的系数方向一致，且与企业环保投资规模在 5% 显著性水平下正相关。衰退期企业，资源松弛度与企业环保投资规模在 10% 显著性水平下负相关，环境管理成熟度与企业环保投资规模在 1%

① Dickinson V.，"Cash Flow Patterns as a Proxy for Firm Life Cycle"，*The Accounting Review*，Vol. 86，No. 6，2011，pp. 1969－1994.

② 曹裕、陈晓红、万光羽：《控制权、现金流权与公司价值——基于企业生命周期的视角中国》，《管理科学》2010 年第 3 期。

③ 黄宏斌、翟淑萍、陈静楠：《企业生命周期、融资方式与融资约束——基于投资者情绪调节效应的研究》，《金融研究》2016 年第 7 期。

显著性水平下正相关；交乘项 *MOEM* × *SLACK* 的系数为 -0.208，且与企业环保投资规模不显著。

上述结果验证了假设 H6.7 和 H6.8，即环境管理成熟度对不同生命周期企业的资源松弛度与企业环保投资规模关系的缓解程度不同。相对于衰退期企业，成长期和成熟期企业的环境管理成熟度更能缓解资源松弛度与企业环保投资规模之间的负向关系。

表 6-33　　Tobit 回归结果

变量	*EPI*				
	全样本	全样本	成长期	成熟期	衰退期
SLACK	-14.835*** (-5.56)	-15.107*** (-5.59)	-9.742** (-2.48)	-23.570*** (-5.60)	-12.922* (-1.74)
MOEM		0.217*** (3.56)	0.041 (0.43)	0.232*** (2.60)	0.814*** (4.45)
MOEM × *SLACK*		1.699*** (3.36)	2.950*** (3.22)	1.651** (2.40)	-0.208 (-0.15)
ROA	-0.051 (-1.14)	-0.052 (-1.16)	-0.075 (-0.99)	-0.127* (-1.81)	0.076 (0.72)
LEV	0.036** (2.19)	0.043*** (2.59)	0.049* (1.78)	0.030 (1.17)	0.041 (1.04)
VOL	0.017 (1.32)	0.018 (1.41)	-0.002 (-0.09)	0.042* (1.69)	0.005 (0.11)
INSHARE	0.009 (0.69)	0.008 (0.65)	-0.002 (-0.11)	0.031 (1.54)	0.011 (0.26)
IDR	-10.601* (-1.94)	-10.993** (-2.01)	-23.446*** (-2.85)	3.599 (0.43)	-7.261 (-0.47)
TURN	0.928 (1.27)	0.944 (1.30)	1.347 (1.19)	1.072 (0.99)	0.732 (0.36)
SIZE	3.613*** (15.15)	3.479*** (14.42)	3.083*** (8.44)	3.242*** (8.62)	3.736*** (4.70)
HHI	-16.936*** (-10.34)	-16.858*** (-10.35)	-16.257*** (-7.01)	-17.353*** (-6.62)	-14.356*** (-3.19)

续表

变量	EPI				
	全样本	全样本	成长期	成熟期	衰退期
常数项	-82.501*** (-14.97)	-82.044*** (-15.02)	-66.808*** (-8.09)	-82.363*** (-9.66)	-94.376*** (-5.28)
N	8531	8531	3948	3338	1245
Pseudo R^2	0.0255	0.0261	0.0218	0.0334	0.0236
F	88.97	73.67	73.67	79.63	55.69

注：***、**、*分别表示1%、5%、10%的显著性水平。

（六）环境管理成熟度在企业环保投资分类样本下调节作用的实证分析

本节为了进一步检验环境管理成熟度对资源松弛度与企业不同类型环保投资关系的调节作用，明确资源松弛度对企业不同类型环保投资的影响差异，以及明确环境管理成熟度发挥调节作用的条件，按照制度战略观对企业环保投资进行分类。根据企业应对环境问题的实践来区分企业的战略①。当企业将制度约束解读为正式的制度约束时，企业为了降低违规成本、环境处罚和罚金，选择遵守环境规制的战略，但这样的企业战略是对环境规制强制性要求做出的反应性行为，主要表现为对污染排放物的治理行为。当企业将制度约束解读为正式和非正式制度约束时，企业将从依法污染治理的低级环境实践转化为较主动的污染预防性的高级环境实践，从而既实现合法性要求，也提高了企业绿色核心竞争力，主要表现为技术、工艺、生产过程等方面的节能减排和环境友好型产品研发行为。因此，可以将企业环保投资根据企业应对环境问题的实践战略，将其区分为企业前瞻性环保投资和企业治理性环保投资。其中企业前瞻性环保投资包括环保产品及环保技术的研发与改造投资、环保设施及系统购置与改造投资以及清洁生产类投资三大类。企业治理性环保投资包括污染治理技术研发与改造投资、污染治理设备及系统购置与改造投资两大类。

① 张钢、张小军：《绿色创新战略与企业绩效的关系：以员工参与为中介变量》，《财贸研究》2013年第4期。

由表6－34第一列和第二列分组Tobit回归结果显示，资源松弛度与企业前瞻性环保投资之间的系数为－22.215，且在1%显著性水平下负相关，结果说明资源松弛度越高，越不利于提高前瞻性环保投资水平。资源松弛度与企业治理性环保投资之间的系数为－14.757，且在1%显著性水平下负相关，结果说明资源松弛度越高，越不利于提高治理性环保投资水平。

由表6－34第三列企业前瞻性环保投资样本的Tobit回归结果可知，资源松弛度与企业前瞻性环保投资在1%显著性水平下负相关，而环境管理成熟度与企业前瞻性环保投资在1%显著性水平下正相关。交乘项 *MOEM*×*SLACK* 的系数为3.060，与资源松弛度的系数方向相反，与环境管理成熟度的系数方向一致，且与企业前瞻性环保投资在1%显著性水平下正相关，说明环境管理成熟度能够缓解资源松弛度与企业前瞻性环保投资之间的负向关系。

由表6－34第四列企业治理性环保投资样本的Tobit回归结果可知，资源松弛度与企业治理性环保投资在1%显著性水平下负相关，而加入交乘项后环境管理成熟度与企业治理性环保投资正相关，但不显著。交乘项 *MOEM*×*SLACK* 的系数与资源松弛度的系数方向相反，与环境管理成熟度的系数方向一致，但与企业治理性环保投资的正相关关系不显著。

上述结果说明，一方面企业通过环境管理提高内部控制水平，强化管理者的环保意识，将有效缓解代理问题，约束管理者的机会主义行为，在规范管理者利用松弛资源进行前瞻性环保投资方面发挥积极作用。另一方面环境管理成熟度对两者的调节作用会受到企业环保投资的类型影响。与企业治理性环保投资相比，环境管理成熟度对资源松弛度与企业前瞻性环保投资之间负相关关系的调节作用更加显著。

表6－34 企业环保投资分类样本的Tobit回归结果

变量	模型（1）		模型（2）	
	PEI	*GEI*	*PEI*	*GEI*
SLACK	－22.215***	－14.757***	－24.403***	－15.002***
	（－5.25）	（－4.72）	（－5.50）	（－4.79）

续表

变量	模型（1）		模型（2）	
	PEI	*GEI*	*PEI*	*GEI*
MOEM			0.498 ***	0.102
			(5.34)	(1.32)
MOEM × *SLACK*			3.060 ***	1.008
			(4.28)	(1.62)
ROA	−0.100	−0.034	−0.100	−0.036
	(−1.48)	(−0.64)	(−1.49)	(−0.68)
LEV	0.019	0.058 ***	0.033	0.060 ***
	(0.78)	(3.11)	(1.37)	(3.14)
VOL	−0.009	0.017	−0.006	0.017
	(−0.43)	(1.19)	(−0.29)	(1.21)
INSHARE	−0.009	0.021	−0.009	0.021
	(−0.45)	(1.42)	(−0.46)	(1.41)
IDR	−7.059	−13.078 **	−7.907	−13.370 **
	(−0.85)	(−2.10)	(−0.96)	(−2.14)
TURN	−0.517	1.042	−0.463	1.045
	(−0.47)	(1.23)	(−0.43)	(1.23)
SIZE	5.712 ***	3.412 ***	5.466 ***	3.371 ***
	(17.60)	(12.52)	(16.64)	(12.23)
HHI	−20.549 ***	−15.530 ***	−20.498 ***	−15.484 ***
	(−7.69)	(−8.38)	(−7.76)	(−8.37)
常数项	−140.393 ***	−84.886 ***	−139.741 ***	−86.591 ***
	(−18.48)	(−13.47)	(−18.62)	(−13.90)
N	8531	8531	8531	8531
Pseudo R^2	0.0379	0.0237	0.0394	0.0239
F	93.04	68.43	79.63	55.69

注：***、** 分别表示 1%、5% 的显著性水平。

（七）环境管理成熟度在不同生命周期阶段对资源松弛度与企业不同类型环保投资关系调节作用的实证分析

从表6－35的企业前瞻性环保投资Tobit回归可知，在成长期，资源松弛度与企业前瞻性环保投资规模在1%显著性水平下负相关，而环境管理成熟度与企业前瞻性环保投资规模在1%显著性水平下正相关；交乘项*MOEM*×*SLACK*的系数为5.677，与资源松弛度的系数方向相反，与环境管理成熟度的系数方向一致，且与企业前瞻性环保投资规模在1%显著性水平下正相关。在成熟期，资源松弛度与企业前瞻性环保投资规模在1%显著性水平下负相关，而环境管理成熟度与前瞻性企业环保投资规模在1%显著性水平下正相关；交乘项*MOEM*×*SLACK*的系数为2.540，与资源松弛度的系数方向相反，与环境管理成熟度的系数方向一致，且与企业前瞻性环保投资规模在5%显著性水平下正相关。在衰退期，资源松弛度与企业前瞻性环保投资规模负相关，但不显著，环境管理成熟度与企业前瞻性环保投资规模在1%显著性水平下正相关。交乘项*MOEM*×*SLACK*与企业前瞻性环保投资规模正相关但不显著。

从表6－35的企业治理性环保投资Tobit回归可知，在成长期，资源松弛度与企业治理性环保投资规模在5%显著性水平下负相关，交乘项*MOEM*×*SLACK*与企业治理性环保投资规模正相关但是不显著。在成熟期，资源松弛度与企业治理性环保投资规模在1%显著性水平下负相关，而环境管理成熟度与治理性企业环保投资规模正相关但是不显著；交乘项*MOEM*×*SLACK*的系数为1.677，与资源松弛度的系数方向相反，与环境管理成熟度的系数方向一致，且与企业治理性环保投资规模在5%显著性水平下正相关。在衰退期，资源松弛度与企业治理性环保投资规模在10%显著性水平下负相关，环境管理成熟度与企业治理性环保投资规模在1%显著性水平下正相关；交乘项*MOEM*×*SLACK*与企业治理性环保投资规模的关系不显著。

上述结果说明，处于不同生命周期阶段的企业，环境管理成熟度对资源松弛度与企业不同类型环保投资关系的调节作用存在显著差异。与企业治理性环保投资相比，成长期的企业，环境管理成熟度更能缓解资源松弛度与企业前瞻性环保投资规模之间的负相关关系。成熟期的企业，环境管理成熟度均能缓解资源松弛度与企业不同类型环保投资规模之间的负相关关系。而衰退期的企业，环境管理成熟度均未对资源松弛度与企业不同类型环保投资规模之间的负相关关系有调节作用。

表 6-35　在不同生命周期条件下企业环保投资分类样本的 Tobit 回归结果

变量	PEI			GEI		
	成长期	成熟期	衰退期	成长期	成熟期	衰退期
SLACK	-12.467**	-45.026***	-12.412	-9.672**	-21.266***	-15.034*
	(-2.03)	(-5.56)	(-1.09)	(-2.08)	(-4.46)	(-1.78)
MOEM	0.395***	0.518***	1.284***	-0.127	0.134	0.788***
	(2.64)	(3.56)	(4.81)	(-1.00)	(1.21)	(3.60)
MOEM×SLACK	5.677***	2.540**	1.357	1.223	1.677**	-1.220
	(4.37)	(2.31)	(0.67)	(1.07)	(2.04)	(-0.69)
ROA	-0.180*	-0.012	-0.046	-0.008	-0.111	-0.066
	(-1.65)	(-0.12)	(-0.28)	(-0.09)	(-1.36)	(-0.53)
LEV	0.036	0.064*	-0.065	0.058*	0.053*	0.084*
	(0.90)	(1.74)	(-1.07)	(1.78)	(1.82)	(1.96)
VOL	-0.022	0.015	0.009	-0.002	0.050*	0.002
	(-0.88)	(0.43)	(0.13)	(-0.12)	(1.77)	(0.04)
INSHARE	0.029	-0.037	-0.048	0.005	0.037*	0.046
	(1.07)	(-1.28)	(-0.79)	(0.24)	(1.67)	(0.95)
IDR	-19.525	-1.749	31.679	-12.592	-12.900	-11.384
	(-1.60)	(-0.13)	(1.41)	(-1.35)	(-1.36)	(-0.63)
TURN	1.921	-0.984	-5.412	0.582	1.292	1.856
	(1.17)	(-0.61)	(-1.58)	(0.42)	(1.04)	(0.83)
SIZE	4.801***	5.299***	6.158***	3.246***	3.005***	3.802***
	(9.58)	(10.62)	(5.12)	(7.65)	(7.11)	(4.30)
HHI	-16.108***	-23.658***	-26.562***	-16.235***	-17.115***	-5.913
	(-4.55)	(-5.34)	(-3.36)	(-5.94)	(-5.83)	(-1.24)
常数项	-120.651***	-139.195***	-169.431***	-82.320***	-78.277***	-104.555***
	(-10.62)	(-11.92)	(-6.39)	(-8.61)	(-8.18)	(-5.24)
N	3948	3338	1245	3948	3338	1245
Pseudo R^2	0.0314	0.0554	0.0370	0.0201	0.0289	0.0276
F	30.53	43.32	8.937	22.10	28.35	8.276

注：***、**、*分别表示1%、5%、10%的显著性水平。

（八）稳健性检验

第一，指标替代。借鉴李云鹤等（2011）① 计算企业生命周期的方法，采用销售收入增长率、留存收益率、资本支出率及企业年龄的综合得分衡量企业生命周期，依然把企业生命周期划分为成长期、成熟期和衰退期三个阶段。其中留存收益率和企业年龄按照排名从低到高分为三部分，销售收入增长率和资本支出率按照排名从高到低分为三个部分。分别进行赋值，并计算每个样本公司的总得分，将得分最低的 1/3 部分划分为成长期企业，将得分中间的部分划分成熟期企业，将得分最高的 1/3 划分为衰退期企业。

第二，考虑 2007—2008 年国际金融危机冲击的影响，剔除 2007—2008 年的样本数据，最终使用 7648 个 2009—2018 年的样本数据进行 Tobit 回归检验。

由表 6－37 的稳健性结果可知，在删除 2007—2008 年样本的稳健性检验结果中，资源松弛度与企业环保投资规模显著负相关，*MOEM* × *SLACK* 与资源松弛度的系数方向相反，与环境管理成熟度的系数方向一致，该结果与前文检验结果保持一致。另外，根据企业生命周期重新划分和删除 2007—2008 年样本的稳健性结果（见表 6－36、表 6－37）显示，不同生命周期阶段的企业环保投资规模与环境管理成熟度以及 *MOEM* × *SLACK* 的关系也与前文保持一致，说明研究假设通过了稳健性检验，进一步巩固了本节研究结论。

表 6－36　企业环保投资的 Tobit 回归的稳健性检验结果——企业生命周期重新划分

变量	成长期	成熟期	衰退期
SLACK	-21.202***	-13.714**	-11.278*
	(-5.35)	(-2.41)	(-1.87)
MOEM	0.250***	0.455***	0.147
	(2.83)	(3.68)	(0.94)
MOEM × *SLACK*	1.175*	4.357***	1.942
	(1.81)	(3.94)	(1.36)

① 李云鹤、李湛、唐松莲：《企业生命周期、公司治理与公司资本配置效率》，《南开管理评论》2011 年第 3 期。

续表

变量	成长期	成熟期	衰退期
ROA	-0.236*** (-2.79)	-0.245** (-2.20)	-0.024 (-0.20)
LEV	-0.004 (-0.17)	0.075** (2.13)	0.194*** (4.66)
VOL	0.018 (0.82)	0.073*** (2.63)	0.043 (1.38)
INSHARE	0.004 (0.23)	-0.003 (-0.15)	0.040 (1.57)
IDR	-13.599* (-1.81)	-4.363 (-0.45)	-11.647 (-0.98)
TURN	1.153 (1.20)	1.089 (0.76)	1.719 (0.91)
SIZE	4.638*** (13.76)	3.594*** (7.62)	1.777*** (3.27)
HHI	-19.476*** (-8.10)	-13.187*** (-4.76)	-20.020*** (-5.63)
常数项	-100.940*** (-13.12)	-88.500*** (-8.44)	-49.002*** (-3.92)
N	3350	2323	1599
Pseudo R^2	0.0393	0.0318	0.0350
F	56.19	26.64	21.80

注：***、**、*分别表示1%、5%、10%的显著性水平。

同样，根据企业生命周期重新划分和删除2007—2008年样本的稳健性结果（见表6-38—表6-41）显示，不同生命周期阶段的企业不同类型环保投资与环境管理成熟度以及 *MOEM*×*SLACK* 的关系也与前文保持一致，说明研究假设通过了稳健性检验，进一步巩固了本节研究结论。

表 6 -37　企业环保投资的 Tobit 回归的稳健性检验结果——删除 2007—2008 年样本

变量	全样本	全样本	成长期	成熟期	衰退期
SLACK	-16.083***	-16.676***	-10.499***	-25.076***	-12.654*
	(-6.18)	(-6.27)	(-2.70)	(-6.06)	(-1.78)
MOEM		0.290***	0.155	0.273***	0.887***
		(4.68)	(1.53)	(3.08)	(4.99)
MOEM × *SLACK*		1.805***	3.069***	1.784***	0.149
		(3.78)	(3.47)	(2.82)	(0.11)
ROA	-0.092**	-0.094**	-0.112	-0.181***	0.055
	(-2.02)	(-2.07)	(-1.42)	(-2.64)	(0.51)
LEV	0.035**	0.042***	0.036	0.041*	0.055
	(2.18)	(2.62)	(1.31)	(1.69)	(1.46)
VOL	-0.001	-0.001	-0.020	0.016	0.025
	(-0.08)	(-0.09)	(-1.22)	(0.65)	(0.55)
INSHARE	0.010	0.011	0.009	0.024	-0.005
	(0.83)	(0.84)	(0.48)	(1.29)	(-0.12)
IDR	-9.639*	-9.925*	-14.312*	-6.626	0.995
	(-1.81)	(-1.87)	(-1.79)	(-0.81)	(0.07)
TURN	0.733	0.748	1.657	0.619	-0.635
	(1.03)	(1.06)	(1.45)	(0.61)	(-0.32)
SIZE	3.932***	3.780***	3.378***	3.576***	4.052***
	(16.99)	(16.18)	(9.30)	(10.09)	(5.33)
HHI	-17.112***	-17.043***	-16.266***	-18.338***	-13.619***
	(-10.53)	(-10.56)	(-7.01)	(-7.08)	(-3.13)
常数项	-86.386***	-86.281***	-74.154***	-82.512***	-102.683***
	(-16.19)	(-16.37)	(-9.12)	(-10.18)	(-6.06)
N	7648	7648	3509	2999	1140
Pseudo R^2	0.0324	0.0333	0.0262	0.0458	0.0270
F	115.6	95.22	35.09	52.59	9.866

注：***、**、*分别表示1%、5%、10%的显著性水平。

表6－38　　企业前瞻性环保投资的Tobit回归的稳健性结果——企业生命周期的重新划分

变量	成长期	成熟期	衰退期
SLACK	－34.168***	－14.273*	－24.313**
	(－4.71)	(－1.67)	(－2.36)
MOEM	0.420***	0.642***	0.563**
	(2.93)	(3.59)	(2.36)
MOEM×*SLACK*	3.260***	5.121***	4.051*
	(3.15)	(3.31)	(1.84)
ROA	－0.468***	－0.667***	－0.016
	(－2.85)	(－3.92)	(－0.08)
LEV	0.010	0.027	0.187***
	(0.28)	(0.54)	(2.90)
VOL	－0.040	0.090**	－0.022
	(－1.03)	(2.13)	(－0.45)
INSHARE	－0.055*	－0.016	0.096**
	(－1.71)	(－0.47)	(2.39)
IDR	－10.423	11.172	－33.809
	(－0.80)	(0.76)	(－1.63)
TURN	－0.100	－0.209	4.421
	(－0.06)	(－0.10)	(1.57)
SIZE	6.783***	4.870***	2.025**
	(12.87)	(7.43)	(2.54)
HHI	－21.373***	－21.790***	－18.522***
	(－4.82)	(－4.59)	(－3.36)
常数项	－163.937***	－131.406***	－62.271***
	(－13.33)	(－9.09)	(－3.32)
N	3350	2323	1599
Pseudo R^2	0.0507	0.0379	0.0373
F	44.96	21.13	14.67

注：***、**、*分别表示1%、5%、10%的显著性水平。

表 6 -39　　企业前瞻性环保投资的 Tobit 回归的稳健性结果——删除 2007—2008 年样本

变量	全样本	全样本	成长期	成熟期	衰退期
SLACK	-22.632 *** (-5.23)	-25.411 *** (-5.53)	-12.767 ** (-2.05)	-46.985 *** (-5.30)	-15.514 (-1.37)
MOEM		0.482 *** (5.11)	0.356 ** (2.34)	0.542 *** (3.64)	1.164 *** (4.39)
MOEM × *SLACK*		3.234 *** (4.47)	5.353 *** (4.09)	3.160 *** (2.77)	1.867 (0.93)
ROA	-0.139 ** (-1.99)	-0.142 ** (-2.03)	-0.194 * (-1.67)	-0.114 (-1.03)	-0.014 (-0.08)
LEV	0.020 (0.80)	0.032 (1.30)	0.033 (0.80)	0.061 (1.64)	-0.063 (-1.04)
VOL	0.004 (0.20)	0.004 (0.21)	-0.020 (-0.76)	0.029 (0.72)	0.085 (1.16)
INSHARE	-0.023 (-1.18)	-0.022 (-1.14)	0.011 (0.37)	-0.036 (-1.18)	-0.093 (-1.52)
IDR	-9.194 (-1.07)	-9.947 (-1.15)	-20.695 (-1.62)	-6.121 (-0.44)	28.496 (1.27)
TURN	-0.336 (-0.30)	-0.298 (-0.26)	1.982 (1.14)	-0.545 (-0.33)	-5.405 (-1.59)
SIZE	5.580 *** (16.48)	5.340 *** (15.60)	4.748 *** (8.93)	5.012 *** (9.70)	6.167 *** (5.23)
HHI	-20.642 *** (-7.39)	-20.561 *** (-7.45)	-15.845 *** (-4.28)	-24.632 *** (-5.21)	-24.328 *** (-3.05)
常数项	-135.910 *** (-17.19)	-135.373 *** (-17.34)	-117.923 *** (-9.76)	-130.669 *** (-10.81)	-169.222 *** (-6.56)
N	7648	7648	3509	2999	1140
Pseudo R^2	0.0368	0.0384	0.0299	0.0567	0.0327
F	81.82	69.94	26.06	38.72	7.638

注：***、**、*分别表示1%、5%、10%的显著性水平。

表6-40 企业治理性环保投资 Tobit 回归的稳健性检验结果——企业生命周期的重新划分

变量	成长期	成熟期	衰退期
SLACK	-18.945*** (-4.02)	-16.183** (-2.23)	-15.021* (-1.89)
MOEM	0.234** (2.16)	0.182 (1.16)	-0.198 (-0.91)
MOEM×SLACK	0.582 (0.68)	3.863*** (2.81)	-0.701 (-0.35)
ROA	-0.117 (-1.20)	-0.074 (-0.54)	0.199 (1.27)
LEV	0.008 (0.29)	0.085* (1.93)	0.222*** (3.92)
VOL	0.026 (0.96)	0.075** (2.13)	0.091** (2.14)
INSHARE	0.031 (1.36)	0.022 (0.73)	-0.008 (-0.22)
IDR	-14.330 (-1.57)	-21.901* (-1.72)	-6.968 (-0.45)
TURN	1.823 (1.56)	1.125 (0.61)	-1.679 (-0.60)
SIZE	3.896*** (9.42)	3.595*** (6.11)	1.360* (1.85)
HHI	-19.736*** (-6.96)	-7.741** (-2.32)	-20.988*** (-4.21)
常数项	-93.350*** (-9.91)	-95.147*** (-7.20)	-56.138*** (-3.33)
N	3350	2323	1599
Pseudo R^2	0.0282	0.0249	0.0250
F	31.10	15.43	9.334

注：***、**、*分别表示1%、5%、10%的显著性水平。

表 6-41　　企业治理性环保投资 Tobit 回归的稳健性检验结果——删除 2007—2008 年样本

变量	全样本	全样本	成长期	成熟期	衰退期
SLACK	-15.719 ***	-16.089 ***	-11.729 **	-21.003 ***	-13.344
	(-4.73)	(-4.80)	(-2.32)	(-4.15)	(-1.55)
MOEM		0.147 *	-0.078	0.169	0.775 ***
		(1.83)	(-0.58)	(1.49)	(3.52)
MOEM × *SLACK*		1.097 *	1.520	1.709 **	-1.238
		(1.70)	(1.26)	(2.03)	(-0.70)
ROA	-0.075	-0.077	-0.080	-0.182 **	0.007
	(-1.27)	(-1.32)	(-0.77)	(-2.05)	(0.05)
LEV	0.047 **	0.050 **	0.031	0.048	0.107 **
	(2.33)	(2.44)	(0.87)	(1.56)	(2.42)
VOL	-0.013	-0.013	-0.027	-0.001	0.003
	(-0.80)	(-0.81)	(-1.25)	(-0.03)	(0.06)
INSHARE	0.040 **	0.040 **	0.026	0.058 **	0.043
	(2.48)	(2.47)	(1.06)	(2.40)	(0.85)
IDR	-11.604 *	-11.797 *	-5.575	-18.195 *	-6.803
	(-1.74)	(-1.76)	(-0.55)	(-1.78)	(-0.37)
TURN	0.907	0.916	0.443	1.167	1.130
	(0.99)	(1.00)	(0.29)	(0.89)	(0.49)
SIZE	3.254 ***	3.182 ***	3.071 ***	2.800 ***	3.702 ***
	(11.06)	(10.70)	(6.55)	(6.21)	(4.09)
HHI	-15.428 ***	-15.380 ***	-16.358 ***	-17.004 ***	-6.314
	(-7.69)	(-7.69)	(-5.47)	(-5.37)	(-1.27)
常数项	-81.265 ***	-82.591 ***	-80.439 ***	-70.351 ***	-104.722 ***
	(-12.01)	(-12.35)	(-7.64)	(-6.91)	(-5.15)
N	7648	7648	3509	2999	1140
Pseudo R^2	0.0242	0.0244	0.0201	0.0303	0.0274
F	62.09	50.44	18.88	26.97	7.758

注：***、**、*分别表示 1%、5%、10% 的显著性水平。

六 本节小结

本节利用 2007—2018 年中国 A 股重污染行业上市公司的数据，使用 Tobit 模型实证研究发现：

第一，资源松弛度与企业环保投资规模负相关，说明松弛资源不一定总能被管理者用于履行环保责任，管理者在运用松弛资源时存在机会主义行为。

第二，环境管理成熟度能够缓解资源松弛度与企业环保投资规模的负相关关系，说明企业需要加强内部环境管理，形成制度化的激励与约束机制，从而促进管理者将松弛资源更多地投入环保项目。

第三，处于不同生命周期阶段的企业环境管理成熟度对资源松弛度与企业环保投资关系的调节作用存在显著差异，相比于衰退期，成长期和成熟期企业的环境管理成熟度更能缓解资源松弛度对企业环保投资规模的负向影响，说明在企业发展进程中，环境管理成熟度对资源松弛度与企业环保投资规模关系的调节作用呈动态变化。

第四，环境管理成熟度对资源松弛度与企业不同类型环保投资之间关系的调节作用存在显著差异。与企业治理性环保投资相比，环境管理成熟度对资源松弛度与企业前瞻性环保投资规模之间负相关关系的调节作用更加显著。

第五，环境管理成熟度在不同生命周期阶段对资源松弛度与企业不同类型环保投资之间关系的调节作用存在显著差异。与衰退期企业相比，处于成熟期的企业环境管理成熟度均能缓解资源松弛度对企业不同类型环保投资规模的负向影响，而成长期企业的环境管理成熟度仅能缓解资源松弛度对企业前瞻性环保投资规模的负向影响。

第七章　基于内部控制视角的企业环保投资经济后果实证研究

第一节　董事环境专业性、企业环保投资与环境绩效

由于全球化和技术的发展，组织与利益相关者的关系不断变化，要求董事会从传统控制管理层的角色向更加主动的角色转变，即董事会的角色已从传统的以股东为中心的角色和职责扩展到了各个利益相关者[①]。因此，对董事会成员的组成和角色进行研究成为公司治理研究中的更广阔视角的一部分。董事会成员组成特征是新兴快速发展的研究领域之一，大多数研究者提倡董事会成员之间的差异化效能，学者们认为董事向董事会提供新的见解和观点是提高组织效能的一种手段[②]。

其中董事专业背景被作为董事认知与价值观的代理变量，用于解释在公司治理实践中，董事专业性对企业战略决策和组织运营等方面产生的影响。大多数文献关注了工商管理专业和法学专业背景的董事对企业绩效的影响。Coffey 和 Wang（2010）[③]、Margaret 和 Jonson（2013）[④] 研究发现 CEO 是否拥有工商管理专业学位与企业财务绩效没有显著相关关系。而

---

① Hung H.，"Directors' Roles in Corporate Social Responsibility：A Stakeholder Perspective"，*Journal of Business Ethics*，No. 103，2011，pp. 383 –402.

② Siciliano J. I.，"The Relationship of Board Member Diversity to Organizational Performance"，*Journal of Business Ethics*，No. 15，1996，pp. 1313 –1320.

③ Coffey B. S.，Wang J.，"Board Diversity and Managerial Control as Predictors of Corporate Social Performance"，*Journal of Business Ethics*，No. 17，1998，pp. 1595 –1603.

④ Margaret L.，Jonson E. P.，"CEO business education and firm financial performance：A case for humility rather than hubris"，*Education + Training*，No. 55，2013，pp. 461 –477.

持不一致观点的学者认为接受过工商管理专业教育的 CEO 更善于权衡风险与绩效，更可能做出相对激进的投资决策，使企业的短期盈余波动性较大和风险承受水平较高①。Tseng 和 Jian（2016）② 研究发现接受过顶级工商管理专业教育的董事会成员有助于企业品牌发展。

另外，具有法学专业背景被认为能够促进企业董事更好地发挥监督职能。王凯等（2016）③ 研究发现法学专业背景的独立董事具有较强的事前监督和事后监督功能。除了具有监督功能，法学专业背景的董事还可以帮助企业应对诉讼和监管④，因此 Litov 等（2014）⑤ 认为企业聘请法律专业背景的董事的收益大于成本。Krishnan 等（2011）⑥ 基于两种财务报告质量指标研究发现，具有法学专业教育背景的董事占比与企业财务报告质量显著正相关。随着研究的深入，法学专业背景的咨询功能被佐证。何威风和刘巍（2017）⑦ 研究发现上市公司聘请法学专业背景的独立董事更多地出于法律咨询的需要，而非监督功能需要。

在企业社会责任研究领域，现有文献均表明公司治理中董事会在确保企业实现社会责任目标方面发挥着重要作用⑧。其中，企业董事的教育背景会影响其对企业环境问题的认识和战略决策，其中工商管理专业背景可以为董事提供对企业复杂性和经营环境的基础认识，提高董事在进行战略

---

① 周为：《公司高管教育背景与风险承受水平的研究》，博士学位论文，武汉大学，2014 年。

② Tseng C., Jian J., "Board Members' Educational Backgrounds and Branding Success in Taiwanese Firms", *ASIA Pacific Management Review*, No. 21, 2016, pp. 111 - 124.

③ 王凯、武立东、许金花：《专业背景独立董事对上市公司大股东掏空行为的监督功能》，《经济管理》2016 年第 11 期。

④ 全怡、陈冬华：《法律背景独立董事：治理、信号还是司法庇护？基于上市公司高管犯罪的经验证据》，《财经研究》2017 年第 2 期；唐建新、程晓彤：《法律背景独立董事与中小投资者权益保护》，《当代经济管理》2018 年第 5 期。

⑤ Litov L. P., Sepe S. M., Whitehead C. K., "Lawyers and Fools: Lawyer-Directors in Public Corporations", *Cornell Law Faculty Publications*, Vol. 102, No. 2, 2014, pp. 413 - 480.

⑥ Krishnan J., Wen Y., Zhao W., "Legal Expertise on Corporate Audit Committees and Financial Reporting Quality", *The Accounting Review*, Vol. 86, No. 6, 2011, pp. 2099 - 2130.

⑦ 何威风、刘巍：《公司为什么选择法律背景的独立董事》，《会计研究》2017 年第 4 期。

⑧ Coffey B. S., Wang J., "Board Diversity and Managerial Control as Predictors of Corporate Social Performance", *Journal of Business Ethics*, No. 17, 1998, pp. 1595 - 1603; Rao K., Tilt C., "Board Composition and Corporate Social Responsibility: The Role of Diversity, Gender, Strategy and Decision Making", *Journal of Business Ethics*, No. 38, 2016, pp. 327 - 347.

决策时对需要考虑的伦理因素的理解，进而影响战略决策，因此在制度压力下，工商管理专业背景有助于董事对利益相关者与企业经营环境之间交易复杂性的理解，导致董事的利他行为①。Slater 和 Dixon-Fowler（2010）②研究发现 CEO 的工商专业背景与企业环境绩效正相关。而具有法学专业背景的董事可以为企业提供更为有效的律法咨询服务，对不确定性风险更为敏感，并会利用自身法律知识最小化企业的法律风险③。董事会中具有法学专业背景董事的比例越高，风险厌恶程度就越高，披露环境信息的意愿越低④。

通过对现有文献的梳理发现，更多的文献关注工商管理专业和法学专业知识对企业绩效和企业社会责任行为的影响，而较少文献关注董事的环境专业背景。董事对制度压力的认知受到自身专业背景特征的影响，那么环境专业性使董事具有环保方面的专业理解和判断，这会对企业环保投资行为和环境绩效产生怎样的影响呢？因此，本节以董事环境专业性为视角，探讨董事专业知识在企业环保投资决策方面和实现环境绩效方面发挥的治理作用。

另外，现有文献更多地关注董事的专业知识对企业环境实践活动或者环境绩效的直接影响研究⑤，忽略了实现环境绩效的路径。环境绩效是企业开展一系列环境管理、环保研发、技术应用、设备使用和管理等环境污

---

① Pascal D., Mersland R., Mori N., "The Influence of the CEO's Business Education on the Performance of Hybrid Organizations: The Case of the Global Microfinance Industry", *Small Business Economics*, Vol. 49, No. 2, 2017, pp. 339 – 354.

② Slater D. J., Dixon-Fowler H. R., "The Future of the Planet in the Hands of MBAs: An Examination of CEO MBA Education and Corporate Environmental Performance", *Academy of Management Learning & Education*, Vol. 9, No. 3, 2010, pp. 429 – 441.

③ Dharwadkar R., Guo J., Shi L., Yang R., "Corporate Social Irresponsibility and Boards: The Implications of Legal Expertise", *Journal of Business Research*, No. 125, 2021, pp. 143 – 154.

④ Lewis B. W., Walls J. L., Dowell G. W. S., "Difference in Degrees: CEO Characteristics and Firm Environmental Disclosure", *Strategic Management Journal*, Vol. 35, No. 5, 2014, pp. 712 – 722.

⑤ Ortiz-de-Mandojana N., Aragon-Correa J. A., Delgado-Ceballos J., Ferrón-Vílchez V., "The Effect of Director Interlocks on Firms' Adoption of Proactive Environmental Strategies", *Corporate Governance: An International Review*, Vol. 20, No. 2, 2012, p. 164; Homroy S., Slechten A., "Do Board Expertise and Networked Boards Affect Environmental Performance?", *Journal of Business Ethics*, No. 158, 2019, pp. 269 – 292; Dass N., Kini O., Nanda V., Onal B., Wang J., "Board Expertise: Do Directors from Related Industries Help Bridge the Information Gap?", *Review of Financial Studies*, Vol. 27, No. 5, 2014, pp. 1533 – 1592.

染防治行为的结果，若直接研究董事专业性对环境绩效的影响，则不利于明确企业进行“决策—行为—结果”的路径。因此，本节不仅探讨了董事环境专业性对环境绩效的直接影响，还将企业环保投资作为中介变量，探讨了董事环境专业性对环境绩效影响的路径。

研究董事专业性对企业环保实践或者环境绩效的影响，呈现了零散且矛盾的结果[①]。因此，有必要采用更稳健的实证方法探讨公司治理中董事专业性对企业环保责任履行及其效果的影响。由于上市公司董事环境专业性的代理变量选择可能存在自选择问题，这种情况下，直接运用最小二乘法进行回归的结果会存在偏差。因此，本节采用倾向得分匹配法（PSM）检验董事环境专业性对企业环保投资与环境绩效的影响，使研究结果更稳健。

本节的研究贡献有以下三点：一是考虑到董事环境专业性能够反映董事的认知基础和价值观，会影响董事的风险偏好及商业道德，以拥有环境专业背景的董事为视角，探讨董事专业性的治理作用，通过检验企业环保投资对董事环境专业性和环境绩效间的中介作用，拓展了董事环境专业性发挥作用的可能渠道，丰富了对董事会治理有效性的研究成果。二是通过验证董事环境专业性在企业环保投资决策中起到的战略建议作用，为董事的职能发挥及其治理有效性的识别找到了新的角度。三是以中国重污染行业企业为样本，采用更稳健的 PSM 方法，增补了当前企业环保投资影响因素及其绩效的经验证据，进一步扩展了企业绿色发展理论，亦为企业设置合理的环境管理制度，以及监管部门完善董事会治理规制具有一定的借鉴意义。

一 董事环境专业性影响企业环保投资和环境绩效的理论分析

在现代企业管理中，由于经营权和所有权的分离，董事会在公司控制和决策中起着核心作用。在公司治理研究中，早期学者们较多地关注董事

---

① Slater D. J., Dixon-Fowler H. R., “The Future of the Planet in the Hands of MBAs: An Examination of CEO MBA Education and Corporate Environmental Performance”, *Academy of Management Learning & Education*, Vol. 9, No. 3, 2010, pp. 429 – 441; Lewis B. W., Walls J. L., Dowell G. W. S., “Difference in Degrees: CEO Characteristics and Firm Environmental Disclosure”, *Strategic Management Journal*, Vol. 35, No. 5, 2014, pp. 712 – 722.

会的监督职能[①]，认为董事会可以监督管理者行为，从而降低股东与管理者之间的代理成本[②]。但是，近期有关于董事会的咨询作用得到验证[③]。根据资源依赖理论，董事对外部资源的掌控，拥有的专业知识、经验技能作为企业特殊资源，使董事的咨询功能得以发挥。

董事会作为企业最重要的决策和管理机构，将在企业的生产经营计划和投资方案中充分考虑环境因素，从而实现将获取竞争优势的必要性与确保和增强社会合法性的目标联系在一起[④]。相关研究表明董事会对企业社会责任履行有重要影响，企业缺乏决策能力导致企业社会责任表现不佳。而提高董事会决策能力的重要因素之一即是董事的专业性，特别是有关环境专业背景将对董事会的环保决策能力产生重要影响。在环保战略决策中，拥有环境专业背景的董事具有更强的战略和经营决策话语权，其环境专业性对企业环保投资决策及其环境绩效产生直接影响。

在中国，明确执行“因地制宜”的环境防治差别化环保政策，这对企业环保投资战略选择产生重要影响[⑤]。特别对重污染行业而言，政府在融资政策、税收政策、命令控制性环境规制等方面均不断变化，企业需要关注不断变化的政府环境管制信息，也需要关注其他供应商和客户行业发展，这无疑增加了企业之间的信息差异，也扩大了股东和管理者之间的信息鸿沟。董事具有的环境专业背景，能为提升环境绩效提供多样化的观点和专业性建议，加强前期信息处理，识别和发展更多投资机会，缩小信息

---

① Fama E. F., Jensen M. C., “Agency Problems and Residual Claims”, *Journal of Law and Econimic*, Vol. 26, No. 2, 1983, pp. 327 – 349; Weisbach M. S., “Outside Directors and CEO Turnover”, *Journal of Financial Economics*, Vol. 20, No. 1, 1988, pp. 431 – 460.

② 杨青、薛宇宁、Yurtoglu B. B.：《我国董事会职能探寻：战略咨询还是薪酬监控》，《金融研究》2011 年第 3 期；程新生、赵旸：《权威董事专业性、高管激励与创新活跃度研究》，《管理科学学报》2019 年第 3 期。

③ Dass N., Kini O., Nanda V., Onal B., Wang J., “Board Expertise: Do Directors from Related Industries Help Bridge the Information Gap?”, *Review of Financial Studies*, Vol. 27, No. 5, 2014, pp. 1533 – 1592; Coles J. L., Daniel N. D., Naveen L., “Boards: Does One Size Fit All?”, *Journal of Financial Economics*, Vol. 87, No. 2, 2008, pp. 329 – 356.

④ Hart S. L., “A Natural-Resource-Based View of the Firm”, *Academy of Management Review*, Vol. 20, No. 4, 1995, pp. 986 – 1014.

⑤ 问文、胡应得、蔡荣：《排污权交易政策与企业环保投资战略选择》，《浙江社会科学》2015 年第 11 期；毕茜、于连超：《环境税、媒体监督和企业绿色投资》，《财会月刊》2016 年第 20 期。

鸿沟。当环境问题导致企业承担具有不确定性和复杂性的巨大资本支出并影响企业经营绩效时，企业将寻求董事在环境影响、环境规范、环境技术、环境污染等专业知识方面的帮助，获得董事的专业建议，以便降低企业对环保投资项目评估和决策的不确定性风险。董事环境专业性使董事成为环境信息优势群体，更容易看到企业环保方面投资所带来环境绩效及其所产生的价值提升，也更容易能看到污染事件导致的价值损失。

另外，中国上市公司中的董事兼任情况较多，董事兼任所形成的董事网络成为政策制定信息的非正式获取渠道和重要信息桥梁，能够以更低的成本发现外部的环境资源和机会①，与内部资源形成优势互补，增强环境专业董事的咨询作用②。Dass 等（2014）③ 的研究显示，企业受益于任命具有特定相关行业工作经验和环境可持续性领域的董事。因为拥有环境专业背景的董事可以更好地为企业提供环境问题方面的咨询服务，拓宽资源获取渠道。这些资源有助于实现企业之间的优势互补、提高企业环保投资水平、产生更显著的环境绩效。拥有环境专业背景的董事还能通过团队学习促进内部知识的整合与分享，带来协同效应④，进而提升环境绩效。

综合上述分析，董事环境专业性将对企业环保投资与环境绩效产生直接正向影响。基于此，本节提出假设 H7.1 与 H7.2：

H7.1：董事环境专业性与企业环境绩效正相关。

H7.2：董事环境专业性与企业环保投资规模正相关。

二 企业环保投资影响环境绩效的理论分析

由于环境问题已经成为现代社会关注的主要问题，对于重污染行业企

---

① Villiers C. D., Naiker V., Staden C. J. V., "The Effect of Board Characteristics on Firm Environmental Performance", *Journal of Management*, Vol. 37, No. 6, 2011, pp. 1636 - 1663；陈运森、郑登津：《董事网络关系、信息桥与投资趋同》，《南开管理评论》2017 年第 3 期；严若森、华小丽：《环境不确定性、连锁董事网络位置与企业创新投入》，《管理学报》2017 年第 3 期。

② 邹海量、曾赛星、林翰、翟育明：《董事会特征、资源松弛性与环境绩效：制造业上市公司的实证分析》，《系统管理学报》2016 年第 2 期。

③ Dass N., Kini O., Nanda V., Onal B., Wang J., "Board Expertise: Do Directors from Related Industries Help Bridge the Information Gap?", *Review of Financial Studies*, Vol. 27, No. 5, 2014, pp. 1533 - 1592.

④ 程新生、赵旸：《权威董事专业性、高管激励与创新活跃度研究》，《管理科学学报》2019 年第 3 期。

业而言，面对着越来越严格的环境规制，随着媒体监督和公众关注度，以及其他利益相关者的压力增加，促使企业通过环保投资来提升环境绩效减少负面影响①。

企业环境绩效是环境战略及其执行的结果，董事会在企业内部治理机制中处于核心地位，董事环境专业性影响企业环保战略决策，企业环保战略会影响企业环保投资的方向②，企业实施合规性环保战略和预防性环保战略将产生不同的环境绩效结果③。当企业董事不具有管理新环境技术或过程方面发展专门知识或技能时，企业更倾向于合规性环保战略。此时，企业将依靠末端管道治理投资减少污染排放物，如企业通过自身现有的污染物处理设备、厂房和技术，添加除污或过滤设备等有形资源来实现合法性目标，降低违规成本、环境处罚和罚金，产生直接环境绩效。

实施预防性环保战略对企业内部管理和专门知识的要求更加严格④。某些预防性战略下的投资项目还要求员工的全面参与，并提高了对工人的技能要求。如中国要求实施清洁生产的企业必须从原材料入手，使用清洁原料和能源，并通过采用先进工艺技术与设备，嵌入环境管理系统等措施，实现生产、服务、产品使用等环节的环境保护目标。可见，企业实施预防性环保战略要求有一个更全面、更复杂的管理过程和环境知识支撑。

因此，董事环境专业性将促进企业实施预防性环保战略，此时企业强

① 刘蓓蓓、俞钦钦、毕军、张炳、张永亮：《基于利益相关者理论的企业环境绩效影响因素研究》，《中国人口·资源与环境》2009年第6期；黎文靖、路晓燕：《机构投资者关注企业的环境绩效吗？——来自我国重污染行业上市公司的经验证据》，《金融研究》2015年第12期；马衍、金尧娇：《异质性环境规制、环保投资与企业绩效——财务与环境双重绩效视角》，《会计之友》2022年第9期。

② Hart S. L.，"A Natural-Resource-Based View of the Firm"，*Academy of Management Review*，Vol. 20，No. 4，1995，pp. 986 – 1014；杜兴强、殷敬伟、张颖、杜颖洁：《国际化董事会与企业环境绩效》，《会计研究》2021年第10期。

③ Henriques I.，Sadorsky P.，"The Relationship Between Environmental Commitment and Managerial Perceptions of Stakeholder Importance"，*Academy of Management Journal*，Vol. 42，No. 1，1999，pp. 87 – 99；Wanger M.，Schaltegger S.，"The Effect of Corporate Environmental Strategy Choice and Environmental Performance on Competitiveness and Economic Performance：An Empirical Study of EU Manufacturing"，*European Management Journal*，Vol. 22，No. 5，2004，pp. 557 – 572；薛求知、伊晟：《环境战略、经营战略与企业绩效——基于战略匹配视角的分析》，《经济与管理研究》2014年第10期。

④ Buysse K.，Verbeke A.，"Proactive Environmental Strategies：A Stakeholder Management Perspective"，*Strategic Management Journal*，Vol. 24，No. 5，2003，pp. 453 – 470.

调从源头控制和减少污染排放、进行污染防治技术和工艺、绿色产品研发投资，通过获取无形资源来实现环境绩效。企业将依法对污染排放物治理的低级环保投资转化为较主动的预防性的高级环保投资，从而实现合法性目标的同时提高企业绿色核心竞争力，有效提高企业环境绩效。

基于此，本节提出假设 H7.3 与 H7.4：

H7.3：企业环保投资规模与企业环境绩效正相关。

H7.4：企业环保投资在董事环境专业性与企业环境绩效之间具有中介作用。

三 研究设计

（一）样本选择与数据来源

1. 样本选择

本节选取 2009—2018 年沪深两市 A 股重污染行业上市公司作为研究样本，原因在于：一方面，2009 年避开了国际金融危机对企业数据的影响。另一方面，2018 年环境保护部等组建为生态环境部，整合了全部原有职责和其他 6 个部门的相关职责。为了保证数据的相对客观性和统计口径的一致性，本节样本区间从 2009 开始，截至 2018 年。重污染行业根据中国环保部公布的《上市公司环保核查行业分类管理名录》（环办函〔2008〕373 号）和《上市公司环保核查行业分类管理名录》参考确定。本节剔除了样本中 ST 和 *ST 公司的观测值，剔除相关数据存在缺失的观测值，共收集重污染行业上市公司样本为 7064 个。

2. 数据来源

文中企业环保投资数据根据年报披露的数据并通过手工收集获得；企业环境指标构成之一的 ISO14001 环境管理体系认证数据来自中国合格评定国家认可委员会（www.cnas.org.cn），另外，企业合法性数据通过收集 Wind 数据库处罚公告，并通过手工整理获得；董事环境专业性数据来自 CSMAR 数据库，并通过手工整理获得；其他指标来自 Wind 数据库。为了派驻极端值的影响，本节对连续变量进行了首尾各 1% 水平的 Winsorization 处理。

（二）模型构建与变量选择

1. 模型构建

本节采用依次检验法对企业环保投资在董事环境专业性与环境绩效之

间的中介作用进行检验[①]。

（1）检验董事环境专业性对环境绩效的影响

由于上市公司董事环境专业性可能存在自选择问题，即公司可能并不是随机地决定是否任用拥有环境任职经历或环境专业教育背景的董事，而是企业原本就采取了环保战略才决定任用拥有环境任职经历或环境专业教育背景的董事。也就是说，即使观察到任用拥有环境任职经历或环境专业教育背景的董事的企业环境绩效较高，也有可能是企业自身差异造成的，而我们无法观察是否由于任用了拥有环境任职经历或环境专业教育背景的董事导致企业环境绩效提高。因此，本节希望在任用拥有环境任职经历或环境专业教育背景的董事和没有任用拥有环境任职经历或环境专业教育背景的董事的企业之间比较其环境绩效的差异时，其他方面尽可能相近以避免样本选择性偏误。

本节采用 PSM 方法估计企业是否任用拥有环境任职经历或环境专业教育背景的董事对企业环境绩效的影响。PSM 方法是用于评估某一行为或政策实施后的效应，通过倾向得分找到与处理组尽可能相似的控制组，并进行配对分析，有效避免选择偏误并有效去除控制变量等可观察因素对考察变量的混杂偏移的一种处理方法。

按照企业董事是否拥有环境任职经历或环境专业教育背景将总体样本分为两大类：一是处理组，企业任用了拥有环境任职经历或环境专业教育背景的董事，记为 $EED_i=1$；二是控制组，企业未任用拥有环境任职经历或环境专业教育背景的董事，记为 $EED_i=0$。

第一步，使用 Logit 回归模型估计出企业任用拥有环境任职经历或环境专业教育背景董事的概率得分。根据以往的研究表明，企业特征和企业治理变量是影响企业任用董事类型的重要因素，因此本节构建如下 Logit 回归模型（7－1）：

$$\begin{aligned} Logit(p) = \ln\left(\frac{p}{1-p}\right) = {} & \beta_0 + \beta_1 ROA_t + \beta_2 LEV_t + \beta_3 MTBV_t + \\ & \beta_4 VOLATILITY_t + \beta_5 SLACK_t + \beta_6 INSHARE_t + \\ & \beta_7 IDR_t + \beta_8 TURN_t + \beta_9 AGE_t + \beta_{10} SIZE_t + \\ & \beta_{11} STATE_t + \beta_{12} EM_t + \varepsilon \end{aligned} \tag{7-1}$$

① 温忠麟、叶宝娟：《中介效应分析：方法和模型发展》，《心理科学进展》2014 年第 5 期。

$$p = \frac{e^{y}}{1 + e^{y}} \tag{7-2}$$

其中，y 为模型（7－2）的因变量 EED 的估计值，p 表示每家企业任用拥有环境任职经历或环境专业教育背景董事的概率，即倾向得分。

第二步，对每家任用拥有环境任职经历或环境专业教育背景董事的企业寻找概率得分最近的同一年度未任用拥有环境任职经历或环境专业教育背景董事的企业作为配对样本。

第三步，计算平均处理效应（ATT），估计董事环境专业性对企业环境绩效影响的净效应。

$$ATT = E\ \{Y_{1i} - Y_{0i} \mid EED_i = 1\} \tag{7-3}$$

其中，Y 衡量企业环境绩效，Y_{1i}是任用了拥有环境任职经历或环境专业教育背景董事的企业环境绩效，Y_{0i}是未任用拥有环境任职经历或环境专业教育背景董事的企业环境绩效。$Y_{1i} - Y_{0i}$ 即董事环境专业性对环境绩效的处理效应。

（2）检验董事环境专业性对企业环保投资的影响

依然采用 PSM 方法检验董事环境专业性对企业环保投资的处理效应，估计程序同上。

（3）检验董事环境专业性通过企业环保投资对环境绩效的间接影响

为了更好解决自变量与不可观察的个体效应相关的内生性问题，本节构建固定效应模型（7－4），用于检验企业环保投资对环境绩效的影响，以及在模型（7－4）的基础上增加变量 EED 构建模型（7－5），用于检验企业环保投资在董事环境专业性与环境绩效之间的中介效应：

$$\begin{aligned} CEP_t = {} & \beta_0 + \beta_1 EPI_t + \beta_2 ROA_t + \beta_3 LEV_t + \beta_4 MTBV_t + \\ & \beta_5 VOLATILITY_t + \beta_6 SLACK_t + \beta_7 INSHARE_t + \\ & \beta_8 IDR_t + \beta_9 TURN_t + \beta_{10} AGE_t + \beta_{11} SIZE_t + \\ & \beta_{12} STATE_t + \varepsilon \end{aligned} \tag{7-4}$$

$$\begin{aligned} CEP_t = {} & \beta_0 + \beta_1 EED_t + \beta_2 EPI_t + \beta_3 ROA_t + \beta_4 LEV_t + \\ & \beta_5 MTBV_t + \beta_6 VOLATILITY_t + \beta_7 SLACK_t + \\ & \beta_8 INSHARE_t + \beta_9 IDR_t + \beta_{10} TURN_t + \\ & \beta_{11} AGE_t + \beta_{12} SIZE_t + \beta_{13} STATE_t + \varepsilon \end{aligned} \tag{7-5}$$

2. 变量选择

（1）因变量

企业环境绩效（*CEP*），从数据可获得性角度出发，目前国外学者大多采用 ESG 评级机构发布的数据作为环境绩效指标的数据来源，如最受欢迎的 KLD 公司发布的相关评分指数①，美国 IRRC 数据库公开发布的有毒物质排放清单②。部分研究利用了美国和欧洲评级机构数据库 ASSET4 中的污染物排放数据③。国外学者大多采用污染物排放量作为环境绩效代理变量④。而中国学者更多地采用上市公司社会责任报告中披露的环境奖励情况⑤、污染物排放情况⑥和环境惩罚情况⑦作为环境绩效的代理变量。

本节根据 ISO14001 的定义⑧、ISO14031 环境绩效评估的相关规定和相关文献研究经验，将企业环境绩效分为两个维度指标，即企业环境行为过程绩效和企业环境行为结果绩效。第一，企业环境行为过程绩效（*CEPP*）。采用企业是否获得 ISO14001 环境管理体系认证来衡量。该指标能够真实地反映企业环境管理的输出，较好地体现了企业环境行为过程

---

① Delmas M. , Blass VD. , "Measuring Corporate Environmental Performance: the Trade-offs of Sustainability Ratings", *Business Strategy and the Environment*, Vol. 19, No. 4, 2010, pp. 245 – 260.

② Al-Tuwaijria S. A. , Christensenb T. E. , Hughes II K. E. , "The Relations among Environmental Disclosure, Environmental Performance, and Economic Performance: A Simultaneous Equations Approach", *Accounting, Organizations and Society*, No, 29, 2004, pp. 447 – 471.

③ Escrig-Olmedo E. , Muñoz-Torres M. J. , Fernández-Izquierdo M Á, Rivera-Lirio J M, "Measuring Corporate Environmental Performance: A Methodology for Sustainable Development", *Business Strategy and the Environment*, Vol, 26, No. 2, 2017, pp. 142 – 162.

④ Klassen R. , McLaughlin C. P. , "The Impact of Environmental Management on Firm Performance", *Management Science*, Vol. 42, No. 8, 1996, pp. 1199 – 1214.

⑤ 邹海亮等：《董事会特征、资源松弛性与环境绩效：制造业上市公司的实证分析》，《系统管理学报》2016 年第 25 期；黎文靖、路晓燕：《机构投资者关注企业的环境绩效吗？——来自我国重污染行业上市公司的经验证据》，《金融研究》2015 年第 12 期。

⑥ 郝珍珍、李健、韩海彬：《中国工业行业环境绩效测度与实证研究》，《系统工程》2014 年第 7 期。

⑦ 徐莉萍等：《企业高层环境基调、媒体关注与环境绩效》，《华东经济管理》2018 年第 12 期。

⑧ ISO14001：1996 将环境绩效定义为一个组织基于环境方针、目标和指标、控制其环境因素所取得的可测量的环境管理系统成效。之后，ISO14001：2004 对环境绩效的定义进行了修订，将环境绩效定义为组织管理其环境因素的可测量的结果。与原有定义相比，前者强调环境绩效是环境管理系统的结果，后者强调环境绩效是控制环境因素的结果。可见，后者更加突出企业连续强化环境管理体系的动态过程。

绩效。第二，企业环境行为结果绩效（*CEOP*）。采用企业环境合法性情况作为代理变量。根据企业实现合法性程度进行赋值，具体见表7-1。第三，企业环境绩效（*CEP*）为企业环境行为过程绩效与企业环境行为结果绩效的得分总和，该指标最大值为4，最小值为0。

表7-1　　　　　　　　企业环境绩效指标构建

项目	分类	环境绩效衡量指标	评分标准	得分	数据来源
企业环境绩效	企业环境行为过程	ISO14001	获得ISO14001环境管理体系认证	1	中国认证信息网，手工整理
			未获得ISO14001环境管理体系认证	0	
	企业环境行为结果	环境合法性	未受到环境部门处罚	3	Wind数据库处罚公告，手工整理
			受到环保部门责令限期整改、罚款、挂牌督办	2	
			受到环保部门责令停产或发生环境污染事故	1	
			发生环境诉讼为0	0	

（2）中介变量：企业环保投资规模（*EPI*）。采用“当年新增环保投资额/平均资产”来衡量[①]，若企业未开展环保投资，该值为0。

（3）自变量：董事环境专业性（*EED*）。参照Rao和Tilt（2013）[②]的度量方式，若董事拥有环境任职经历或环境专业教育背景为1，否则为0。

第一，董事拥有环境任职经历主要通过5个细分项予以判断，若董事在其中一项以上有任职经历则认为董事拥有环境任职经历，具体项目如下：一是董事有在环保企业的任职经历，熟悉环保项目的管理、投融资业务。二是董事有在企业内部的环保部门或在企业内部从事环保相关研究工作的经历。三是董事有在政府环保职能部门任职的经历。四是董事有在高校或科研院所进行环境管理相关专业的教学和科研工作的经历。五是董事

① 唐国平、李龙会、吴德军：《环境管制、行业属性与企业环保投资》，《会计研究》2013年第6期。

② Rao K. K., Tilt C. A., “Corporate Governance and Corporate Social Responsibility: A Critical Review”, *Proceedings of the 7th Asia Pacific Interdisciplinary Research in Accounting Conference*, 2013.

有在环保类协会任职的经历。

第二，有关于董事环境专业教育背景的数据依据教育部公布的《普通高等学校高等职业教育（专科）专业目录》（以下简称《目录》）以及《目录》中描述的各专业培养的主要职业能力确定环境保护类专业。将各专业培养的主要职业能力含有环境保护、清洁生产、节水工程技术、污染治理技术等能力的纳入环境保护类专业。另外，部分环境专业背景通过董事在学期间研究方向确定，该信息通过新浪财经等网站进行手工收集补充获得。

本节分别从企业财务特征和内部治理因素方面设计了控制变量，详细的变量说明见表7－2。

表7－2　　研究变量说明

类型	变量符号	变量名	测量方法
因变量	*CEP*	企业环境绩效	*CEP* = *CEPP* + *CEOP*
中介变量	*EPI*	企业环保投资规模	当年新增企业环保投资额/平均资产
	PEI	企业前瞻性环保投资	当年新增企业前瞻性环保投资额/平均资产
	GEI	企业治理性环保投资	当年新增企业治理性环保投资额/平均资产
自变量	*EED*	董事环境专业性	董事拥有环境专业任职经历或环境专业教育背景为1，否则为0
控制变量	*ROA*	经营业绩	息税前利润/平均总资产
	LEV	财务杠杆	1/（1－资产负债率）
	MTBV	市场表现	权益市值/权益账面价值
	VOLATILITY	经营风险	年度股价波动率
	SLACK	财务松弛度	现金或现金等价物/期末总资产
	TURN	CEO变更	虚拟变量，若企业当年CEO发生了变更为1，否则为0
	INSHARE	机构投资者持股比例	机构投资者持股股数/总股数
	IDR	独立董事占比	独立董事人数/董事会总人数
控制变量	*SIZE*	企业规模	上市公司期末总资产的自然对数
	AGE	企业年龄	企业上市时间
	STATE	产权性质	国有控股公司为1，否则为0
	EM	环境管制强度	地方环境污染治理投资/GDP
	YEAR	年度	虚拟变量，8年取7个虚拟变量

四 董事环境专业性、企业环保投资规模与企业环境绩效关系的实证分析

（一）描述性统计

从表7-3可知，企业环境绩效最大值为4，最小值为0，均值为3.4655，中位数为3，说明少数样本企业环境绩效高于平均水平。重污染行业中企业环保投资规模的最大值和最小值分别为0.7910和0.0000，企业环保投资规模的中位数0.0000小于均值0.0043，说明较多样本企业环保投资规模低于平均值；董事环境专业性的均值为0.0442，最大值为1，最小值为0，说明大多数样本企业董事不具有环境专业任职经历或拥有环境专业教育背景；其他指标的最大值和最小值的差距较大，说明样本企业在经营业绩和内部治理水平上存在较大的差异。

表7-3　研究变量的描述性统计

变量	N	均值	标准差	最大值	最小值	中位数
CEP	7064	3.4655	0.5251	4	0	3
EPI	7064	0.0043	0.0209	0.7910	0.0000	0.0000
EED	7064	0.0442	0.2055	1	0	0
ROA	7064	4.7687	7.0666	92.8513	-64.4845	4.0362
LEV	7064	2.5443	8.4835	533.0490	1.0071	1.7349
MTBV	7064	7.0479	126.9514	9049.7210	-361.0293	3.2218
VOLATILITY	7064	47.1183	26.9445	545.2700	0.0000	41.1583
SLACK	7064	0.1537	0.1366	0.9309	-0.1648	0.1086
INSHARE	7064	39.1277	23.7795	186.9690	0.0000	39.9445
IDR	7064	0.3664	0.0514	0.8000	0.1429	0.3333
TURN	7064	0.1430	0.3501	1	0	0
AGE	7064	21.1135	4.7569	59	7	20
SIZE	7064	22.1024	1.3047	28.5087	18.8514	21.9048
STATE	7064	0.4108	0.4920	1	0	0
EM	7064	1.3036	0.6917	4.6600	0.0100	1.1700

（二）非参数检验与参数检验

为了初步检验董事环境专业性对企业环境绩效的影响差异，及其对企业环保投资规模的影响差异，进行 Kolmogorov-Smirnov Z 非参数检验和 T 值参数检验。

由表 7－4 的 K-S 检验结果可以发现，董事环境专业性对企业环境绩效的影响差异在 1% 显著性水平下显著（P 值 <0.01）。董事环境专业性对企业环保投资规模的影响差异在 5% 显著性水平下显著（P 值 <0.05）。

由表 7－4 的 T 检验结果可以发现，董事环境专业性对企业环境绩效的影响差异在 1% 显著性水平下显著（P 值 <0.01）。董事环境专业性对企业环保投资规模的影响差异在 1% 显著性水平下显著（P 值 <0.01）。

由上述非参数检验和参数检验结果可知，董事环境专业性分别对企业环境绩效和企业环保投资规模产生显著的影响差异。

表 7－4　董事环境专业性对企业环保投资规模与企业环境绩效影响差异的非参数检验与参数检验结果

项目	分组	K-S 检验		T 检验	
综合环境绩效	*EED* = 1	D 值	P 值	T 值	P 值
	EED = 0	9.079	0.0026	－3.0649	0.0022
项目	分组	K-S 检验		T 检验	
企业环保投资规模	*EED* = 1	D 值	P 值	T 值	P 值
	EED = 0	5.324	0.0210	－4.0087	0.0001

（三）相关性分析

由表 7－5 可知，董事环境专业性分别与企业环境绩效和企业环保投资规模之间在 1% 水平上显著正相关，说明董事环境专业性对企业环境绩效和企业环保投资规模均具有较好的解释力；企业环保投资规模与企业环境绩效之间在 1% 水平上显著相关，说明企业环保投资规模对企业环境绩效具有较好的解释力。其他变量两两之间的相关系数普遍低于 0.5，说明变量之间不存在严重的多重共线性问题。

表 7-5　　变量相关性分析

变量	CEP	EPI	EED	ROA	LEV	MTBV	VOLATILITY	SLACK	INSHARE	IDR	TURN	AGE	SIZE	STATE	EM
CEP	1														
EPI	0.0353***	1													
EED	0.0364***	0.0476***	1												
ROA	0.0536***	-0.0316***	0.0125	1											
LEV	-0.0780***	0.0577***	0.017	-0.3663***	1										
MTBV	-0.1100***	-0.0662***	-0.0013	0.1459***	0.2223***	1									
VOLATILITY	0.0255**	-0.0045	0.0437***	0.0423***	-0.0345***	0.3056***	1								
SLACK	-0.0045	-0.0885***	0.0431***	0.3666***	-0.2944***	0.0966***	0.0597***	1							
INSHARE	-0.0059	0.0113	-0.0463***	0.0332***	0.0913***	-0.0627***	-0.2512***	-0.1033***	1						
IDR	-0.0161	-0.0615***	-0.0060	-0.0114	-0.0288**	0.0280**	0.0116	0.0221*	-0.0168	1					
TURN	-0.0563***	-0.0043	0.0401***	-0.1104***	0.1246***	0.0266**	-0.0082	-0.0642***	0.0545***	0.0181	1				
AGE	-0.1770***	-0.0387***	-0.0442***	-0.0686***	0.1263***	0.0565***	-0.1264***	-0.0840***	0.0811***	-0.0305**	0.0543***	1			
SIZE	0.0703***	0.1029***	-0.0255**	-0.0658***	0.2194***	-0.3695***	-0.2399***	-0.2999***	0.4311***	0.0005	0.0649***	0.0204*	1		
STATE	-0.0755***	0.0738***	-0.0114	-0.1653***	0.2213***	-0.1309***	-0.1232***	-0.1776***	0.3748***	-0.0259**	0.1332***	0.0740***	0.3815***	1	
EM	-0.0362***	0.0221*	0.0047	-0.0598***	0.0645***	-0.0509***	-0.0701***	-0.0295**	0.0993***	-0.0554***	0.023*	-0.1098***	0.1379***	0.1679***	1

注：***、**、*分别表示1%、5%和10%的统计显著水平。

（四）董事环境专业性对企业环境绩效影响的 PSM 检验结果

1. 筛选匹配模型

采用 Logit 模型确定倾向得分值，表 7－6 列出了 5 个 Logit 模型的回归结果。借鉴郭淑娟等（2019）[①] 的思路，利用 Pseudo－R^2 的大小评判 Logit 模型的拟合效果。Logit 模型（5）的 Pseudo－R^2 值最大，表明 Logit 模型（5）在评价董事环境专业性的概率时的效果更好。同时，大多数控制变量对董事环境专业性的概率产生显著影响。

表 7－6　　　　　　　　　　　Logit 回归结果

变量	模型（1）	模型（2）	模型（3）	模型（4）	模型（5）
ROA	0.003	0.004	0.006	0.007	0.007
	(0.31)	(0.41)	(0.60)	(0.70)	(0.70)
LEV	0.096***	0.109***	0.097***	0.094***	0.094***
	(3.40)	(3.96)	(3.46)	(3.30)	(3.29)
MTBV	－0.034*	－0.036*	－0.037*	－0.032	－0.032
	(－1.85)	(－1.86)	(－1.89)	(－1.63)	(－1.63)
VOLATILITY	0.014***	0.013***	0.012***	0.011***	0.011***
	(6.18)	(5.09)	(4.96)	(4.21)	(4.22)
SLACK	1.538***	1.346***	1.349***	1.351***	1.350***
	(3.55)	(2.98)	(2.97)	(3.00)	(3.00)
INSHARE				－0.006*	－0.006*
				(－1.81)	(－1.81)
IDR			－0.598	－0.625	－0.621
			(－0.52)	(－0.55)	(－0.54)
TURN			0.527***	0.533***	0.533***
			(3.52)	(3.49)	(3.49)

① 郭淑娟、路雅茜、常京萍：《高管海外背景、薪酬差距与企业技术创新投入——基于 PSM 的实证分析》，《华东经济管理》2019 年第 7 期。

续表

变量	模型（1）	模型（2）	模型（3）	模型（4）	模型（5）
AGE		-0.037** (-2.39)	-0.039** (-2.51)	-0.038** (-2.44)	-0.038** (-2.45)
SIZE		-0.047 (-0.87)	-0.058 (-1.06)	-0.019 (-0.32)	-0.019 (-0.33)
STATE				0.044 (0.31)	0.043 (0.30)
EM					0.006 (0.06)
YEAR	控制	控制	控制	控制	控制
常数项	-3.955*** (-17.92)	-2.104* (-1.65)	-1.669 (-1.28)	-2.317* (-1.65)	-2.319* (-1.66)
N	7064	7064	7064	7064	7064
Pseudo R^2	0.0447	0.0479	0.0524	0.0538	0.0538
Wald chi2	118.86***	126.64***	139.62***	142.82***	142.89***

注：***、**、*分别表示1%、5%和10%的统计显著水平。

2. 匹配效果分析

表7-7为匹配变量最近邻匹配前后差异对比，由于董事拥有环境任职经历或环境专业教育背景的样本数量较少，因此进行1对4匹配。可以看出，匹配后变量的标准化偏差均小于10%，而且T检验结果均不显著，说明处理组和控制组之间存在显著差异的原假设被拒绝。同时可以看到，匹配之后的标准化偏差均低于匹配之前的，可见对两组数据进行匹配之后，计量模型估计的效果更好。

表7-7　变量匹配质量检验结果

变量	样本类别	均值		标准化偏差		T检验	
	Matched	处理组	控制组	（%）	降低幅度（%）	T值	P值
ROA	匹配前	5.1466	4.7447	6.1	86.1	1.05	0.295
	匹配后	5.1260	5.1820	-0.8		-0.10	0.919

续表

变量	样本类别	均值		标准化偏差		T 检验	
	Matched	处理组	控制组	（%）	降低幅度（%）	T 值	P 值
LEV	匹配前	2.3723	2.2268	7.1	54.1	1.43	0.154
	匹配后	2.3753	2.4420	-3.3		-0.34	0.733
MTBV	匹配前	4.2917	4.3168	-0.7	72.6	-0.11	0.91
	匹配后	4.2875	4.2943	-0.2		-0.02	0.982
VOLATILITY	匹配前	51.0760	46.2940	17.9	90.1	3.68	0.000
	匹配后	50.7460	50.2720	1.8		0.20	0.844
SLACK	匹配前	0.1807	0.1523	18.9	94.6	3.63	0.000
	匹配后	0.1800	0.1815	-1		-0.12	0.908
INSHARE	匹配前	33.9760	39.2890	-21.9	98.6	-3.90	0.000
	匹配后	34.0630	33.9870	0.3		0.04	0.969
IDR	匹配前	0.3647	0.3662	-3	80.8	-0.50	0.616
	匹配后	0.3645	0.3648	-0.6		-0.07	0.942
TURN	匹配前	0.2083	0.1400	18.1	70.6	3.38	0.001
	匹配后	0.2058	0.2259	-5.3		-0.61	0.543
AGE	匹配前	20.1280	21.1180	-20.9	80.4	-3.72	0.000
	匹配后	20.1580	20.3510	-4.1		-0.50	0.615
SIZE	匹配前	21.9460	22.1070	-12.7	73.1	-2.15	0.032
	匹配后	21.9510	21.9940	-3.4		-0.43	0.671
STATE	匹配前	0.3846	0.4120	-5.6	94.1	-0.96	0.336
	匹配后	0.3859	0.3875	-0.3		-0.04	0.967
EM	匹配前	1.3137	1.2983	2.3	-156.4	0.40	0.69
	匹配后	1.3165	1.2770	6		0.75	0.452

3. 董事环境专业性对企业环境绩效的促进效应分析

表 7-8 列示了采用平均处理效应（ATT）检验董事环境专业性对企业环境绩效的促进效应。由表 7-8 可知，最近邻匹配法下匹配后处理组和控制组的环境绩效分别为 3.5531 和 3.4711，ATT 为 0.0820，且在 5% 水平上通过显著性检验，说明董事拥有环境任职经历或环境专业教育背景对企业环境绩效显著高于没有环境任职经历或环境专业教育背景的企业环境绩效。同样，基于半径匹配以及核匹配法下 ATT 均在 1% 水平下显著，

说明董事环境专业性水平显著提高企业环境绩效。假设 H7.1 得到验证。

表 7-8　　董事环境专业性对企业环境绩效的促进效应 PSM 检验结果

匹配方式	处理组	控制组	ATT	标准误	T 值
匹配前	3.5545	3.4613	0.0931***	0.0304	3.06
最邻近匹配（匹配个数为 4）	3.5531	3.4711	0.0820**	0.0332	2.47
半径卡尺匹配（匹配半径为 0.05）	3.5531	3.4666	0.0865***	0.0295	2.93
核匹配	3.5531	3.4668	0.0862***	0.0296	2.92

注：***、** 分别表示 1%、5% 的统计显著水平。

（五）董事环境专业性对企业环保投资规模影响的 PSM 检验结果

1. 匹配效果分析

筛选匹配模型见表 7-6。表 7-9 为匹配变量最近邻匹配前后差异对比，匹配后变量的标准化偏差均小于 5%，而且 T 检验结果均不显著，说明处理组和控制组之间存在显著差异的原假设被拒绝。同时，匹配之后的标准化偏差均低于匹配之前的，可见对两组数据进行匹配之后，计量模型估计的效果更好。

表 7-9　　变量匹配质量检验结果

变量	样本类别	均值		标准化偏差		T 检验	
	Matched	处理组	控制组	（%）	降低幅度（%）	T 值	P 值
ROA	匹配前	5.1453	4.7439	6.1	71.9	1.05	0.293
	匹配后	5.1249	5.0122	1.7		0.21	0.832
LEV	匹配前	2.3749	2.2269	7.2	92	1.46	0.144
	匹配后	2.3778	2.3897	-0.6		-0.06	0.948
MTBV	匹配前	4.2805	4.3130	-0.8	-134.5	-0.15	0.883
	匹配后	4.2763	4.3524	-2		-0.25	0.804
VOLATILITY	匹配前	50.9260	46.2890	17.4	90.1	3.59	0.000
	匹配后	50.5990	50.1390	1.7		0.19	0.848
SLACK	匹配前	0.1798	0.1521	18.4	90.9	3.55	0.000
	匹配后	0.1791	0.1766	1.7		0.19	0.848

续表

变量	样本类别	均值		标准化偏差		T 检验	
	Matched	处理组	控制组	(%)	降低幅度(%)	t 值	P 值
INSHARE	匹配前	34.0510	39.3110	-21.7	76.9	-3.88	0.000
	匹配后	34.1370	32.9230	5		0.62	0.532
IDR	匹配前	0.3651	0.3662	-2.2	-50.3	-0.37	0.709
	匹配后	0.3649	0.3665	-3.3		-0.42	0.675
TURN	匹配前	0.2064	0.1402	17.5	94	3.28	0.001
	匹配后	0.2038	0.2078	-1.1		-0.12	0.902
AGE	匹配前	20.1240	21.1160	-21	91.8	-3.75	0.000
	匹配后	20.1530	20.2340	-1.7		-0.22	0.829
SIZE	匹配前	21.9540	22.1080	-12.1	88.6	-2.06	0.040
	匹配后	21.9590	21.9410	1.4		0.17	0.862
STATE	匹配前	0.3841	0.4123	-5.8	12.4	-0.99	0.321
	匹配后	0.3854	0.3607	5		0.64	0.523
EM	匹配前	1.3189	1.2985	3.1	90.1	0.53	0.596
	匹配后	1.3216	1.3196	0.3		0.04	0.970

2. 董事环境专业性对企业环保投资规模的促进效应分析

表7-10列示了采用ATT检验董事环境专业性对企业环保投资规模的促进效果。由表7-10可知，最近邻匹配法下匹配后处理组和控制组的企业环保投资规模分别为0.0052和0.0030，ATT为0.0022，且在1%水平上通过显著性检验，说明企业拥有环境任职经历或环境专业教育背景的董事的企业环保投资规模显著高于没有环境任职经历或环境专业教育背景的董事的企业环保投资规模。同样，基于半径匹配以及核匹配法下，ATT均在1%水平上显著，说明董事环境专业性会显著扩大企业环保投资规模。假设H7.2得到验证。

表7-10　董事环境专业性对企业环保投资规模的促进效应PSM检验结果

匹配方式	处理组	控制组	ATT	标准误	T 值
匹配前	0.0052	0.0030	0.0022***	0.0005	4.16

续表

匹配方式	处理组	控制组	ATT	标准误	T 值
最邻近匹配（匹配个数为 4）	0.0052	0.0030	0.0022 ***	0.0008	2.86
半径卡尺匹配（匹配半径为 0.05）	0.0052	0.0029	0.0023 ***	0.0007	3.21
核匹配	0.0052	0.0029	0.0023 ***	0.0007	3.20

注：*** 表示 1% 的统计显著水平。

（六）企业环保投资规模对企业环境绩效影响的固定效应模型检验结果

通过 Hausman 检验选择模型。Hausman 检验的结果显示，chi2 值为 314.14，p 值为 0.0000，故拒绝原假设 H_0，即应使用固定效应模型，而非随机效应模型。表 7－11 列出了 5 个固定效应模型，由固定效应模型的回归结果可知，企业环保投资规模与企业环境绩效均在 5% 显著性水平下正相关，假设 H7.3 得到验证。由模型（5）的回归结果可知，董事环境专业性与企业环境绩效在 1% 显著性水平下正相关。上述结果说明，董事环境专业性对企业环境绩效的正向影响有一部分通过企业环保投资传导实现。假设 H7.4 获得验证。

表 7－11　董事环境专业性与企业环保投资规模对企业环境绩效影响效应的回归结果

变量	模型（1）	模型（2）	模型（3）	模型（4）	模型（5）
EPI	1.885 *** (2.85)	2.099 *** (3.17)	1.630 ** (2.49)	1.426 ** (2.17)	1.345 ** (2.05)
EED					0.078 *** (2.63)
ROA	0.005 *** (5.03)			0.004 *** (3.28)	0.004 *** (3.25)
LEV	－0.006 (－1.39)			－0.004 (－0.83)	－0.004 (－0.93)
MTBV	－0.017 *** (－9.34)			－0.013 *** (－6.43)	－0.013 *** (－6.37)
VOLATILITY	0.001 *** (4.01)			0.001 ** (2.52)	0.001 ** (2.35)

续表

变量	模型（1）	模型（2）	模型（3）	模型（4）	模型（5）
SLACK	-0.022 (-0.43)			-0.032 (-0.62)	-0.038 (-0.74)
INSHARE		-0.000 (-0.44)		0.000 (0.67)	0.000 (0.72)
IDR		-0.230* (-1.85)		-0.257** (-2.12)	-0.256** (-2.11)
TURN		-0.087*** (-4.95)		-0.054*** (-3.10)	-0.056*** (-3.22)
AGE			-0.018*** (-13.74)	-0.017*** (-12.31)	-0.017*** (-12.23)
SIZE			0.037*** (7.15)	0.025*** (3.85)	0.025*** (3.86)
STATE			-0.092*** (-6.78)	-0.079*** (-5.52)	-0.079*** (-5.52)
YEAR	控制	控制	控制	控制	控制
常数项	3.463*** (168.79)	3.560*** (75.34)	3.069*** (26.72)	3.407*** (22.55)	3.402*** (22.53)
N	7064	7064	7064	7064	7064
R^2	0.021	0.006	0.038	0.050	0.051
F	24.92***	9.903***	69.08***	30.70***	28.89***

注：***、**、*分别表示1%、5%和10%的统计显著水平。

（七）董事环境专业性、企业不同类型环保投资与企业环境绩效关系检验结果

1. 董事环境专业性与企业不同类型环保投资关系的PSM检验结果

Burke和Logsdon（1996）[①] 提出企业社会责任应分为战略性企业社会责任（Strategic Corporate Social Responsibility）和反应性企业社会责任（Responsive Corporate Social Responsibility）。Porter和Kramer（2002）[②] 构

① Burke L., Logsdon J. M., "How Corporate Social Responsibility Pays Off", *Long Range Planning*, Vol. 29, No. 4, 1996, pp. 495-502.

② Porter M. E., Kramer M. R., "The Competitive Advantage of Corporate Philanthropy", *Harvard business review*, Vol. 80, No. 12, 2002, p. 117.

建了战略性企业社会责任和反应性企业社会责任决策框架，认为反应性企业社会责任是企业对利益相关者的需求做出直接回应，目标是减轻企业活动对社会的负面影响。而战略性企业社会责任关注的是企业与社会利益的交叉点，目标是在解决企业面临的社会问题的同时获得竞争优势，实现可持续发展。可见不同类型企业社会责任决策需要不同的决策资源支持。为了检验董事环境专业性对企业不同类型环保投资的影响差异，本节将企业环保投资规模分为企业前瞻性环保投资规模和企业治理性环保投资规模两个组。

从表 7 - 12 的结果可以看出，最近邻匹配法下 ATT 为 0.0028，且在 1% 水平上通过显著性检验，说明当 $EED = 1$ 时的企业前瞻性环保投资规模值显著高于当 $EED = 0$ 时的企业前瞻性环保投资规模值。同样，基于半径匹配以及核匹配法下，ATT 均在 1% 水平上显著，说明董事环境专业性会显著提高企业前瞻性环保投资规模。

另外，我们也可以发现董事环境专业性对企业治理性环保投资规模没有显著的促进作用。

上述结果说明，董事环境专业性对企业治理性环保投资规模的影响有限。正如 Hart (1995)[①] 认为的那样，在合规性环保战略下，企业一般通过自身现有的污染处理设备、厂房和技术，添加除污或过滤设备来实现合法性目标，并且不需要企业在管理新环境技术或过程方面发展专门知识或技能。

表 7 - 12 董事环境专业性对企业不同类型环保投资规模的促进效应 PSM 检验结果

匹配方式	*PEI*			*GEI*		
	ATT	标准误	T 值	ATT	标准误	T 值
匹配前	0.0029***	0.0006	5.07	0.0001	0.0004	0.20
最邻近匹配（匹配个数为 4）	0.0028***	0.0009	3.11	-0.0001	0.0004	-0.32
半径卡尺匹配（匹配半径为 0.05）	0.0030***	0.0009	3.50	0.0001	0.0004	0.36
核匹配	0.0030***	0.0009	3.49	0.0001	0.0004	0.36

注：*** 分别表示 1% 的显著性水平。

① Hart S. L., "A Natural-Resource-Based View of the Firm", *Academy of Management Review*, Vol. 20, No. 4, 1995, pp. 986 - 1014.

2. 企业不同类型环保投资对企业环境绩效的影响检验结果

为了检验企业不同类型环保投资对环境绩效的影响是否存在滞后性，本节将企业前瞻性环保投资规模和企业治理性环保投资规模分别滞后一期处理。由表7－13的固定效应模型回归结果可知，当期企业前瞻性环保投资规模与企业环境绩效在10%显著性水平下正相关；滞后一期企业前瞻性环保投资规模与企业环境绩效在1%的显著性水平下正相关，说明滞后一期企业前瞻性环保投资规模对企业环境绩效的正向影响更显著。

另外，当期与滞后一期企业治理性环保投资规模与企业环境绩效均在1%显著性水平下正相关，说明企业治理性环保投资规模对企业环境绩效有正向影响。

上述结果说明，与企业治理性环保投资规模相比，企业前瞻性环保投资规模对企业环境绩效的正向影响有一定的滞后性。

另外，结合表7－8、表7－12和表7－13的检验结果可知，董事环境专业性主要通过企业前瞻性环保投资对环境绩效产生正向影响。

表7－13　企业前瞻性环保投资规模对企业环境绩效影响的固定效益模型回归结果

变量	当期	滞后一期	当期	滞后一期
PEI	1.234* (1.78)	4.302*** (3.35)		
GEI			3.362*** (2.96)	4.707*** (3.99)
ROA	0.004*** (3.40)	0.000 (0.02)	0.004*** (3.47)	－0.001 (－0.26)
LEV	－0.006 (－1.31)	0.007 (0.69)	－0.001 (－0.22)	0.009 (1.03)
MTBV	－0.011*** (－6.03)	－0.010** (－2.35)	－0.010*** (－5.90)	－0.012*** (－3.09)
VOLATILITY	0.001** (2.51)	0.001 (1.27)	0.001*** (2.61)	0.001 (1.57)
SLACK	－0.075 (－1.44)	0.234** (2.23)	－0.042 (－0.82)	0.273*** (2.76)
INSHARE	－0.000 (－0.25)	－0.001 (－1.19)	－0.000 (－0.99)	－0.001 (－1.63)

续表

变量	当期	滞后一期	当期	滞后一期
IDR	-0.181 (-1.43)	-0.392 * (-1.71)	-0.361 *** (-2.93)	-0.339 (-1.57)
TURN	-0.055 *** (-2.98)	-0.089 *** (-2.61)	-0.070 *** (-3.90)	-0.064 ** (-1.99)
AGE	-0.016 *** (-11.55)	-0.012 *** (-4.61)	-0.015 *** (-11.52)	-0.008 *** (-3.21)
SIZE	0.021 *** (3.25)	0.020 * (1.69)	0.033 *** (5.20)	0.018 (1.60)
STATE	-0.085 *** (-5.61)	-0.151 *** (-5.44)	-0.078 *** (-5.35)	-0.157 *** (-5.98)
YEAR	控制	控制	控制	控制
常数项	3.447 *** (22.31)	3.404 *** (12.23)	3.227 *** (21.47)	3.347 *** (12.69)
N	6592	1977	6994	2144
R^2	0.048	0.052	0.049	0.049
F	27.40 ***	8.908 ***	29.98 ***	9.015 ***

注：***、**、*分别代表显著性水平为1%、5%和10%；括号中为T值。

（八）稳健性检验

1. 董事环境专业性对企业环境绩效和企业前瞻性环保投资规模影响的稳健性检验

第一，借鉴 Abadie 和 Drukker（2006）[①] 提供的异方差稳健标准误，进行马氏匹配。由表7-14显示的结果可知，无论是平均处理效应的估计值还是显著性，马氏匹配的结果与上文的倾向得分匹配结果一致。

第二，考虑到董事环境专业性对企业环境绩效与企业环保投资规模的影响可能存在内生性问题，故将董事环境专业性及其控制变量做滞后一期处理，并分别采用最近邻匹配（匹配个数为4）、半径卡尺匹配（匹配半径为0.05）、核匹配和马氏匹配进行检验，由表7-15可知，滞后一期董事环境专业性的结果与前文的结果一致。

① Abadie A. D., Drukker J. L., "Large Sample Properties of Matching Estimators for Average Treatment Effect." *Econometrica*, No. 74, 2006, pp. 235-267.

通过马氏匹配和滞后一期董事环境专业性的 PSM 检验结果，说明董事环境专业性对企业环境绩效与企业环保投资规模有正向影响的结果具有稳健性。

表 7－14　　董事环境专业性对企业环境绩效和企业环保投资规模影响的马氏匹配稳健性检验结果

因变量	ATT	异方差稳健标准误	T 值
企业环境绩效	0.0593*	0.0332	1.79
企业环保投资	0.0018**	0.0007	2.43
企业前瞻性环保投资	0.0028***	0.0009	3.19
企业治理性环保投资	0.0001	0.0004	0.18

注：***、**、*分别代表显著性水平为1%、5%和10%。

表 7－15　　滞后一期董事环境专业性对企业环境绩效与企业环保投资规模影响的 PSM 稳健性检验结果

匹配方式	CEP		EPI	
	ATT	T 值	ATT	T 值
最邻近匹配	0.0751**	2.37	0.0023***	3.02
半径卡尺匹配	0.0739***	2.63	0.0022***	3.13
核匹配	0.0735***	2.62	0.0022***	3.13
马氏匹配	0.0562*	1.78	0.0022***	3.15

注：***、**、*分别代表显著性水平为1%、5%和10%。

2. 企业环保投资规模对企业环境绩效影响的稳健性检验

第一，考虑到研究样本可能存在的选择偏误从而导致内生性问题，通过 Heckman 两阶段回归法来控制自选择问题。第一阶段构建企业是否获得环境绩效的影响因素方程，拟合得到 inverse mills ratio（IMR）值。第二阶段将拟合的 IMR 值视为工具变量代入原模型中进行回归。

第二，指标替代，将企业经营业绩指标用总资产利润率（净利润/平均总资产）代理总资产回报率，将财务杠杆指标用资产负债率（期末负债总额/期末资产总额）代替权益乘数。

如表 7 - 16 所示，回归结果中主要变量之间关系没有发生实质性变化，表明上文的结果具有稳健性。

表 7 - 16　　企业环保投资规模对企业环境绩效影响的 Heckman 两阶段回归和指标替代稳健性检验结果

变量	Heckman 两阶段回归		指标替代	
	模型（1）	模型（2）	模型（1）	模型（2）
EPI	1.778 ***	1.711 **	1.600 ***	1.545 **
	(2.60)	(2.52)	(2.59)	(2.50)
EED		0.080 **		0.057 **
		(2.46)		(2.13)
ROA	0.003 ***	0.003 ***	0.002 *	0.002 *
	(2.88)	(2.91)	(1.92)	(1.90)
LEV	-0.008 *	-0.008 *	-0.001 ***	-0.002 ***
	(-1.70)	(-1.79)	(-4.06)	(-4.11)
MTBV	-0.012 ***	-0.012 ***	-0.009 ***	-0.009 ***
	(-5.64)	(-5.68)	(-5.16)	(-5.13)
VOLATILITY	0.001 **	0.001 *	0.001 **	0.001 **
	(2.12)	(1.95)	(2.47)	(2.35)
SLACK	0.002	-0.008	-0.082	-0.087 *
	(0.04)	(-0.15)	(-1.61)	(-1.70)
INSHARE	-0.000	-0.000	0.000	0.000
	(-0.30)	(-0.21)	(0.16)	(0.22)
IDR	-0.254 *	-0.246 *	-0.245 **	-0.241 **
	(-1.95)	(-1.91)	(-2.16)	(-2.13)
TURN	-0.060 ***	-0.062 ***	-0.062 ***	-0.064 ***
	(-3.25)	(-3.34)	(-3.78)	(-3.90)
AGE	-0.016 ***	-0.016 ***	-0.016 ***	-0.016 ***
	(-11.35)	(-11.39)	(-12.48)	(-12.44)
SIZE	0.025 ***	0.025 ***	0.034 ***	0.034 ***
	(3.71)	(3.70)	(5.53)	(5.51)
STATE	-0.074 ***	-0.074 ***	-0.075 ***	-0.075 ***
	(-4.96)	(-4.97)	(-5.59)	(-5.59)

续表

变量	Heckman 两阶段回归		指标替代	
	模型（1）	模型（2）	模型（1）	模型（2）
IMR	0.329 (0.57)	0.199 (0.37)		
YEAR	控制	控制	控制	控制
常数项	3.466*** (21.70)	3.465*** (21.76)	3.224*** (22.62)	3.225*** (22.62)
N	6522	6522	8215	8215
R^2			0.047	0.048
Wald chi2/*F*	523.37***	531.86***	34.01***	31.76***

注：***、**、*分别代表显著性水平为1%、5%和10%；括号中为T值。

五　本节小结

本节利用2009—2018年沪深两市A股重污染行业上市公司数据，从公司治理的视角出发，检验了董事环境专业性对企业环保投资与企业环境绩效的影响，并检验了企业环保投资在董事环境专业性与企业环境绩效之间的中介作用，研究发现董事环境专业性能够通过提高企业环保投资规模，从而促进企业环境绩效的提高，说明董事环境专业性使董事成了环境信息优势群体，更容易看到企业环保方面投资所带来的环境绩效及其所产生的价值提升，也更容易能看到污染事件导致的价值损失，缩小信息不对称，更有效地为企业提供环境问题方面的咨询服务，拓宽资源获取渠道，促使企业更放心地投资于环保项目，产生更显著的环境绩效。

在考察企业不同类型环保投资时，发现董事环境专业性仅对企业前瞻性环保投资有正向影响，对企业治理性环保投资的影响不显著，说明与企业治理性环保投资实现合法性的目标相比，企业前瞻性环保投资具有较强的前沿性和预防性特征，且投资目标具有多元性特点，既要符合企业长期绿色发展战略目标需求，又要符合合法性目标需求，由此更加依赖董事环境专业性的引导。另外，与企业治理性环保投资相比，企业前瞻性环保投资对企业环境绩效的影响有一定滞后性，说明企业前瞻性环保投资实现环境绩效需要一个更全面、更复杂的管理过程。

第二节 内部控制质量、企业环保投资与财务绩效

在经济新常态的背景下，生态环境保护战略地位不断提升，绿色发展理念已成为社会普遍共识。企业作为国民经济的细胞，是社会生产和流通的直接承担者。同时也是资源的主要消耗者与环境污染的制造者，对于环境保护有着不可推卸的责任。然而，即使面临着日益严格的外部环境规制，由于环保投资存在投入大、周期长、投资收益无法显性化等特点[①]，严重制约了企业在该方面的积极性，不利于企业可持续发展和环境绩效提升。因此，亟须从企业自身的内部视角去探究解决机制。

一方面，内部控制作为企业治理的重要方式，不仅深刻影响企业的运营管理，也在资源调配等方面处于引领地位，并被证实对企业财务绩效存在正向作用。大量研究表明，第一，存在内部控制缺陷的企业，会使股价下跌风险加大[②]，导致较高的财务风险[③]和资本成本[④]，进而对企业财务绩效产生消极影响，从反面论证其正向影响；第二，内部控制有效性（质量）越强，越能提升会计信息质量和盈余质量[⑤]。同时，内部控制信息披露越全面，越能体现管理者较高的决策自信度以及企业经营绩效的合法合规性[⑥]，能为企业创造良好的营商环境[⑦]，进而利于企业财务

① 管亚梅、孙响：《环境管制、股权结构与企业环保投资》，《会计之友》2018 年第 16 期。

② Whisenant S., Sankaraguruswamy S., Raghunandan K., et al., "Market Reactions to Disclosure of Reportable Events", *Auditing-a Journal of Practice & Theory*, 2Vol. 22, No. 1, 2003, pp. 181 - 194.

③ Ge W., Mcvay S. E., "The Disclosure of Material Weaknesses in Internal Control after the Sarbanes-Oxley Act", *Accounting Horizons*, Vol. 19, No. 3, 2005, pp. 137 - 158.

④ Ashbaughskaife H., Collins D. W., Kinney W. R., et al., "The Effect of SOX Internal Control Deficiencies on Firm Risk and Cost of Equity", *Journal of Accounting Research*, Vol. 47, No. 1, 2009, pp. 1 - 43.

⑤ 张曾莲、谢佳卫：《盈余质量、财务绩效与内部控制实证研究》，《会计与控制评论》2011 年第 2 期。

⑥ 黄新建、刘星：《内部控制信息透明度与公司绩效的实证研究——来自 2006 ~ 2008 年沪市制造业公司的经验证据》，《软科学》2010 年第 3 期；张晓岚、沈豪杰、杨默：《内部控制信息披露质量与公司经营状况——基于面板数据的实证研究》，《审计与经济研究》2012 年第 2 期。

⑦ Wesley, Luiz, "The Voluntary Disclosure of Financial Information on the Internet and the Firm Value Effect in Companies across Latin America", *SSRN Working Paper*, 2004；陈素琴、范琳琳：《企业内部控制与财务绩效的相关性研究——基于上证 A 股上市公司》，《财务与金融》2019 年第 2 期。

绩效的提高，从正面论证了其正向影响。

另一方面，内部控制有助于促进企业落实社会责任[①]，具有一定的溢出效应，具体可溢至企业的环境责任[②]，改善企业环境绩效[③]。前期不少研究从管理层特征[④]、股权集中度和董事会结构[⑤]等方面出发，揭示了内部治理结构对企业环境信息披露质量和环保实践活动的重要影响[⑥]，侧面反映了内部控制的有效性能促使企业开展环保实践活动。然而，直接对内部控制与企业环保投资关系的研究仍然较少。

目前，受利润最大化经济动机驱使，企业依然是在严格的法律法规的强制约束下，被动地履行环境责任[⑦]。基于此，本研究尝试在企业环保投资的中介传导视角下，为进一步明晰企业环保责任的内生性，实现企业环境绩效和财务绩效“双赢”的目标寻求路径。因此，将企业环保投资作为中介变量具有合理的内在逻辑和现实背景。另外，现有研究主要以企业产权性质[⑧]、股权结构[⑨]、企业生命周期性[⑩]作为内部控制对企业绩效影响

---

① 王海兵、刘莎、韩彬：《内部控制、财务绩效对企业社会责任的影响——基于A股上市公司的经验分析》，《税务与经济》2015年第6期。

② 阚京华、董称：《内部控制、产权性质与企业环境责任履行——基于沪深两市上市公司数据》，《财会月刊》2016年第30期。

③ 李辰颖：《内部控制、环境绩效与高管薪酬业绩敏感性》，《企业经济》2019年第10期。

④ Altuwaijri S., Christensen T. E., Hughes K. E., et al., “The Relations Among Environmental Disclosure, Environmental Performance, and Economic Performance: A Simultaneous Equations Approach”, *Accounting Organizations and Society*, Vol. 29, No. 5, 2004, pp. 447-471.

⑤ Brammer S., Pavelin S., “Voluntary Environmental Disclosures by Large UK Companies”, *Journal of Business Finance & Accounting*, Vol. 33, No. 7, 2006, pp. 1168-1188.

⑥ 李志斌：《内部控制与环境信息披露——来自中国制造业上市公司的经验证据》，《中国人口·资源与环境》2014年第6期；乔引花、游璇：《内部控制有效性与环境信息披露质量关系的实证》，《统计与决策》2015年第23期。

⑦ 汪文隽、柏林：《沪市制造业企业环境管理与财务绩效关系研究——基于面板数据联立方程组模型的实证分析》，《企业经济》2015年第5期。

⑧ 叶陈刚、裘丽、张立娟：《公司治理结构、内部控制质量与企业财务绩效》，《审计研究》2016年第2期。

⑨ 中国进出口银行河北省分行课题组、边东海、陶旭鹏：《内部控制、股权集中度与企业绩效——基于沪市A股面板数据分析》，《河北金融》2018年第1期；林波：《机构投资者持股、内部控制与企业财务绩效》，《财会通讯》2018年第33期。

⑩ 刘焱、姚树中：《企业生命周期视角下的内部控制与公司绩效》，《系统工程》2014年第11期。

关系的调节变量和以企业社会责任[①]、代理成本[②]、管理层的过度自信[③]作为其中介变量，缺乏利用企业环保投资作为中介变量将三者关系有机联系起来的文献。

因此，厘清三者间关系和具体传导机制具有重要的理论和现实意义。第一，从企业微观层面出发，基于资源基础观，并考虑重污染行业的环境敏感性，利用中国重污染行业上市公司数据，使研究结果在拓展资源基础观等理论的同时，更适用于中国特色社会主义生态文明建设的实际需要。第二，现有文献着重研究了企业环保投资的影响因素或者企业环保投资的经济后果，缺少将其作为组织内部控制能力间接影响财务绩效的中介变量，因此本节既是内部控制与企业环保投资关系研究视角的新的延伸，也是企业环保投资与企业绩效关系研究的新的延伸。第三，本节基于内部治理视角，明确企业环保投资的经济后果，为企业内生地纳入绿色发展理念、主动推进环保投资活动探寻了道路，也为企业加强自身环境管理能力建设和自觉承担环保责任提供证据。

一　内部控制质量影响财务绩效的理论分析

由于生产力的发展和社会分工的不断细化，委托—代理关系已成为企业内部治理的基本关系。然而，资产所有者（委托人）往往在信息获取方面处于劣势地位，而具体管理者（代理人）则可能基于私利最大化侵占公司利益，影响股东等利益相关者权益，导致代理成本问题，并抑制内部资本发展效率[④]。

内部控制作为一项管理方法，以价值创造为导向，用于改善经营和转换财务政策，谋求经济增长和更高的投资回报率[⑤]。内部控制本质上是对

---

① 田利军：《社会责任、内部控制与企业绩效——来自民航运输业的证据》，《中国注册会计师》2012 年第 12 期；刘婉、程克群：《内部控制质量、社会责任与财务绩效——基于我国食品、饮料制造业上市公司实证研究》，《山东理工大学学报》（社会科学版）2019 年第 4 期。

② 常启军、苏亚：《内部控制信息披露、代理成本与企业绩效——基于创业板数据的实证研究》，《会计之友》2015 年第 12 期。

③ 夏国祥、董苏：《内部控制、管理者过度自信与企业绩效的关系》，《会计之友》2019 年第 20 期。

④ 刘元凤：《内部控制质量对公司绩效的影响》，博士学位论文，东北财经大学，2015 年；苏剑：《内部资本市场效率、内部控制质量与企业绩效》，《财会通讯》2020 年第 5 期。

⑤ 李心合：《内部控制：从财务报告导向到价值创造导向》，《会计研究》2007 年第 4 期。

包括企业所有者和管理者在内的全体成员所实施的，关于控制环境、信息与沟通、风险评估、控制措施、监督反馈等方面的一系列制度方针、程序措施，是提升经营管理效率、缓解代理冲突和防范职权滥用等行为而建立的管理机制，是完善公司治理水平的关键手段[①]。一方面，企业披露的信息是投资者等利益相关者对企业运营情况做出判断的依据，也是建立利益相关者信任的关键。《内部控制基本规范》第五章中明确要求企业建立信息和沟通制度，提高信息的有用性。因此，内部控制质量的提高有利于企业内外部信息透明度的提高，减少信息传导和获取的难度，增强利益相关者的信心，使其更为综合地清楚企业的真实运营状况和发展能力，从而获得资金支持[②]。另一方面，企业管理者在缺乏约束和奖励机制条件下容易将公司资源用于实现其私利的愿望。企业通过内部控制建立约束机制和惩罚机制，对企业治理方式和管理层行为进行规范化和制度化处理，可以有效管控管理层投机自利行径，缓解内部代理问题[③]，从而为提高企业财务绩效营造良好的内部环境。因而，本节提出假设 H7.5：

H7.5：内部控制质量对财务绩效有积极影响。

二 内部控制质量影响企业环保投资的理论分析

企业环保投资是企业承担社会责任的具体实践活动的表现。在开展环保投资活动时，企业往往需要大量资金以支付高昂的环保设备和环保技术创新成本，这是一项需要长期投入的非经济项目，短时间经济利益回流难以实现[④]。从新古典经济学理论出发，企业是营利性的社会组

① Brown N. C. , Pott C. , Wompener A. , et al. , "The Effect of Internal Control and Risk Management Regulation on Earnings Quality: Evidence from Germany", *Journal of Accounting and Public Policy*, Vol. 33, No. 1, 2014, pp. 1 - 31.

② 刘焱、姚树中：《企业生命周期视角下的内部控制与公司绩效》，《系统工程》2014 年第 11 期。

③ 张国清、赵景文、田五星：《内控质量与公司绩效：基于内部代理和信号传递理论的视角》，《世界经济》2015 年第 1 期；李佳茵：《管理层权力、内部控制质量与并购绩效研究》，吉林财经大学，2017 年。

④ Porter M. E. , Van D. Linde, "Green and Competitive: Ending the Stalemate", *Harvard Business Review*, No. 73, 1995, pp. 120 - 134; Orsato R. J. , "Competitive Environmental Strategies: When Does It Pay to be Green?", *California Management Review*, Vol. 48, No. 2, 2006, pp. 127 - 143; 卢洪友、邓谭琴、余锦亮：《财政补贴能促进企业的"绿化"吗？——基于中国重污染上市公司的研究》，《经济管理》2019 年第 4 期。

织，利益最大化是其目标所在，在没有制度约束和经济激励前提下，企业对环保投资活动常缺乏积极性①。因此，要推动企业积极履行环境责任，除了保证充足的资金来源，更加需要制度层面支持②。《内部控制应用指引第4号——社会责任》中明确了企业应关注在履行社会责任方面的风险，其中包括了环保投资不足、资源耗费大导致企业巨额赔偿等风险，以及第四章中明确了企业建立环保制度等具体促进企业履行环保责任的规定。可见，提高内部控制质量有助于使企业环境管理制度化。这不仅可以规范企业决策行为，强化企业组织结构的合理性，还推动了企业将利益相关者的需求和相应的社会责任有机嵌入其中③。

另外，管理层作为企业的"具体运营者"，在复杂多变的内外环境中存在"有限理性"特征，由于环保投资具有收益不确定性风险特征，管理者对环保投资存在抵触心理④，公司大股东和管理层在环保决策方面常表现为"合谋"⑤。随着利益相关者的环保诉求越来越强烈，企业通过完善监督机制和激励机制加强对管理层的逆向选择和道德风险做出有效内部控制⑥，减少因"合谋"而规避外部成本，促进企业管理者在企业环保责任的规范作用下将更多的资源投放在环保项目上，从而达到利益相关者的

---

① 李永友、沈坤荣：《我国污染控制政策的减排效果——基于省际工业污染数据的实证分析》，《管理世界》2008年第7期；原毅军、耿殿贺：《环境政策传导机制与中国环保产业发展——基于政府、排污企业与环保企业的博弈研究》，《中国工业经济》2010年第10期；唐国平、李龙会：《股权结构、产权性质与企业环保投资——来自中国A股上市公司的经验证据》，《财经问题研究》2013年第3期。

② Bansal P., Roth K., "Why Companies Go Green: A Model of Ecological Responsiveness", *Academy of Management Journal*, Vol. 43, No. 4, 2000, pp. 717 – 736.

③ 李志斌：《内部控制与环境信息披露——来自中国制造业上市公司的经验证据》，《中国人口·资源与环境》2014年第6期；王海兵、刘莎、韩彬：《内部控制、财务绩效对企业社会责任的影响——基于A股上市公司的经验分析》，《税务与经济》2015年第6期。

④ 李强、田双双、刘佟：《高管政治网络对企业环保投资的影响——考虑政府与市场的作用》，《山西财经大学学报》2016年第3期。

⑤ 唐国平、李龙会：《股权结构、产权性质与企业环保投资——来自中国A股上市公司的经验证据》，《财经问题研究》2013年第3期。

⑥ Cheng M., Dhaliwal D., Zhang Y., "Does Investment Efficiency Improve after the Disclosure of Material Weaknesses in Internal Control over Financial Reporting?", *Journal of Accounting & Economics*, Vol. 56, No. 1, 2013, pp. 1 – 18.

期望。龙文滨等（2018）[①] 基于利益相关者理论，认为企业将对利益相关者诉求做出回应，发挥内部控制对企业社会责任的规范作用，促进管理者将更多的资源投入社会责任项目，实现合法性目标。因而，本节提出假设 H7.6：

H7.6：内部控制质量对企业环保投资规模有积极影响。

三　企业环保投资在内部控制质量与财务绩效之间中介效应的理论分析

企业环保投资与其他传统投资一样，遵循着基本的投资原则，即不能对企业价值产生负面影响。虽然企业环保投资的定义并未得到统一界定，但是学者们一致认为企业环保投资是以环境保护为主要目的的一种投资，因此其将产生显著的环境绩效。但是，在其经济绩效方面，前期研究没有得到一致结论。在学术界中主流观点基于波特假说和资源基础观认为企业环保投资对财务绩效有积极影响。一方面，根据波特假说，企业环保投资会激励过程创新和产品创新活动，创新产生增值效应，会抵消环保投入的巨额成本，并凭借着技术创新能力，引发“先动优势”和“创新补偿”[②]提高资源利用效率，减少违规税费风险，利于经济效益提升[③]。

另一方面，自然资源基础观认为企业开展环境治理活动有利于增强企业的“异质性”资源，从而发挥独特的竞争优势[④]。另外，企业进行环保投资，是积极承担社会责任的具体表现，可以塑造良好的社会形象，满足利益相关者对环保的诉求，获得外部投资者、供应商、客户等利益相关者对企业和产品的信任，降低了原料、人力以及服务等企业成本[⑤]。同时也

---

① 龙文滨、李四海、丁绒：《环境政策与中小企业环境表现：行政强制抑或经济激励》，《南开经济研究》2018 年第 3 期。

② Porter M. E.，“America's Green Strategy”，*Scientific American*，Vol. 264，No. 4，1991，pp. 193－246；Stavins R. N.，“Market-Based Environmental Policies”，*Ecological Economics*，Vol. 63，No. 2，2007，pp. 159－173.

③ 杨东宁、周长辉：《企业环境绩效与经济绩效的动态关系模型》，《中国工业经济》2004 年第 4 期；María D.，“López-Gamero，José F. Molina-Azorín，Enrique Claver-Cortés，“The Potential of Environmental Regulation to Change Managerial Perception，Environmental Management，Competitiveness and Financial Performance”，*Journal of Cleaner Production*，Vol. 18，No. 10－11，pp. 963－974.

④ Hart S. L.，“A Natural-Resource-Based View of the Firm”，*Academy of Management Review*，Vol. 20，No. 4，1995，pp. 986－1014.

⑤ 陈雯：《工业企业环境绩效与财务绩效关系的实证分析》，《长春大学学报》2011 年第 11 期；陈琪：《环境绩效对提升企业经济绩效之关系——基于国外实证研究成果的分析》，《现代经济探讨》2013 年第 7 期。

使企业的声誉、销售额、股本等进一步提高，融资费用、环境税费、罚款支出相应减少，从而带来了绿色溢价，为获得更多的营业收入创造良好条件。于是，本节提出假设 H7.7：

H7.7：企业环保投资规模与财务绩效正相关。

由上述分析可知，内部控制作为企业治理的有效机制，既影响财务绩效，又能促进企业社会责任的实践活动。良好的内部控制可以直接促进财务绩效的提高和显现，同时能抑制企业的“纯逐利性”和约束企业管理者的机会主义行为，使得环保投资活动有效执行，带来绿色溢价，进一步提升财务绩效。因此，企业环保投资在内部控制影响财务绩效的过程中起到了一种中介传导作用。因而，本节提出假设 H7.8：

H7.8：企业环保投资在内部控制质量对财务绩效的影响中发挥着中介作用。

四　研究设计

（一）研究样本与数据来源

本节利用2009—2018 年中国 A 股重污染行业上市公司数据作为样本[①]，并删除 ST、*ST 公司数据样本，删除缺失数据样本，最终确定了2326 个样本。其中，内部控制质量指标数据来自 DIB 内部控制与风险管理数据库；企业环保投资及其他指标数据选取于国泰安 CSMAR 数据库，并通过手工整理。

（二）模型设定与变量选取

1. 模型设定

本节构建如下模型（7 -6）—模型（7 -8），并采用逐步回归法检验企业环保投资的中介效应。

首先，检验内部控制质量对财务绩效的影响，若模型（7 -6）中 β_1 为正且显著，则建立了进一步检验中介效应的基础。

$$EPS = \alpha + \beta_1 ICQ + \beta_2 LEV + \beta_3 ATO + \beta_4 ID + \beta_5 VOL + \beta_6 TURN + \beta_7 INSHARE + \beta_8 SIZE + \beta_9 HHI + \Sigma YEAR\_Dummy + \varepsilon \qquad (7-6)$$

---

① 中国 A 股重污染行业上市公司作为研究样本。重污染行业根据中国环保部公布的《上市公司环保核查行业分类管理名录》（环办函〔2008〕373 号）和《上市公司环保核查行业分类管理名录》确定。

其次，依次检验模型（7－7）和模型（7－8）。若模型（7－7）中的β_1为正且显著，以及模型（7－8）中β_2为正且显著，则说明内部控制质量通过企业环保投资实现财务绩效的途径显著。

最后，通过模型（7－8）的检验结果做进一步判断。若模型（7－8）中的β_1不显著而β_2显著，说明内部控制质量对财务绩效的影响完全通过企业环保投资传导实现；若β_1显著且β_2显著，说明内部控制质量对财务绩效的影响有一部分通过企业环保投资传导实现。

$$EPI = \alpha + \beta_1 ICQ + \beta_2 LEV + \beta_3 ATO + \beta_4 ID + \beta_5 VOL + \beta_6 TURN + \beta_7 INSHARE + \beta_8 SIZE + \beta_9 HHI + \Sigma YEAR\_Dummy + \varepsilon \quad (7-7)$$

$$EPS = \alpha + \beta_1 ICQ + \beta_2 EPI + \beta_3 LEV + \beta_4 ATO + \beta_5 ID + \beta_6 VOL + \beta_7 TURN + \beta_8 INSHARE + \beta_9 SIZE + \beta_{10} HHI + \Sigma YEAR\_Dummy + \varepsilon \quad (7-8)$$

以上模型中α为模型常数值，β_1到β_{10}代表各项系数值，ε视为残差值。

2. 变量选取

内部控制质量（*ICQ*）：目前，中国上市公司内部控制指数主要分为厦门大学和迪博公司所发布的两大版本数值。相较于前者，迪博公司的内部控制指数主要基于控制的实现效果作为测度指标，能较好地反映企业内部控制建设有力程度和现实表现①。同时，迪博公司的内部控制指数逐年发布，也保证了时间序列的完整性。因此，迪博公司的内部控制指数具有更高的可靠性和合理性。本节参考刘焱和姚树中（2014）②、裘益政和徐莎（2017）③的做法，对迪博公司的内部控制指数取其自然对数。

财务绩效（*EPS*）：总体来说，财务绩效体现的是企业一定经营期内的管理效率和总体经营状况。衡量财务绩效一般包括市场指标和会计指标两类。考虑到市场波动性影响，本研究主要通过会计指标进行测度。现有

---

① 程慧芳：《内部控制质量评价有点雾里看花——基于迪博版与厦大版指数比较》，《财会月刊》2014年第1期。

② 刘焱、姚树中：《企业生命周期视角下的内部控制与公司绩效》，《系统工程》2014年第11期。

③ 裘益政、徐莎：《内部控制能促进企业环保投资吗？——基于重污染行业上市公司的实证检验》，《中国内部审计》2017年第12期。

文献通常采用总资产报酬率[①]、净资产收益率[②]以及每股收益[③]等常用的会计指标衡量财务绩效。其中，最常用的是净资产收益率和每股收益。前者易受资产负债率的影响，不能综合体现企业真实财务状况。然而，每股收益代表了企业每股创造的税后利润，较为全面地体现企业财务状态和发展态势[④]。因而，本节选用每股收益对企业财务绩效进行测度。

企业环保投资（*EPI*）：目前，学术界对企业环保投资的定义尚未得出统一的界定。多数学者对企业环保投资的解释倾向于：企业以防治污染和保护环境为目的，在实现经济效益的同时，兼顾环境效益和社会效益的特殊投资活动[⑤]。本节参考周慧楠（2019）[⑥] 的做法，采用企业当年新增环保投资额的自然对数来衡量企业环保投资，有效减小企业规模对环保投资额的影响。

控制变量：借鉴现有文献的常规做法，模型中控制了企业特征指标，在模型中添加资产负债率、资产周转率、独立董事占比、经营风险、CEO变更、机构投资者持股占比、企业规模、市场竞争度和年度作为控制变量（见表7－17）。

表7－17　　　　研究变量说明

变量类型	变量名称	变量代码	变量定义
被解释变量	财务绩效	*EPS*	净利润/总股数
解释变量	内部控制质量	*ICQ*	内部控制指数的自然对数

---

① 吕峻、焦淑艳：《环境披露、环境绩效和财务绩效关系的实证研究》，《山西财经大学学报》2011年第1期；赵雅婷：《行业属性、企业环保支出与财务绩效》，《会计之友》2015年第7期。

② 彭妍、岳金桂：《基于投资结构视角的企业环保投资与财务绩效》，《环境保护科学》2016年第1期；强雪伟：《企业社会责任与财务绩效关系的实证研究》，陕西师范大学，2018年。

③ 柴俊武、唐绘秋、王振华：《公益营销是“赚钱工具”还是“赔钱买卖”——公益营销对财务绩效的影响研究》，《预测》2016年第2期；袁紫薇、马书田：《高管激励方式与国有混企经营绩效关系研究》，《现代营销》（下旬刊）2019年第8期。

④ 崔瑛、魏阳：《上市公司每股收益指标分析》，《时代经贸》2006年第4期增刊。

⑤ 彭峰、李本东：《环境保护投资概念辨析》，《环境科学与技术》2005年第3期；胡元林、杨雁坤：《环境规制对企业绩效影响的国外实证研究综述》，《中国商贸》2014年第9期。

⑥ 周慧楠：《内部控制、环境政策与企业环保投资——来自重污染行业上市公司的经验证据》，《财会通讯》2019年第6期。

续表

变量类型	变量名称	变量代码	变量定义
中介变量	企业环保投资规模	*EPI*	当年新增环保投资额的自然对数
控制变量	资产负债率	*LEV*	负债总额/资产总额
	资产周转率	*ATO*	营业收入/资产总额
控制变量	独立董事占比	*ID*	独立董事人数/董事会总人数
	经营风险	*VOL*	年度股价波动率
	CEO 变更	*TURN*	若前一年 CEO 发生了变更为 1，否则为 0
	机构投资者持股占比	*INSHARE*	机构投资者持股数/总股数
	企业规模	*SIZE*	总资产的自然对数
	市场竞争度	*HHI*	赫芬达尔－赫希曼指数
	年度	*YEAR*	年份虚拟变量

五　内部控制质量、企业环保投资规模与财务绩效关系的实证分析

（一）描述性统计

通过表 7－18 可知：*EPS* 的标准差为 0.6517，明显大于均值 0.3771 和中位数 0.2415，且最大值和最小值差异较大，分别为 13.0991 和 －2.6767，说明不同企业间财务绩效差异较大。*EPI* 的最大值为 23.8949，最小值为 6.5523，且标准差小于其均值和中位数，一定程度上反映了中国重污染行业上市公司普遍存在环保投资规模偏小和环保投资差异化特点。*ICQ* 的最大值为 6.8797，最小值为 4.1909，均值为 6.4877，说明中国重污染行业上市公司的内部控制质量整体较好。

表 7－18　　　　　　　　描述性统计结果

变量	样本量	均值	标准差	最大值	最小值	中位数
EPS	2326	0.3771	0.6517	13.0991	－2.6767	0.2415
ICQ	2326	6.4877	0.1730	6.8797	4.1909	6.5157
EPI	2326	16.6052	2.4269	23.8949	6.5523	16.7236
LEV	2326	0.4855	0.2055	1.3518	0.0167	0.4979
ATO	2326	0.6522	0.3967	3.2808	0.0513	0.5714
ID	2326	0.3679	0.0537	0.7143	0.2308	0.3333

续表

变量	样本量	均值	标准差	最大值	最小值	中位数
VOL	2326	42. 2535	15. 7877	133. 3848	5. 2898	39. 2071
TURN	2326	0. 8396	0. 3670	1	0	1
INSHARE	2326	45. 2132	22. 7455	186. 9690	0. 0000	46. 2644
SIZE	2326	22. 6629	1. 3333	28. 5085	19. 8377	22. 5168
HHI	2326	0. 1088	0. 1229	0. 9700	0. 0153	0. 0807

（二）相关性分析

由表7－19 Pearson相关性分析结果可知，*ICQ*与*EPS*、*ICQ*与*EPI*、*EPI*与*EPS*分别在1%的显著性水平下正相关性，初步验证了前文假设。另外，各变量间的相关系数均小于0.5，说明不存在严重的多重共线性问题。下文将通过VIF值进一步检验多重共线性问题。

（三）内部控制质量影响财务绩效的实证分析

为探究内部控制质量、企业环保投资规模与财务绩效之间的关系，在经过上述描述性分析和相关性检验基础上，对本研究所构建的模型进行最小二乘法多元回归分析，结果如表7－20所示。

由表7－20的模型（1）回归结果可知，*ICQ*与*EPS*之间在1%显著性水平下正相关，且回归系数为0.829，验证了假设H7.5，表明企业内部控制质量越高，企业整体经营水平越高，越有利于提升企业财务绩效。

另外，也发现*TURN*、*INSHARE*以及*SIZE*均与*EPS*之间在1%显著性水平下正相关，反映了企业治理结构的完善与企业规模经济效应能够增强企业对外的竞争力，从而推动企业财务绩效提升。*LEV*以及*HHI*与*EPS*之间分别在1%和5%显著性水平下负相关关系，说明过高的负债水平和市场竞争度容易增加财务的不确定性，使得企业运营成本升高，从而抑制财务绩效水平。

（四）内部控制质量影响企业环保投资规模的实证分析

在表7－20的模型（2）中，*ICQ*与*EPI*之间在1%显著性水平下正相关，且回归系数为0.792，表明在内部控制质量越高，越有助于企业将环保理念嵌入投资活动，并抑制管理者投资的机会主义行为，促进企业环保责任的履行水平，扩大企业环保投资规模，由此可验证假设H7.6，即内部控制质量与企业环保投资规模正相关。

表 7 – 19　　变量相关性结果

变量	*EPS*	*ICQ*	*EPI*	*LEV*	*ATO*	*ID*	*VOL*	*TURN*	*INSHARE*	*SIZE*	*HHI*
EPS	1										
ICQ	0. 2872 ***	1									
EPI	0. 0992 ***	0. 1177 ***	1								
LEV	−0. 2256 ***	−0. 0509 **	0. 2794 ***	1							
ATO	0. 0691 ***	0. 0770 ***	−0. 1041 ***	−0. 0365 *	1						
ID	0. 0458 **	−0. 0188	−0. 0894 ***	−0. 0536 ***	0. 0601 ***	1					
VOL	−0. 0416 **	−0. 0296	−0. 0905 ***	−0. 0232	−0. 0243	−0. 0114	1				
TURN	0. 0985 ***	0. 0486 **	−0. 0061	−0. 1196 ***	−0. 0222	−0. 0203	0. 0049	1			
INSHARE	0. 1272 ***	0. 1082 ***	0. 1421 ***	0. 1679 ***	0. 1209 ***	0. 0021	−0. 0805 ***	−0. 0896 ***	1		
SIZE	0. 1498 ***	0. 1576 ***	0. 4971 ***	0. 4739 ***	−0. 0345 *	0. 0083	−0. 2149 ***	−0. 0658 ***	0. 4170 ***	1	
HHI	−0. 0201	0. 0128	−0. 0995 ***	−0. 0307	0. 1273 ***	0. 0743 ***	−0. 0542 ***	0. 0169	0. 0208	−0. 0448 **	1

注：***、**、* 分别对应 1%、5% 和 10% 的显著性置信水平。

（五）企业环保投资规模在内部控制质量与财务绩效之间发挥中介作用的实证分析

从表7-20的模型（3）中可知，*EPI* 与 *EPS* 之间在1%显著性水平下正相关，且回归系数为0.013，验证了假设H7.7，说明企业积极开展环保投资能对财务绩效产生积极影响，企业环保投资具有传统投资的一般性特征，可以产生显著经济绩效。在表7-20的模型（3）中 *ICQ* 与 *EPS* 之间在1%显著性水平下也正相关。综合模型（1）—模型（3）的回归结果可知，企业环保投资在内部控制质量对财务绩效的正向影响中发挥着部分中介作用，验证了假设7.8，说明内部控制可以促进企业对利益相关者环保诉求做出积极回应，并通过企业环保投资进一步实现企业价值。

表7-20　内部控制质量、企业环保投资规模与财务绩效关系的回归结果

变量	模型（1）	模型（2）	模型（3）
	EPS	*EPI*	*EPS*
ICQ	0.829*** (7.94)	0.792*** (3.03)	0.819*** (7.89)
EPI			0.013*** (2.68)
LEV	-1.062*** (-10.57)	0.643** (2.49)	-1.070*** (-10.62)
ATO	0.052* (1.72)	-0.435*** (-3.73)	0.058* (1.90)
ID	0.374 (1.23)	-3.629*** (-4.51)	0.421 (1.38)
VOL	0.003* (1.93)	0.004 (1.00)	0.003* (1.89)
TURN	0.119*** (3.90)	0.141 (1.19)	0.118*** (3.86)
INSHARE	0.002*** (3.25)	-0.007*** (-3.11)	0.002*** (3.38)
SIZE	0.132*** (8.35)	0.894*** (19.98)	0.121*** (7.70)

续表

变量	模型（1）	模型（2）	模型（3）
	EPS	*EPI*	*EPS*
HHI	-0.181** (-2.32)	-1.245*** (-3.45)	-0.165** (-2.14)
YEAR	控制	控制	控制
常数项	-7.777*** (-10.79)	-7.302*** (-4.15)	-7.683*** (-10.75)
N	2326	2326	2326
R^2	0.214	0.277	0.216
R^2_*Adj*	0.208	0.271	0.209
F	17.36***	47.03***	16.52***
VIF_Max	1.92	1.92	2.21

注：***、**、* 分别对应1%、5%和10%的显著性水平。

（六）企业不同类型环保投资的中介效应实证分析

从整体而言，企业环保投资在内部控制质量与财务绩效之间发挥着部分中介作用。然而，企业前瞻性环保投资和企业治理性环保投资在投资目的上存在较大的区别，那么企业不同类型环保投资行为在内部控制质量与财务绩效之间能否发挥同样的中介作用呢？为了检验上述问题，通过模型（1）—模型（3）来检验内部控制质量、企业不同类型环保投资与财务绩效之间的关系。

1. 内部控制质量、企业前瞻性环保投资与财务绩效关系的实证分析

如表7-21的模型（1）回归结果所示，*ICQ* 与 *EPS* 之间在1%显著性水平下正相关，且回归系数为0.816，表明内部控制质量与财务绩效正相关。在表7-21的模型（2）中，*ICQ* 与 *PEI* 之间在1%显著性水平下正相关，且回归系数为0.011，表明在内部控制质量越高，企业前瞻性环保投资规模越大，即 *ICQ* 与 *PEI* 正相关。从表7-21的模型（3）中可知，*PEI* 与 *EPS* 之间在1%显著性水平下正相关，且回归系数为0.927，说明企业积极开展前瞻性环保投资能对财务绩效产生非常积极影响。另外，在表7-21的模型（3）中 *ICQ* 与 *EPS* 之间在1%显著性水平下也正相关。综合表7-21中模型（1）—模型（3）的回归结果可知，企业前

瞻性环保投资在内部控制质量对财务绩效的正向影响中发挥着部分中介作用，说明内部控制可以促进企业对利益相关者的环保诉求做出积极回应，并通过企业前瞻性环保投资向利益相关者传递履行环保责任的信息，从而能获得市场的认可，进一步实现企业价值。

2. 内部控制质量、企业治理性环保投资与财务绩效关系的实证分析

如表7－22的模型（1）回归结果所示，*ICQ* 与 *EPS* 之间在1%显著性水平下正相关，且回归系数为0.701，表明 *ICQ* 与 *EPS* 正相关。在表7－22的模型（2）中，*ICQ* 与 *PEI* 之间在1%显著性水平下正相关，且回归系数为0.008，表明在内部控制质量越高，企业治理性环保投资越大，即 *ICQ* 与 *GEI* 正相关。从表7－22的模型（3）中可知，*GEI* 与 *EPS* 之间在1%显著性水平下正相关，且回归系数为2.943，说明企业积极开展治理性环保投资能对财务绩效产生非常积极影响。另外，在表7－22的模型（3）中 *ICQ* 与 *EPS* 之间在1%显著性水平下也正相关。综合表7－22中模型（1）—模型（3）的回归结果可知，*GEI* 在 *ICQ* 对 *EPS* 的正向影响中发挥着部分中介作用，说明内部控制可以促使企业对利益相关者的环保诉求做出积极回应，企业治理性环保投资也能给企业带来违规成本节约、环境处罚和罚金节约，促进获得绿色声誉，从而实现财务绩效。

表7－21　内部控制质量、企业前瞻性环保投资与财务绩效关系的回归结果

变量	模型（1）	模型（2）	模型（3）
	EPS	*PEI*	*EPS*
ICQ	0.816***	0.011**	0.805***
	(6.24)	(2.49)	(6.22)
PEI			0.927***
			(3.24)
LEV	-0.945***	0.032***	-0.975***
	(-9.44)	(3.05)	(-9.75)
ATO	0.082**	-0.016***	0.097**
	(2.17)	(-6.27)	(2.52)

续表

变量	模型（1）	模型（2）	模型（3）
	EPS	*PEI*	*EPS*
ID	-0.048 (-0.20)	-0.006 (-0.21)	-0.042 (-0.18)
VOL	0.001 (1.43)	0.000 (0.63)	0.001 (1.36)
TURN	0.118 *** (2.92)	0.002 (0.83)	0.115 *** (2.88)
INSHARE	0.001 (0.89)	0.000 (0.65)	0.001 (0.83)
SIZE	0.094 *** (6.29)	-0.006 *** (-3.34)	0.099 *** (6.72)
HHI	-0.162 (-1.54)	-0.014 * (-1.95)	-0.150 (-1.42)
YEAR	控制	控制	控制
常数项	-6.812 *** (-7.82)	0.077 * (1.88)	-6.883 *** (-7.95)
N	1227	1227	1227
R^2	0.189	0.047	0.195
R^2_*Adj*	0.183	0.0399	0.188
F	18.01	7.903	16.85

注：***、**、* 分别对应1%、5%和10%的显著性水平。

表7-22　内部控制质量、企业治理性环保投资与财务绩效关系的回归结果

变量	模型（1）	模型（2）	模型（3）
	EPS	*GEI*	*EPS*
ICQ	0.701 *** (5.97)	0.008 *** (4.81)	0.677 *** (5.82)
GEI			2.943 *** (4.38)

续表

变量	模型（1）	模型（2）	模型（3）
	EPS	GEI	EPS
LEV	-1.249*** (-10.12)	0.013 (1.32)	-1.288*** (-10.46)
ATO	0.081** (2.10)	-0.003* (-1.68)	0.090** (2.35)
ID	0.511 (1.32)	-0.020*** (-3.32)	0.571 (1.47)
VOL	0.002** (2.25)	-0.000 (-0.17)	0.002** (2.27)
TURN	0.125*** (3.23)	0.000 (0.29)	0.124*** (3.22)
INSHARE	0.002*** (2.99)	-0.000 (-1.35)	0.002*** (3.12)
SIZE	0.175*** (7.94)	-0.001 (-1.06)	0.178*** (8.13)
HHI	-0.333*** (-3.16)	0.009 (0.63)	-0.360*** (-3.50)
YEAR	控制	控制	控制
常数项	-7.970*** (-8.78)	-0.014 (-0.55)	-7.928*** (-8.80)
N	1803	1803	1803
R^2	0.202	0.024	0.209
R^2_Adj	0.198	0.0187	0.205
F	21.38	5.232	20.98

注：***、**、*分别对应1%、5%和10%的显著性水平。

（七）稳健性检验

第一，指标替代。（1）借鉴唐国平等（2013）[①]、杨柳等（2018）[②]

① 唐国平、李龙会、吴德军：《环境管制、行业属性与企业环保投资》，《会计研究》2013年第6期。

② 杨柳、张敦力、贾莹丹：《公众参与、环境管制与企业环保投资——基于我国A股重污染行业的经验证据》，《财会月刊》2018年第12期。

的做法，采用“企业当年新增环保投资总额/平均总资产”来衡量企业环保投资规模（*EPI*）。（2）借鉴陈素琴和范琳琳（2019）[①] 的做法，采用成本费用利润率（*CPR*）衡量财务绩效。稳健性检验结果见表 7－23、表 7－25和表 7－27。

第二，对连续变量进行1%、99%分位数缩尾的 Winsorize 处理，尽可能降低异常观测值对本研究的扰动。

第三，改变模型。为了更好地解决自变量与不可观察的个体效应相关的内生性问题，使用固定效应模型进行稳健性检验。缩尾处理与固定效应模型回归的稳健性检验结果见表 7－24、表 7－26 和表 7－28。

由表 7－23 和表 7－24 的稳健性检验结果可知，内部控制质量与企业环保投资规模显著正相关，内部控制质量与财务绩效显著正相关。企业环保投资规模在内部控制质量与财务绩效之间发挥着部分中介作用。

企业环保投资分类样本检验同样采用了成本费用利润率（*CPR*）衡量财务绩效；对连续变量进行1%、99%分位数缩尾的 Winsorize 处理；使用固定效应模型替代 OLS 的稳健性检验方法。由表 7－25—表 7－28 的稳健性检验结果可知，企业前瞻性环保投资和企业治理性环保投资在内部控制质量与财务绩效之间的中介作用亦得到进一步验证。

上述稳健性检验结果虽然在回归显著性水平上有微弱变化，但是回归结果没有发生实质性变化，表明本节研究结论较为稳健。

表 7－23　　内部控制质量、企业环保投资规模与财务绩效关系的稳健性检验结果——指标替代

变量	*NEI*			*CPR*		
	EPS	*EPI*	*EPS*	*CPR*	*EPI*	*CPR*
ICQ	0.795***	0.015***	0.780***	0.169***	0.015***	0.164***
	(7.42)	(3.85)	(7.33)	(5.72)	(3.85)	(5.54)
EPI			1.037***			0.345*
			(4.52)			(1.84)

① 陈素琴、范琳琳：《企业内部控制与财务绩效的相关性研究——基于上证 A 股上市公司》，《财务与金融》2019 年第 2 期。

续表

变量	NEI			CPR		
	EPS	EPI	EPS	CPR	EPI	CPR
LEV	-1.057***	0.028***	-1.086***	-0.385***	0.028***	-0.394***
	(-10.09)	(2.85)	(-10.38)	(-10.10)	(2.85)	(-10.78)
ATO	0.060*	-0.012***	0.073**	-0.091***	-0.012***	-0.087***
	(1.88)	(-5.47)	(2.25)	(-7.26)	(-5.47)	(-6.93)
ID	0.443	-0.012	0.455	0.162*	-0.012	0.166*
	(1.38)	(-0.67)	(1.42)	(1.80)	(-0.67)	(1.85)
VOL	0.002	0.000	0.002	-0.000	0.000	-0.000
	(1.34)	(1.03)	(1.28)	(-0.98)	(1.03)	(-1.06)
TURN	0.135***	0.003	0.132***	0.016	0.003	0.015
	(4.34)	(1.29)	(4.27)	(1.16)	(1.29)	(1.09)
INSHARE	0.002***	0.000	0.002***	0.000**	0.000	0.000**
	(2.97)	(0.28)	(2.96)	(2.19)	(0.28)	(2.17)
SIZE	0.138***	-0.004**	0.142***	0.029***	-0.004**	0.031***
	(8.16)	(-2.49)	(8.41)	(5.69)	(-2.49)	(6.10)
HHI	-0.170**	-0.002	-0.168**	0.022	-0.002	0.023
	(-2.18)	(-0.22)	(-2.18)	(0.70)	(-0.22)	(0.76)
YEAR	控制	控制	控制	控制	控制	控制
常数项	-7.734***	-0.009	-7.725***	-1.474***	-0.009	-1.471***
	(-10.39)	(-0.27)	(-10.44)	(-6.90)	(-0.27)	(-6.96)
N	2089	2089	2089	2089	2089	2089
R^2	0.218	0.038	0.221	0.191	0.038	0.195
R^2_Adj	0.211	0.0295	0.214	0.184	0.0295	0.188
F	15.94***	5.188***	15.84***	14.56***	5.188***	15.69***

注：***、**、*分别对应1%、5%和10%的显著性水平。

表7-24　内部控制质量、企业环保投资规模与财务绩效关系的稳健性检验结果——缩尾处理+固定效应模型

变量	Winsorize 缩尾处理			固定效应模型		
	EPS	EPI	EPS	EPS	EPI	EPS
ICQ	1.066***	0.018***	1.046***	0.813***	0.020***	0.785***
	(11.05)	(4.89)	(10.88)	(10.80)	(4.28)	(10.40)

续表

变量	Winsorize 缩尾处理			固定效应模型		
	EPS	*EPI*	*EPS*	*EPS*	*EPI*	*EPS*
EPI			1.087***			1.411***
			(3.22)			(3.46)
LEV	-0.903***	0.017***	-0.921***	-0.960***	0.015**	-0.981***
	(-13.02)	(4.00)	(-13.39)	(-9.26)	(2.22)	(-9.48)
ATO	0.052*	-0.011***	0.064**	0.400***	-0.009***	0.413***
	(1.80)	(-7.10)	(2.17)	(7.22)	(-2.58)	(7.46)
ID	0.266	-0.020	0.287	-0.755***	0.010	-0.770***
	(1.41)	(-1.52)	(1.52)	(-2.76)	(0.61)	(-2.82)
VOL	0.002**	0.000	0.002**	-0.000	-0.000	0.000
	(2.50)	(1.63)	(2.34)	(-0.05)	(-0.60)	(0.00)
TURN	0.108***	0.002	0.106***	0.045*	0.003**	0.040
	(3.89)	(1.04)	(3.84)	(1.79)	(2.04)	(1.61)
INSHARE	0.001***	-0.000	0.001***	0.000	-0.000	0.000
	(2.87)	(-0.25)	(2.89)	(0.29)	(-0.94)	(0.38)
SIZE	0.111***	-0.002***	0.113***	0.182***	-0.002	0.185***
	(9.30)	(-2.84)	(9.57)	(7.59)	(-1.28)	(7.73)
HHI	-0.166**	-0.007	-0.158**	0.187	-0.012	0.205
	(-2.36)	(-1.44)	(-2.27)	(0.88)	(-0.91)	(0.96)
YEAR	控制	控制	控制	-	-	-
常数项	-8.873***	-0.058**	-8.811***	-8.623***	-0.078	-8.513***
	(-14.45)	(-2.34)	(-14.38)	(-11.07)	(-1.58)	(-10.96)
N	2089	2089	2089	2089	2089	2089
R^2	0.270	0.045	0.273	0.176	0.022	0.183
R^2_Adj	0.264	0.0372	0.267	-	-	-
F	25.83***	6.074***	25.33***	35.75***	3.668***	33.61***

注：***、**、*分别对应1%、5%和10%的显著性水平。

表 7－25　内部控制质量、企业前瞻性环保投资与财务绩效关系的稳健性检验结果——指标替代

变量	财务绩效 = 成本费用利润率		
	模型（1）	模型（2）	模型（3）
	CPR	*PEI*	*CPR*
ICQ	0.174 *** (4.40)	0.011 ** (2.49)	0.172 *** (4.36)
PEI			0.170 *** (2.70)
LEV	−0.356 *** (−10.52)	0.032 *** (3.05)	−0.362 *** (−10.72)
ATO	−0.082 *** (−7.75)	−0.016 *** (−6.27)	−0.079 *** (−7.33)
ID	0.023 (0.27)	−0.006 (−0.21)	0.024 (0.28)
VOL	0.000 (0.95)	0.000 (0.63)	0.000 (0.92)
TURN	0.012 (0.95)	0.002 (0.83)	0.012 (0.92)
INSHARE	−0.000 (−0.13)	0.000 (0.65)	−0.000 (−0.17)
SIZE	0.028 *** (5.78)	−0.006 *** (−3.34)	0.029 *** (6.00)
HHI	−0.016 (−0.45)	−0.014 * (−1.95)	−0.013 (−0.38)
YEAR	控制	控制	控制
常数项	−1.453 *** (−5.28)	0.077 * (1.88)	−1.466 *** (−5.36)
N	1227	1227	1227
R^2	0.192	0.047	0.194
R^2_Adj	0.186	0.0399	0.187
F	24.48	7.903	24.23

注：***、**、*分别对应1%、5%和10%的显著性水平。

表 7－26　　内部控制质量、企业前瞻性环保投资与财务绩效关系的稳健性检验结果——缩尾处理＋固定效应模型

变量	Winsorize 缩尾处理			固定效应模型		
	模型（1）	模型（2）	模型（3）	模型（1）	模型（2）	模型（3）
	EPS	*PEI*	*EPS*	*EPS*	*PEI*	*EPS*
ICQ	1.140 ***	0.014 **	1.127 ***	0.900 ***	0.016 **	0.883 ***
	(9.37)	(2.46)	(9.30)	(9.51)	(2.07)	(9.33)
PEI			0.930 **			1.048 **
			(2.40)			(2.55)
LEV	－0.878 ***	0.022 ***	－0.898 ***	－0.879 ***	0.035 ***	－0.915 ***
	(－10.30)	(3.55)	(－10.63)	(－6.24)	(2.94)	(－6.49)
ATO	0.059	－0.015 ***	0.073 *	0.513 ***	－0.021 ***	0.535 ***
	(1.61)	(－6.83)	(1.94)	(6.43)	(－3.07)	(6.68)
ID	－0.050	－0.023	－0.029	－0.737 **	0.019	－0.756 **
	(－0.21)	(－1.17)	(－0.12)	(－2.11)	(0.63)	(－2.17)
VOL	0.001	0.000	0.001	0.002 **	－0.000	0.002 **
	(1.51)	(1.03)	(1.41)	(2.25)	(－0.28)	(2.28)
TURN	0.108 ***	0.002	0.106 ***	0.050 *	0.004	0.046
	(2.98)	(0.83)	(2.94)	(1.68)	(1.64)	(1.54)
INSHARE	0.001	0.000	0.001	－0.000	－0.000	－0.000
	(0.87)	(0.01)	(0.88)	(－0.51)	(－1.63)	(－0.37)
SIZE	0.085 ***	－0.004 ***	0.089 ***	0.149 ***	－0.004	0.154 ***
	(6.17)	(－4.28)	(6.56)	(4.34)	(－1.56)	(4.49)
HHI	－0.155 *	－0.010	－0.146	0.106	－0.026	0.133
	(－1.71)	(－1.54)	(－1.61)	(0.50)	(－1.46)	(0.63)
YEAR	控制	控制	控制	控制	控制	控制
常数项	－8.721 ***	0.031	－8.750 ***	－8.611 ***	0.008	－8.619 ***
	(－10.77)	(0.79)	(－10.83)	(－7.96)	(0.09)	(－7.99)
N	1227	1227	1227	1227	1227	1227
R^2	0.217	0.056	0.220	0.201	0.034	0.207
R^2_*Adj*	0.211	0.0493	0.214	－0.173	－0.419	－0.166
F	26.59	10.01	24.56	23.33	3.235	21.79

注：***、**、*分别对应1%、5%和10%的显著性水平。

表 7－27　　内部控制质量、企业治理性环保投资与财务绩效关系的稳健性检验结果——指标替代

变量	财务绩效 = 成本费用利润率		
	模型（1）	模型（2）	模型（3）
	CPR	*GEI*	*CPR*
ICQ	0.144 *** (4.38)	0.008 *** (4.81)	0.135 *** (4.13)
GEI			1.107 *** (3.68)
LEV	−0.426 *** (−9.90)	0.013 (1.32)	−0.441 *** (−10.99)
ATO	−0.075 *** (−5.66)	−0.003 * (−1.68)	−0.071 *** (−5.50)
ID	0.200 ** (1.99)	−0.020 *** (−3.32)	0.222 ** (2.21)
VOL	−0.000 (−0.85)	−0.000 (−0.17)	−0.000 (−0.83)
TURN	−0.001 (−0.06)	0.000 (0.29)	−0.001 (−0.08)
INSHARE	0.000 * (1.90)	−0.000 (−1.35)	0.000 ** (2.07)
SIZE	0.032 *** (5.48)	−0.001 (−1.06)	0.033 *** (6.01)
HHI	−0.014 (−0.36)	0.009 (0.63)	−0.024 (−0.78)
YAER	控制	控制	控制
常数项	−1.368 *** (−5.51)	−0.014 (−0.55)	−1.352 *** (−5.53)
N	1803	1803	1803
R^2	0.187	0.024	0.200
R^2_Adj	0.183	0.0187	0.196
F	20.06	5.232	23.33

注：***、**、* 分别对应 1%、5% 和 10% 的显著性水平。

表 7－28　　内部控制质量、企业治理性环保投资与财务绩效关系的稳健性检验结果——缩尾处理＋固定效应模型

变量	Winsorize 缩尾处理			固定效应模型		
	模型（1）	模型（2）	模型（3）	模型（1）	模型（2）	模型（3）
	EPS	*GEI*	*EPS*	*EPS*	*GEI*	*EPS*
ICQ	0.940 *** (9.17)	0.010 *** (5.12)	0.896 *** (8.79)	0.590 *** (6.84)	0.008 *** (3.46)	0.554 *** (6.43)
GEI			4.409 *** (5.26)			4.438 *** (4.48)
LEV	−1.069 *** (−13.94)	0.004 ** (2.15)	−1.088 *** (−14.32)	−1.067 *** (−8.94)	0.002 (0.71)	−1.078 *** (−9.09)
ATO	0.074 ** (2.30)	−0.002 ** (−2.18)	0.082 ** (2.55)	0.398 *** (7.18)	−0.001 (−0.58)	0.402 *** (7.30)
ID	0.314 (1.34)	−0.016 *** (−3.56)	0.386 * (1.65)	−0.863 *** (−2.90)	−0.015 * (−1.80)	−0.797 *** (−2.70)
VOL	0.001 (1.44)	0.000 (0.57)	0.001 (1.39)	0.000 (0.34)	−0.000 (−0.50)	0.000 (0.41)
TURN	0.095 *** (2.72)	−0.001 (−0.59)	0.097 *** (2.81)	0.014 (0.46)	0.000 (0.36)	0.012 (0.42)
INSHARE	0.002 *** (2.75)	−0.000 * (−1.70)	0.002 *** (2.98)	0.002 ** (2.14)	−0.000 (−0.15)	0.002 ** (2.17)
SIZE	0.135 *** (10.47)	−0.000 (−0.97)	0.136 *** (10.67)	0.225 *** (7.85)	−0.003 *** (−3.96)	0.239 *** (8.34)
HHI	−0.295 *** (−3.15)	−0.003 (−1.05)	−0.281 *** (−3.06)	0.597 (1.36)	0.015 (1.22)	0.532 (1.22)
YAER	控制	控制	控制	控制	控制	控制
常数项	−8.561 *** (−12.56)	−0.044 *** (−3.02)	−8.367 *** (−12.38)	−8.138 *** (−8.87)	0.028 (1.09)	−8.261 *** (−9.06)
N	1803	1803	1803	1803	1803	1803
R^2	0.242	0.024	0.252	0.161	0.035	0.173
R^2_Adj	0.239	0.0196	0.248	−0.138	−0.309	−0.122
F	41.38	5.729	41.26	28.27	5.292	27.82

注：***、**、*分别对应1%、5%和10%的显著性水平。

六　本节小结

本节利用2009—2018年中国A股重污染行业上市公司样本数据分析了内部控制质量、企业环保投资规模与财务绩效之间的关系。在使用了固定效应模型等稳健性检验方法后研究发现：

第一，内部控制质量对财务绩效具有显著的正向影响。说明企业提高内部控制质量可以有效促进信息传递给利益相关者，使企业更容易获得利益相关者的信任和支持。另外，企业通过内部控制可以约束管理层投机自利行径，缓解内部代理问题，从而为企业实现财务绩效营造良好的内部环境。

第二，内部控制对企业环保投资规模具有显著的正向影响。说明内部控制推动企业积极履行环保责任，促进企业管理者在环保责任的规范作用下将更多的资源投入环保项目。

第三，企业环保投资对财务绩效也存在显著的正向影响。说明企业环保投资具有传统投资的一般性特征，可以产生显著的经济绩效。

第四，企业环保投资在内部控制质量与财务绩效之间的关系中发挥着部分中介作用。说明内部控制可以促进企业对利益相关者的环保诉求做出积极回应，并通过企业环保投资进一步实现企业价值。

第五，企业前瞻性环保投资和企业治理性环保投资在内部控制质量对财务绩效的正向影响中均发挥着部分中介作用，说明内部控制可以促进企业对利益相关者的环保诉求做出积极回应，企业不同类型环保投资均能提升企业绿色声誉，从而实现财务绩效。

第八章　对策建议

环境资源作为公共产品，具有消费的非排他性、非竞争性等特点，这使得在环境资源使用过程中存在普遍的“搭便车”现象，导致环境资源过度利用，环境污染问题凸显，需要通过政府监管弥补市场失灵来维护公共利益。政府拥有环境制度制定权、环境监督和执法权，因此政府在环境治理中扮演着引导者和监督者的重要角色。然而，中国企业环保投资具有行业异质性、空间异质性和个体异质性特征，因此在环境保护问题上纯粹依靠环境管制是不够的，需要充分发挥市场决定性作用和更好发挥政府作用，加强信息公开，鼓励公众参与，逐步实现政府、企业、公众多元共治，强化企业环保投资主体责任。

第一节　政府应强化自身在环境治理中的引导者与监督者角色

一　政府应积极推动环境规制制定和执行工作

强化政府监督管理，确保环境监管有法可依、有法必依。根据本书研究结果，提出环境规制制定应具有合理性和适当性、加强地方政府环境监管力度两个建议，具体如下。

（一）环境规制制定应具有合理性和适当性

从实证研究结果来看，政府监管强度与企业环保投资规模不是线性关系，而是非线性关系，政府监管强度对企业环保投资规模的影响存在门限值。这一结果说明，政府需要依法依规监管企业污染防治行为，需要重视环境规制的合理性和适当性。另外，本书研究发现，公众环境关注度是影响企业环保投资行为的重要外部因素，政府应该重视市场压力和公众压力对企业环保行为的影响。制定环境规制应将强制性环境规制、市场性环境规制以及公众环境管理制度有机结合，避免不同制度之间的矛盾和冲突。

（二）加强地方政府环境监管力度

本书研究发现，政府监管强度与企业环保投资规模呈"U"形关系，CEO 两职合一正向调节两者之间的"U"形关系。这一结果说明企业 CEO 在做环保投资决策时离不开强有力的政府监管，加强政府监管可以有效减少 CEO 两职合一在环保投资方面的机会主义行为。可见，加强政府环境监管力度有助于引导企业从组织内部资源出发，寻求实现从传统的利益最大化目标逐渐向追求利润和履行社会责任的双重企业目标过度的绿色经营路线。因此，加强政府环境监管力度，避免不作为、管理不力、推诿和拖延等问题，做到严格执法、依法执法，克服环境监管困难和"盲区"。

二　政府应健全公众环境参与制度，提高公众环境关注度

公众对环保的关注，既作为一种监督力量，也作为一种市场拉动力量，对企业环保投资产生积极影响。与企业治理性环保投资相比，对企业前瞻性环保投资的积极影响更加显著，是企业由被动环保投资转向主动环保投资的不可忽视的外部力量。因此，应充分发挥公众对企业环保实践行为的监督和拉动作用。

（一）应以法律制度建设推进公众参与改革，保障公众参与权利

在环境保护工作中，公众环境关注度与公众环境参与度成正比，提高公众环境关注度一定程度上会促进公众参与环境管理行动。与此同时，当公众环境参与权力得以保障时，将鼓励公众关注环境问题。因此，首先应推进公众环境参与的法律制度建设，保障公众环境参与的权利。

法律制度建设是各项法律规范的系统化有机组合，加强法律制度的建设，将有助于推进公众参与改革的深化与规范有序进行。虽然中国于 2003 年 9 月 1 日施行《中华人民共和国环境影响评价法》和 2006 年 3 月 18 日施行《环境影响评价公众参与暂行办法》，将公众参与引入环境影响评价工作中；2015 年 9 月 1 日起正式施行《环境保护公众参与办法》，明确了公众参与环境保护的方式、途径和奖励等权益。但是，现阶段公众参与度仍然不够，未能真正激发公众参与环保的主动性和水平。

因此，从制度层面出发，需要中央政府积极推进公众参与环境保护

改革，地方政府积极响应，建立地方公众参与环境保护条例，形成符合各地实际需要的公众参与环境保护的地方性法规，明确公众参与环境保护的基本权利；明确政府与公众参与环境保护的相关职责；明确公众参与的范围、内容、方式、渠道、途径、程序；明确公众环境责任和义务；明确违反公众参与规定的法律责任①。通过加强法律制度建设，为公众知情权、参与权、表达权和监督权提供法律制度保护，避免公众参与流于形式。

（二）应结合中国实际拓宽公众环境管理的参与渠道和平台

一方面，应结合中国实际拓宽公众环境管理的参与渠道。首先，简化公众投诉的办结流程。政府部门积极提高行政效率，对公众环保诉求信息统一接收、分类整理、快速回复。其次，加大新闻媒体的舆论监督作用。新闻媒体有助于使政府与公众之间的信息传递更加透明、快捷、有效。再次，开启“互联网+”公众参与渠道，加强网站建设和管理，搭建互联网交流平台，利用时下流行的微博、微信等新媒体，形成网上网下的互动平台。最后，强调源头参与和全过程参与，推进环境决策的公众参与。

另一方面，打造“线下线上”学习平台，推进公众环保学习工作。其一，由于与环境相关的知识具有较强的专业性，普通公众存在理解难的问题，往往等到空气污染、水污染等环境污染的表象出现时，才能做出反应，无法较好地发挥事前和事中的监督作用。因此有必要为了提高公众参与水平，积极搭建公众参与环境保护学习公共服务平台。其二，利用新媒体加大环保宣传力度。利用环保宣传内容有针对性地引导公众，提升公众环境科学素养，推动公众积极践行绿色生活方式。

（三）形成公众参与鼓励机制，提高公众参与积极性

一方面，积极对公众参与环境问题做出回应，保持公众参与的积极性。普通公众以来信、来访、来电、微信等方式参与环境保护，专业公众通过代表形式参与环境保护，参与效果与政府及时、充分的回应有直接关系。政府应实行案件受理、转办督办、结案回复一体化工作机制，完善回复制度。

另一方面，制定地方公众参与环境管理奖励制度，明确公众参与环境

---

① 资料来源于《河北省公众参与环境保护条例》。

管理的奖励细则，提高公众参与积极性。例如，2018 年 7 月四川自贡环保局制定的《自贡市环境污染举报奖励办法》，按照环境污染类型，分门别类地对水污染举报、大气污染举报、工业企业污染举报等情形的举报人进行奖励，对应不同情形给予举报人 50—500 元不等的奖励，这一创新举措推动了公众参与奖励制度的建立。

三 政府应完善企业环境信息披露制度

加强政府环境信息披露制度和企业环境信息披露制度有助于提高公众环境管理水平，健全政府和企业环境信息披露制度可以有效促进公众环境关注度对企业环保投资行为的监督作用，强化企业环保投资主体责任。

（一）需要进一步扩大强制环境信息披露对象范围

2008 年 5 月 1 日起实施的《环境信息公开办法（试行）》要求环境保护行政主管部门、“双超”企业和其他企业披露环境信息，为推动公众参与环境污染防治提供了信息基础，也促进了企业环保责任的履行。该办法明确要求环境保护行政主管部门和“双超”企业为强制环境信息公开的主体，将一般污染企业作为自愿环境信息公开的主体。2014 年 12 月 19 日发布的《企业事业单位环境信息公开办法》在《环境信息公开办法（试行）》的基础上进一步扩大了环境信息公开的主体，强制对象从原“双超”企业增加到“双超”企业和重点排污企业（含重点监控企业），但对其他企业仅要求自愿披露环境信息。2022 年 2 月 8 日起施行的《企业环境信息依法披露管理办法》，强制要求上市公司和发债企业披露具体环境信息。该办法扩大了披露主体，但强制环境信息披露的对象仍然有限，需要进一步扩大强制披露对象。

（二）完善强制公开企业环境信息披露的内容

包括 2008 年《上海证券交易所上市公司环境信息披露指引》在内的环境信息披露制度对环境信息披露内容的要求均停留在“是什么”阶段，包括污染物名称、排放方式、排放浓度和总量等，并未强制要求企业披露“怎么样”的环境信息内容，如披露企业环境投入成本、环境产出收益、环境绩效以及环境保护所带来的经济绩效等。《企业环境信息依法披露管理办法》强制要求上市公司和发债企业披露因生态环境违法行为产生的具体罚款、停产整治、刑事责任等具体环境信息，与之前的环境信息披露制度比，该办法明确了强制披露的环境信息内容，但是该办法的执行和监督效果有待检验。对环境保护结果的信息披露有助于公众对新环境项目做出预期、推进公众参与环境决策改革工作，也有助于企业塑造绿色形象、推动企业以先行者优势获得绿色核心竞争力。

第二节　公众应强化自身环保理念、责任感与监督行为

公众是环境污染的直接受害者，有权利参与环境保护，同时有义务保护环境。2018 年 6 月生态环境部等五部委联合发布《公民生态环境行为规范（试行)》，从关注生态环境、节约能源资源、践行绿色消费、选择低碳出行、分类投放垃圾、减少污染产生、参与环保实践、参与监督举报等方面明确了公众践行绿色环境责任的具体规范。该规范的主要目的在于强化公众环保意识、推动公众环保实践。从本书研究结果来看，公众环境关注度能对企业环保投资行为产生积极影响，除了政府健全公众参与制度与配套制度，公众更应加强主人翁意识和环保责任感、提高公众环保参与水平、加强 NGO 组织对公众的引领作用，从而增强公众监督的作用。

一　公众应加强主人翁意识和环保责任感

（一）公众应发挥社会主人翁的作用，自觉践行绿色发展理念

公众应发挥社会主人翁的作用，破除绿色生态保护是政府责任的观念，自觉践行绿色生活、绿色消费，形成低碳节约的理念和生活方式；公众应自觉关注生态环境信息，做绿色生态文明的倡导者、行动者、示范者，公众环保消费观和公众环保生活观对促进企业积极主动开展环保活动有积极意义。

（二）公众应主动了解环境管理的合法权益

公众参与环境管理应该是有目标的参与，而不是盲目参与，充分调动有相同目标的公众参与环保，形成合力，推动国家环保事业发展。另外，公众自觉提升环保责任感，将公众的环保热情转化为促进政府环境管理制度创新的正能量，积极了解公众参与渠道、途径、方式和程序，履行合法监督的权利。

（三）重视青少年在环保知识方面的培训

环保事业不仅是当代人的事情，也是后代子孙应一直需要做的事情，

我们应该重视对青少年环保意识的培养，养成良好绿色生活和消费习惯。通过青少年无声的环保行为，向企业传递环保需求信息，从而提高企业主动环保投资的积极性。

二 公众应通过合法途径对企业生产经营行为进行监督

目前中国环保部门已陆续发布《推进公众参与环境影响评价办法》《关于推进环境保护公众参与的指导意见》《环境保护公众参与办法》等相关管理制度，地方政府也相应发布公众参与环境保护条例，为公众全面参与、主动参与提供制度保障。因此，公众应在明确其基本权利、职责、责任和义务，以及公众参与的范围、内容、方式、渠道、途径、程序等规定的条件下，通过合法途径对企业生产经营行为进行监督，维护自身环境权益。

（一）提高公众环保管理水平

第一，公众应自觉进行环保知识学习。公众缺乏专业知识严重影响了公众参与水平，公众应充分利用互联网技术，通过微信、微博等网络资源了解国家环保政策和法律法规，对于不可解读的环保专业知识可向当地环保部门咨询，也可以向环保 NGO 组织寻求帮助。近年来，某些省份开展了环保设施向公众开放的环保活动，让公众近距离地感受和体验环境检测等相关工作，不仅能让公众了解有关于水、大气、环境质量监测方面的知识，也能进一步提高公众环保参与的责任感。

第二，公众应积极参与环保培训。一是公众需关注环保方面的知识宣传和活动。二是公众应积极参与所在单位、所在社区组织的环保培训，重视政府提供的环境教育服务与社会团体给予的环境知识宣传和培训，积极配合当地政府开展“线下线上”学习，努力提高对环境信息的解读能力和参与水平。

（二）促进环保 NGO 组织对公众的引领作用

环保 NGO 组织通过宣传和组织活动提高公众环保意识、促进公众参与行为、提升公众参与水平。因此，应充分发挥环保 NGO 组织对公众的引领作用。

一是环保 NGO 组织应充分利用自身专业优势和资源优势，为公众梳理和传递环境信息，组织公众参与环保活动，让不同环保诉求通过组织化渠道有效表达，推动公众环保参与向专业化和组织化方向发展。

二是环保 NGO 组织应加强与国际环保 NGO 组织的交流与互动。中国环保 NGO 组织的发展较国外滞后，环保 NGO 组织水平也参差不齐。因此，中国环保 NGO 组织应加强与国际环保 NGO 组织的交流和互动，积极吸收国外环保组织经验，结合中国国情创新环保组织的结构、环保组织的行为、环保组织的方式。

三是环保 NGO 组织应该积极为国家环境政策建言献策。环保 NGO 组织是对应于政府和市场之外的第三方，不仅与政府有密切的联系，与普通公众也有密切的联系，能够获取政府和公众双方的信息，因此，发挥环保 NGO 组织在沟通政府与公众的桥梁和纽带作用有利于促进国家环境政策改革。

第三节　企业应强化内部控制对其环保投资主体责任的促进作用

与传统的股东至上主义相比，利益相关者理论认为企业追求的是利益相关者的整体利益，是为了综合平衡各个利益相关者的利益要求而进行的管理活动。随着环境污染问题日益突出，除了政府，消费者、公众、媒体等利益相关者的环保诉求和关注也在不断增加，环境问题已成为企业实现可持续发展需要关注的重要问题之一，将环保纳入公司治理议程，向利益相关者传递环境污染防治的道德立场，成为企业获得合法性和持续经营的不可或缺的一部分。本书研究发现，企业拥有的绿色异质性资源可以帮助企业获得市场的认可，企业环保投资是企业追求合法性和持续经营的必要实践，不同类型环保投资产生不同绩效。这说明随着环保需求的增加，可以实现市场自由竞争促进企业主动环保投资的行为。企业应重视预防性环保战略定位、重视董事会监督与咨询功能的协同作用、重视披露差异化优势环境信息、重视提高管理者的环保意识，积极探索企业环保投资绩效的实现路径。

一　企业应重视预防性环保战略定位

本书研究发现，与企业治理性环保投资相比，企业前瞻性环保投资对企业环境绩效的积极影响更为显著。因此重视企业预防性环保战略定位有助于企业对环境风险做出快速反应，并能有效地获得市场认可，提高预期收益。

（一）关注外部环境变化，制定积极的环保战略

在中国，明确执行“因地制宜”的环保政策。因此，不同行业、不同地区之间的环境管理制度和标准存在差异，而随着地域性经济合作的发展，需要企业对环境管理制度和标准进行准确且快速的判断，这就要求企业实施积极主动的环保战略，而不是被动的环保战略，才能快速和准确地做出反应，赢得抢占市场的时间。

（二）对市场环境和内部竞争力做出合理评估，实施预防性环保战略

市场能够对企业良好的环境信息做出积极反应，并有效促进企业实现经济绩效。因此，企业应转变生产经营观念，注重在环保技术研发、环保产品研发、清洁生产、环境管理体系等方面的投入，如在企业内部通过嵌入 ISO14001 环境管理体系，加强环境行为过程管理。另外，企业应不断加强环境信息披露管理，增强自愿披露环境信息的意愿，树立良好的绿色形象。逐渐实现企业从源头遏制污染排放物的产生，提高企业在市场竞争中的绿色核心竞争力，促使企业将环保投资成本转化为企业的差异化优势资源。

二　企业应重视董事会监督与咨询功能的协同作用，完善董事会结构

（一）重视企业内部权力结构设置，充分发挥董事会的监督职能和咨询职能的协同作用

唯物辩证法认为矛盾是事物发展的动力和源泉，内因是事物发展的根本原因，外因是事物发展的必要条件，外因通过内因而起作用。企业内部治理影响着企业风险承担与利益分配机制，因此重视企业内部权力结构设置，以及环境专业知识资源的输入，对企业实现合法性目标与经济绩效目标有重要作用。通过提高董事会的监督职能和咨询职能的协同效应，在企业的生产经营计划和投资方案中充分考虑环境因素，将获取竞争优势的必要性与确保和增强社会合法性的目标联系在一起，有助于实现企业“更可持续”发展。

（二）完善董事会结构，拓宽资源获取渠道，提高董事会环保投资决策水平

从本书研究结果可知董事环境专业性对企业环保投资规模与企业环境绩效有积极影响。因此，在董事会结构方面，企业应充分考虑董事的

环境任职经历和环境专业教育背景，聘用一定比例具有环境专业背景的董事，使董事能更好地为企业提供环境问题方面的咨询服务，拓宽资源渠道。

三　企业应重视披露差异化优势环境信息，增强环境信息披露质量

企业异质性是企业获得竞争优势和成功的关键因素，从本书研究结果可以发现，公众能够识别企业不同类型环保投资，并对树立良好绿色形象企业有更显著的包容度，可见差异化的环境信息能被公众捕捉。

（一）企业应重视差异化环境信息给自身带来的优势效应

如果一个组织愿意承担环保责任，重视绿色声誉，就更愿意将其环保行为让更多的人知道。通过自愿性环境信息披露来降低企业与外部公众之间的信息不对称，特别是差异化优势信息的披露，更容易向外界传递一个负责任组织的信号。这有利于建立企业与供应商、消费者、投资者等利益相关者之间的信任，增强利益相关者的信心，从而实现企业价值。

（二）企业应增强环境信息披露内容的详细程度

目前环境信息和企业环境信息披露制度均未严格规定企业应向外部利益相关者披露的有关于企业环境投入成本、环境绩效以及环境保护所带来的经济绩效等方面的定量信息。因此，为了向公众更有效传递良好的环境信号，企业需要尽可能地将环境信息披露做得非常详细，主动披露具体的环境污染排放数据和污染排放物治理数据，以及环境投入成本、环境绩效以及环境保护所带来的经济绩效等项目的定量信息，保证环境信息报告结构清晰。企业对自身环境保护过程和结果信息的详细披露有助于公众对企业实践履行环境保护责任情况做出预期，提高公众的满意度和包容度，促进企业以先行者优势获得绿色核心竞争力。

四　企业应重视提高管理者的环保意识，增强企业履行环保责任的主动性

思想决定行动，企业管理者的环保意识对企业是否履行环保责任以及企业环保责任履行结果有较大的影响。具有长远发展眼光的管理者将促进企业积极制定环境管理政策，甚至使企业环境标准高于政府环境标准，加大绿色产品研发，以及绿色工艺和绿色技术的创新，实现企业环保投资的资本增值，并实现从源头上遏制或减少“三废”的排放。因此，政府和

企业股东应为管理者提供学习和培训的机会，实现股东和管理者的利益协同效应。

本书研究发现，在政府监管强度弱的条件下，CEO 两职合一使政府监管强度与企业环保投资规模负相关系数的绝对值增大，说明 CEO 两职合一在环保投资方面存在机会主义。另外，本书研究发现，企业对管理者缺乏有效监控的条件下，管理者会将松弛资源更大可能地投资于私人利益项目，而忽视企业社会责任投资。因此，政府和企业股东应重视企业管理者的环保意识培养，加强企业管理者的环保意识，有利于减少环境保护机会主义行为，将资源更多地投入环保项目。另外，本书研究发现，环境专业知识的输入对企业环境绩效有积极影响。并且企业环保投资与良好的环境责任履行情况信息对企业盈利能力和发展能力有积极影响。因此，加强企业管理者环保意识，使其明确企业环保投资行为，积极的环境信息披露行为可以促进企业可持续发展。

第四节　企业应重视内部控制对其环保投资绩效的积极影响

本书研究发现，企业通过环保投资具有传统投资的一般性特征，企业环保投资能够实现“双元绩效”，即环境绩效和经济绩效。本书研究表明企业不同类型环保投资行为对经济绩效产生不同的影响，与企业治理性环保投资相比，企业前瞻性环保投资对“双元绩效”的影响更大。

一方面，企业前瞻性环保投资主要投放在环保产品研发、环保技术改进及研发、清洁生产等项目上，能够有效地从源头上预防和减少污染物排放量，降低后续各个生产环节及工艺流程中可能产生的环境治理成本，扩大利润增长空间，提高企业获利水平。另一方面，企业前瞻性环保投资有利于直接降低企业环境污染罚款及税金支出，从而提高企业绩效。同时，企业积极开展各类环保投资，有助于改善企业与利益相关者的关系，提高企业市场竞争力。

本书研究也表明通过企业内部治理因素可以对企业环保投资绩效产生更为积极影响，因此挖掘企业内部治理因素，不仅可以加强组织内部控制能力，也可以转化一种有别于其他企业的异质性资源，从而有助于企业获得市场的认可，实现企业“双元绩效”。因此，将环保责任与内部环境、风险评估与管理、信息与沟通、监督五个方面内容有机结合，是实现企业合法性和提高绿色竞争力的重要举措。

一　企业应加强内部环境建设

为进一步落实环保责任目标，企业内部应完善内部组织结构，主动设立主管环保节能的相关部门，推动环保责任的真正落实。其一，企业要实现绿色发展，离不开绿色发展战略眼光。决策层是企业的指挥中枢，决定了企业的发展方向。为了保证环保责任目标的实现，企业应增设专门事务委员会——社会责任委员会，该委员会由董事会领导，第一负责人为董事长。社会责任委员会由一定数量的拥有环保专业背景的人员组成，当企业遇到重大外部环境变化及环境事件时，有权进行紧急商讨并做出应急决策。社会责任委员会的设立有助于增强其权威性和独立性，有效促进企业环保战略的实施。其二，可在管理层增设独立环保节能部门，并与采购部门、生产部门、财务部门和销售部门等部门形成跨部门工作小组。其三，执行层是落实企业环保责任的重要一环，直接影响企业环保责任目标的实现情况。企业环保责任目标需要分解成各执行部门的内部控制目标。

二　企业应积极构建企业文化，传递绿色共建理念

一是应重视环保责任向管理制度、工作流程、员工生活设施等方面的渗透，如建立健全环境管理制度、用清晰的思路图标明清洁生产流程、购建员工绿色环保生活设施，用“看得见”“摸得着”“听得见”的方式让人们感知企业环保责任文化。二是应加大环保宣教力度。在将环保责任目标分解到各职能部门的同时，更应加强对管理层和执行层员工进行环保宣传、培训、交流，提高员工的环保意识，形成“环保节能需要我”的价值观。三是努力塑造企业良好的绿色形象和绿色品牌。

三　企业应加强环保风险的识别与控制

企业不承担环保责任或环保责任管理不当均有可能让企业承担不确定性风险，这些风险主要包括企业环保责任战略风险和运营风险。第一，企业环保责任战略风险识别与控制。企业环保责任战略风险包括战

略决策风险和战略实施风险[1]。其中战略实施风险主要是企业环保责任战略制定不当和环保责任在多层级组织机构中发生异化而引发的风险。这要求社会责任委员会从事前、事中、事后三个角度进行控制，即在事前做好前期调研，综合考虑各利益相关方的环保诉求；有效分析环境保护政策法规、绿色经济发展环境；有效分析组织内部优势资源，从而降低战略风险。事中要加强对环保责任战略实施的过程监控，做好对管理层和执行层的环保宣教，并及时沟通，保持对环保责任战略风险敏感性。事后要建立环保项目绩效评价机制和环保风险的应急机制。第二，企业环保责任运营风险识别与控制。企业环保责任运营风险主要表现在环保战略日常运营管理中的环保责任风险。在企业环保责任管理中，应实行岗位责任制，各执行部门应按照以下程序进行风险评估与控制，即梳理主要风险点、设定关键控制点、明确风险控制目标、采取风险控制措施。

四　企业应加强组织内外信息与沟通

环境信息既是企业内外部利益相关者相互沟通的桥梁，也是利益相关者评价和监督企业履行环保责任的重要基础。企业应建立健全组织环境信息和沟通机制。第一，完善环境信息披露的内容，做到定量指标与定性指标相结合、财务指标与非财务指标相结合。第二，完善环境信息披露方式。将定期披露和非定期披露相结合，扩展披露方式：（1）向员工传递信息和沟通方面，可以通过调查问卷、企业简报、内部公告、内部新闻、内部局域网、召开企业内部员工会议等形式；（2）向股东和投资者传递信息和沟通方面，可以通过年度报告、社会责任披露报告、分析师报告或者其他向证券交易所上交的材料；（3）向供应商传递信息和沟通方面，为供应商提供技术支持、设立培训计划，同时对企业的战略定位等进行宣讲。（4）向零售商和消费者传递信息与沟通方面，企业可以建立公司网站，通过社交媒体平台（如微博、微信等）进行客户关系营销。还可以通过举办品牌活动、消费者调查、广告宣传、产品展览和校园宣讲等形式向消费者宣传产品及理念。同时企业应在产品包装、企业网站及媒体平台

---

① 王清刚、徐欣宇：《企业社会责任的价值创造机理及实证检验——基于利益相关者理论和生命周期理论》，《中国软科学》2016 年第 2 期。

上提供联系方式，便于消费者投诉及提供建议。（5）向外部其他主体传递信息与沟通方面，其中与政府的沟通包括日常的上报文件、参与政府举办的峰会、举办展览、参与政府意见调查或直接向政府提意见等。与非政府机构的沟通包括参加与非政府机构举办的会议、进行战略性合作、成为非政府机构的会员、参与非政府意见调查，或通过社会责任履行项目与非政府机构进行沟通等。与媒体的沟通包括面对面采访、举办新闻发布会、进行品牌的媒体宣传、邀请媒体对社会责任活动现场进行参观报道等。与行业及贸易协会的沟通包括加入重要协会、向协会提出意见、参与协会意见调查等。与科研人员的沟通包括邀请科研人员进行研发、邀请科研人员到企业进行讲座、邀请学术人员参加论坛、参与学校举办的毕业生招聘会等。

五　企业应加强持续性监控和建立环保责任内部控制评价体系

第一，需要明确董事会、社会责任委员会在环保责任监督活动中的职责和权限，从而发挥利益相关者的协同监督作用。第二，建立环保节能部门、采购部门、生产部门、财务部门、销售部门等执行部门的内部监督机制，成立监督小组开展定期和不定期检查。第三，充分发挥第三方审验机构的作用，对企业环保责任履行情况进行监督。第四，积极配合政府环保部门对企业环保责任履行情况的官方审核。

除此以外，企业应尽快建立环保责任内部控制评价体系，主要可以通过定性和定量两个方面对其进行评价。定性指标包括环保信息披露完整性、环保指标和目标完成情况、环保理念深入程度等指标；定量指标包含环保资金投入率、污染物处理达标率、环保知识培训参与率、员工参与环保活动的频繁度等指标。通过这两种指标的结合，能够使环保责任内部控制评价体系更加全面和完善，更好地进行服务和监督。

参考文献

樊纲、王小鲁、朱恒鹏：《中国分省份市场化指数——各地区市场化相对进程2011年报告》，经济科学出版社2011年版。

王小鲁、樊纲、余静文：《中国分省份市场化指数报告（2017）》，社会科学文献出版社2017年版。

毕茜、于连超：《环境税、媒体监督和企业绿色投资》，《财会月刊》2016年第20期。

蔡宁、吴刚、许庆瑞：《影响我国工业企业环境保护投资因素的调查分析》，《软科学》1995年第2期。

蔡守秋：《论健全环境影响评价法律制度的几个问题》，《环境污染与防治》2009年第12期。

曹芳萍、温玲玉、蔡明达：《绿色管理、企业形象与竞争优势关联性研究》，《华东经济管理》2012年第10期。

曹洪军、陈泽文：《内外环境对企业绿色创新战略的驱动效应——高管环保意识的调节作用》，《南开管理评论》2017年第6期。

曹裕、陈晓红、万光羽：《控制权、现金流权与公司价值——基于企业生命周期的视角中国》，《管理科学》2010年第3期。

曹正汉：《中国上下分治的治理体制及其稳定机制》，《社会学研究》2011年第1期。

柴俊武、唐绘秋、王振华：《公益营销是“赚钱工具”还是“赔钱买卖”——公益营销对财务绩效的影响研究》，《预测》2016年第2期。

常启军、苏亚：《内部控制信息披露、代理成本与企业绩效——基于创业板数据的实证研究》，《会计之友》2015年第12期。

陈超凡、韩晶、毛渊龙:《环境规制、行业异质性与中国工业绿色增长——基于全要素生产率视角的非线性检验》,《山西财经大学学报》2018 年第 3 期。

陈冬华、胡晓莉、梁上坤、新夫:《宗教传统与公司治理》,《经济研究》2013 年第 9 期。

陈刚:《FDI 竞争、环境规制与污染避难所——对中国式分权的反思》,《世界经济研究》2009 年第 6 期。

陈鹏、逯元堂、程亮、冯恺:《环境保护投资的管理创新与绩效评价研究》,《中国人口 · 资源与环境》2012 年第 2 期增刊。

陈琪:《环境绩效对提升企业经济绩效之关系——基于国外实证研究成果的分析》,《现代经济探讨》2013 年第 7 期。

陈琪:《企业环保投资与经济绩效——基于企业异质性视角》,《华东经济管理》2019 年第 7 期。

陈素琴、范琳琳:《企业内部控制与财务绩效的相关性研究——基于上证 A 股上市公司》,《财务与金融》2019 年第 2 期。

陈雯:《工业企业环境绩效与财务绩效关系的实证分析》,《长春大学学报》2011 年第 11 期。

陈运森、郑登津:《董事网络关系、信息桥与投资趋同》,《南开管理评论》2017 年第 3 期。

程慧芳:《内部控制质量评价有点雾里看花——基于迪博版与厦大版指数比较》,《财会月刊》2014 年第 1 期。

程新生、赵旸:《权威董事专业性、高管激励与创新活跃度研究》,《管理科学学报》2019 年第 3 期。

崔睿、李延勇:《企业环境管理与财务绩效相关性研究》,《山东社会科学》2011 年第 7 期。

崔瑛、魏阳:《上市公司每股收益指标分析》,《时代经贸》2006 年第 4 期增刊。

单蒙蒙、尤建新、李元旭:《企业环境态度的消费者感知差异形成原因及其对策》,《上海管理科学》2013 年第 5 期。

邓彦、潘星玫、刘思:《高管学历特征与企业环保投资行为实证研究》,《会计之友》2021 年第 6 期。

董颖、石磊:《“波特假说”——生态创新与环境管制的关系研究述评》,

《生态学报》2013 年第 3 期。
董直庆、王辉：《环境规制的“本地—邻地”绿色技术进步效应》，《中国工业经济》2019 年第 1 期。
范宝学、王文姣：《煤炭企业环保投入、绿色技术创新对财务绩效的协同影响》，《重庆社会科学》2019 年第 6 期。
傅京燕：《环境规制、要素禀赋与我国贸易模式的实证分析》，《中国人口·资源与环境》2008 年第 6 期。
傅京燕、李丽莎：《FDI、环境规制与污染避难所效应——基于中国省级数据的经验分析》，《公共管理学报》2010 年第 3 期。
甘远平、上官鸣：《环境管制对企业环保投资的影响研究》，《生态经济》2020 年第 12 期。
高麟、胡立新：《区域经济增长、政府环保投入与企业环保投资研究——以京津冀地区上市公司为例》，《商业会计》2017 年第 1 期。
管亚梅、孙响：《环境管制、股权结构与企业环保投资》，《会计之友》2018 年第 16 期。
郭捷、杨立成：《环境规制、政府研发资助对绿色技术创新的影响——基于中国内地省级层面数据的实证分析》，《科技进步与对策》2020 年第 10 期。
郭淑娟、路雅茜、常京萍：《高管海外背景、薪酬差距与企业技术创新投入——基于 PSM 的实证分析》，《华东经济管理》2019 年第 7 期。
郝珍珍、李健、韩海彬：《中国工业行业环境绩效测度与实证研究》，《系统工程》2014 年第 7 期。
何世文、崔秀梅：《绿色投资，被动与主动的抉择》，《新理财》2014 年第 9 期。
何威风、刘巍：《公司为什么选择法律背景的独立董事》，《会计研究》2017 年第 4 期。
胡珺、宋献中、王红建：《非正式制度、家乡认同与企业环境治理》，《管理世界》2017 年第 2 期。
胡立新、韩琳琳：《地方政府环保行为对上市公司环保投资影响研究》，《会计之友》2016 年第 17 期。
胡元林、李茜：《环境规制对企业绩效的影响——以企业环保投资为传导变量》，《科技与经济》2016 年第 1 期。

胡元林、杨雁坤：《环境规制对企业绩效影响的国外实证研究综述》，《中国商贸》2014 年第 9 期。
黄宏斌、翟淑萍、陈静楠：《企业生命周期、融资方式与融资约束——基于投资者情绪调节效应的研究》，《金融研究》2016 年第 7 期。
黄新建、刘星：《内部控制信息透明度与公司绩效的实证研究——来自 2006—2008 年沪市制造业公司的经验证据》，《软科学》2010 年。
黄珺、周春娜：《股权结构、管理层行为对环境信息披露影响的实证研究——来自沪市重污染行业的经验证据》，《中国软科学》2012 年第 1 期。
苏剑：《内部资本市场效率、内部控制质量与企业绩效》，《财会通讯》2020 年第 5 期。
姜锡明、许晨曦：《环境规制、公司治理与企业环保投资》，《财会月刊》2015 年第 27 期。
姜雨峰、田虹：《绿色创新中介作用下的企业环境责任、企业环境伦理对竞争优势的影响》，《管理学报》2014 年第 8 期。
蒋雨思：《外部环境压力与机会感知对企业绿色绩效的影响》，《科技进步与对策》2015 年第 11 期。
颉茂华、王晶、刘艳霞：《立足企业经济与社会动机改进环境管理信息披露体系——基于〈可持续发展报告指南〉视角的比较》，《环境保护》2012 年第 18 期。
阚京华、董称：《内部控制、产权性质与企业环境责任履行——基于沪深两市上市公司数据》，《财会月刊》2016 年第 30 期。
劳可夫：《消费者创新性对绿色消费行为的影响机制研究》，《南开管理评论》2013 年第 4 期。
黎文靖、路晓燕：《机构投资者关注企业的环境绩效吗？——来自我国重污染行业上市公司的经验证据》，《金融研究》2015 年第 12 期。
李冰：《环境规制、政企关系与企业环保投资》，《财会通讯》2016 年第 21 期。
李辰颖：《内部控制、环境绩效与高管薪酬业绩敏感性》，《企业经济》2019 年第 10 期。
李虹、娄雯、田马飞：《企业环保投资、环境管制与股权资本成本——来自重污染行业上市公司的经验证据》，《审计与经济研究》2016 年第

2 期。

李虹、王瑞珂、许宁宁：《管理层能力与企业环保投资关系研究——基于市场竞争与产权性质的调节作用视角》，《华东经济管理》2017 年第 9 期。

李佳茵：《管理层权力、内部控制质量与并购绩效研究》，吉林财经大学，2017 年。

李健、杨蓓蓓、潘镇：《政府补助、股权集中度与企业创新可持续性》，《中国软科学》2016 年第 6 期。

李强、田双双、刘佟：《高管政治网络对企业环保投资的影响——考虑政府与市场的作用》，《山西财经大学学报》2016 年第 3 期。

李胜兰、初善冰、申晨：《地方政府竞争、环境规制与区域生态效率》，《世界经济》2014 年第 4 期。

李寿喜：《产权、代理成本和代理效率》，《经济研究》2007 年第 1 期。

李婉红、毕克新、孙冰：《环境规制强度对污染密集行业绿色技术创新的影响研究——基于 2003—2010 年面板数据的实证检验》，《研究与发展管理》2013 年第 6 期。

李心合：《内部控制：从财务报告导向到价值创造导向》，《会计研究》2007 年第 4 期。

李怡娜、徐丽：《竞争环境、绿色实践与企业绩效关系研究》，《科学学与科学技术管理》2017 年第 2 期。

李怡娜、叶飞：《高层管理支持、环保创新实践与企业绩效——资源承诺的调节作用》，《管理评论》2013 年第 1 期。

李永友、沈坤荣：《我国污染控制政策的减排效果——基于省际工业污染数据的实证分析》，《管理世界》2008 年第 7 期。

李月娥、李佩文、董海伦：《产权性质、环境规制与企业环保投资》，《中国地质大学学报》（社会科学版）2018 年第 6 期。

李云鹤、李湛、唐松莲：《企业生命周期、公司治理与公司资本配置效率》，《南开管理评论》2011 年第 3 期。

李志斌：《内部控制与环境信息披露——来自中国制造业上市公司的经验证据》，《中国人口 · 资源与环境》2014 年第 6 期。

林波：《机构投资者持股、内部控制与企业财务绩效》，《财会通讯》2018 年第 33 期。

刘蓓蓓、俞钦钦、毕军、张炳、张永亮：《基于利益相关者理论的企业环境绩效影响因素研究》，《中国人口·资源与环境》2009 年第 6 期。
刘常青、崔广慧：《产权性质、新会计准则实施与企业环保投资——基于重污染行业上市公司的经验研究》，《财会通讯》2017 年第 6 期。
刘常青、崔广慧：《中国企业会计准则环保效应对企业价值的影响》，《郑州航空工业管理学院学报》2016 年第 2 期。
刘常青、刘青：《负向效应、延续效应与产权效应——制造业视角下环保投资对企业价值的影响》，《财会通讯》2017 年第 27 期。
刘建民、陈果：《环境管制对 FDI 区位分布影响的实证分析》，《中国软科学》2008 年第 1 期。
刘婉、程克群：《内部控制质量、社会责任与财务绩效——基于我国食品、饮料制造业上市公司实证研究》，《山东理工大学学报》（社会科学版）2019 年第 4 期。
刘艳霞、祁怀锦、刘斯琴：《融资融券、管理者自信与企业环保投资》，《中南财经政法大学学报》2020 年第 5 期。
刘焱、姚树中：《企业生命周期视角下的内部控制与公司绩效》，《系统工程》2014 年第 11 期。
龙文滨、李四海、丁绒：《环境政策与中小企业环境表现：行政强制抑或经济激励》，《南开经济研究》2018 年第 3 期。
卢洪友、邓谭琴、余锦亮：《财政补贴能促进企业的“绿化”吗？——基于中国重污染上市公司的研究》，《经济管理》2019 年第 4 期。
吕峻、焦淑艳：《环境披露、环境绩效和财务绩效关系的实证研究》，《山西财经大学学报》2011 年第 1 期。
马珩、张俊、叶紫怡：《环境规制、产权性质与企业环保投资》，《干旱区资源与环境》2016 年第 12 期。
马红、侯贵生：《环保投入、融资约束与企业技术创新——基于长短期异质性影响的研究视角》，《证券市场导报》2018 年第 8 期。
潘飞、王亮：《企业环保投资与经济绩效关系研究》，《新会计》2015 年第 4 期。
彭峰、李本东：《环境保护投资概念辨析》，《环境科学与技术》2005 年第 3 期。
彭文斌、陈蓓：《环境规制作用下污染密集型企业空间演变影响因素的实证研究》,《社会科学》2014 年第 8 期。
彭妍、岳金桂:《基于投资结构视角的企业环保投资与财务绩效》,《环境保护科学》2016 年第 1 期。
乔引花、游璇:《内部控制有效性与环境信息披露质量关系的实证》,《统计与决策》2015 年第 23 期。
秦颖、武春友、翟鲁宁:《企业环境绩效与经济绩效关系的理论研究与模型构建》,《系统工程理论与实践》2004 年第 8 期。
裘益政、徐莎:《内部控制能促进企业环保投资吗?——基于重污染行业上市公司的实证检验》,《中国内部审计》2017 年第 12 期。
全怡、陈冬华:《法律背景独立董事:治理、信号还是司法庇护?基于上市公司高管犯罪的经验证据》,《财经研究》2017 年第 2 期。
冉冉:《“压力型体制”下的政治激励与地方环境治理》,《经济社会体制比较》2013 年第 3 期。
任广乾:《基于公司治理视角的企业环保投资行为研究》,《郑州大学学报》(哲学社会科学版)2017 年第 3 期。
苏蕊芯:《产权因素对企业绿色投资行为的影响效应》,《投资研究》2015 年第 8 期。
沈红波、谢樾、陈峥嵘:《企业的环境保护、社会责任及其市场效应——基于紫金矿业环境污染事件的案例研究》,《中国工业经济》2012 年第 1 期。
沈洪涛、冯杰:《舆论监督、政府监督与企业环境信息披露》,《会计研究》2012 年第 2 期。
沈坤荣、金刚、方娴:《环境规制引起了污染就近转移吗?》,《经济研究》2017 年第 5 期。
沈弋、徐光华:《企业社会责任及其“前因后果”——基于结构演化逻辑的述评》,《贵州财经大学学报》2017 年第 1 期。
生延超:《环保创新补贴和环境税约束下的企业自主创新行为》,《科技进步与对策》2013 年第 15 期。
宋林、王建玲、姚树洁:《上市公司年报中社会责任信息披露的影响因素——基于合法性视角的研究》,《经济管理》2012 年第 2 期。
孙德升:《高管团队与企业社会责任:高阶理论的视角》,《科学学与科学技术管理》2009 年第 4 期。

汤亚莉、陈自力、刘星、李文红:《我国上市公司环境信息披露状况及影响因素的实证研究》,《管理世界》2006年第1期。

唐国平、李龙会:《股权结构、产权性质与企业环保投资——来自中国A股上市公司的经验证据》,《财经问题研究》2013年第3期。

唐国平、李龙会:《企业环保投资结构及其分布特征研究——来自A股上市公司2008—2011年的经验证据》,《审计与经济研究》2013年第4期。

唐国平、李龙会、吴德军:《环境管制、行业属性与企业环保投资》,《会计研究》2013年第6期。

唐国平、倪娟、何如桢:《地区经济发展、企业环保投资与企业价值——以湖北省上市公司为例》,《湖北社会科学》2018年第6期。

唐勇军、夏丽:《环保投入、环境信息披露质量与企业价值》,《科技管理研究》2019年第10期。

田利军:《社会责任、内部控制与企业绩效——来自民航运输业的证据》,《中国注册会计师》2012年第12期。

田双双、冯波、李强:《重污染行业上市公司管理层权力与企业环保投资的关系》,《财会月刊》2015年第18期。

田双双、李强:《管理者私人收益、产权性质与企业环保投资——考虑制度压力的影响》,《财会月刊》2016年第21期。

童伟伟:《环境规制影响了中国制造业企业出口吗?》,《中南财经政法大学学报》2013年第3期。

汪海凤、白雪洁、李爽:《环境规制、不确定性与企业的短期化投资偏向——基于环境规制工具异质性的比较分析》,《财贸研究》2018年第12期。

汪文隽、柏林:《沪市制造业企业环境管理与财务绩效关系研究——基于面板数据联立方程组模型的实证分析》,《企业经济》2015年第5期。

王成方、叶若惠、鲍宗客:《两职合一、大股东控制与投资效率》,《科研管理》2020年第10期。

王锋正、郭晓川:《环境规制强度对资源型产业绿色技术创新的影响——基于2003—2011年面板数据的实证检验》,《中国人口·资源与环境》2015年第1期增刊。

王海兵、刘莎、韩彬:《内部控制、财务绩效对企业社会责任的影响——

基于 A 股上市公司的经验分析》,《税务与经济》2015 年第 6 期。
王海姝、吕晓静、林晚发:《外资参股和高管、机构持股对企业社会责任的影响——基于中国 A 股上市公司的实证研究》,《会计研究》2014 年第 8 期。
王建明:《环境信息披露、行业差异和外部制度压力相关性研究——来自我国沪市上市公司环境信息披露的经验证据》,《会计研究》2008 年第 6 期。
王凯、武立东、许金花:《专业背景独立董事对上市公司大股东掏空行为的监督功能》,《经济管理》2016 年第 11 期。
王鹏、张婕:《股权结构、企业环保投资与财务绩效》,《武汉理工大学学报》(信息与管理工程版)2016 年第 6 期。
王琦、吴冲:《企业社会责任财务效应动态性实证分析——基于生命周期理论》,《中国管理科学》2013 年第 2 期增刊。
王清刚、徐欣宇:《企业社会责任的价值创造机理及实证检验——基于利益相关者理论和生命周期理论》,《中国软科学》2016 年第 2 期。
王云、李延喜、马壮、宋金波:《媒体关注、环境规制与企业环保投资》,《南开管理评论》2017 年第 6 期。
温忠麟、叶宝娟:《中介效应分析:方法和模型发展》,《心理科学进展》2014 年第 5 期。
问文、胡应得、蔡荣:《排污权交易政策与企业环保投资战略选择》,《浙江社会科学》2015 年第 11 期。
吴德军、黄丹丹:《高管特征与公司环境绩效》,《中南财经政法大学学报》2013 年第 5 期。
吴舜泽、陈斌、逯元堂等:《中国环境保护投资失真问题分析与建议》,《中国人口·资源与环境》2004 年第 3 期。
武春友、朱庆华、耿勇:《绿色供应链管理与企业可持续发展》,《中国软科学》2001 年第 3 期。
夏国祥、董苏:《内部控制、管理者过度自信与企业绩效的关系》,《会计之友》2019 年第 20 期。
夏后学:《非正式环境规制下产业协同集聚的结构调整效应——基于 Fama-Macbeth 与 GMM 模型的实证检验》,《软科学》2017 年第 4 期。
肖华、张国清:《公共压力与公司环境信息披露——基于“松花江事件”

的经验研究》,《会计研究》2008 年第 5 期。
谢智慧、孙养学、王雅楠:《环境规制对企业环保投资的影响——基于重污染行业的面板数据研究》,《干旱区资源与环境》2018 年第 3 期。
熊中楷、梁晓萍:《考虑消费者环保意识的闭环供应链回收模式研究》,《软科学》2014 年第 11 期。
徐保昌、谢建国:《排污征费如何影响企业生产率:来自中国制造业企业的证据》,《世界经济》2016 年第 8 期。
徐莉萍等:《企业高层环境基调、媒体关注与环境绩效》,《华东经济管理》2018 年第 12 期。
徐圆:《源于社会压力的非正式性环境规制是否约束了中国的工业污染?》,《财贸研究》2014 年第 2 期。
严若森、华小丽:《环境不确定性、连锁董事网络位置与企业创新投入》,《管理学报》2017 年第 3 期。
杨东宁、周长辉:《企业环境绩效与经济绩效的动态关系模型》,《中国工业经济》2004 年第 4 期。
杨东宁、周林洁、李祥进:《利益相关方参与及其对企业竞争优势的影响——中国大中型工业企业环境管理的实证研究》,《经济管理》2011 年第 5 期。
杨汉明、刘广瑞:《金融发展、两类股权代理成本与过度投资》,《宏观经济研究》2014 年第 1 期。
杨柳、甘佺鑫、马德水:《公众环境关注度与企业环保投资——基于绿色形象的调节作用视角》,《财会月刊》2020 年第 8 期。
杨柳、张敦力、贾莹丹:《公众参与、环境管制与企业环保投资——基于我国 A 股重污染行业的经验证据》,《财会月刊》2018 年第 12 期。
杨青、薛宇宁、Yurtoglu B. B. :《我国董事会职能探寻:战略咨询还是薪酬监控》,《金融研究》2011 年第 3 期。
杨燕、尹守军、Myrdal C. G. :《企业生态创新动态过程研究:以丹麦格兰富为例》,《研究与发展管理》2013 年第 1 期。
叶陈刚、裘丽、张立娟:《公司治理结构、内部控制质量与企业财务绩效》,《审计研究》2016 年第 2 期。
叶飞、张婕:《绿色供应链管理驱动因素、绿色设计与绩效关系》,《科学学研究》2010 年第 8 期。

伊晟、薛求知:《绿色供应链管理与绿色创新——基于中国制造业企业的实证研究》,《科研管理》2016 年第 6 期。

于飞、刘明霞、王凌峰、李雷:《知识耦合对制造企业绿色创新的影响机理——冗余资源的调节作用》,《南开管理评论》2019 年第 3 期。

袁紫薇、马书田:《高管激励方式与国有混企经营绩效关系研究》,《现代营销(下旬刊)》2019 年第 8 期。

原毅军、耿殿贺:《环境政策传导机制与中国环保产业发展——基于政府、排污企业与环保企业的博弈研究》,《中国工业经济》2010 年第 10 期。

张钢、张小军:《绿色创新战略与企业绩效的关系:以员工参与为中介变量》,《财贸研究》2013 年第 4 期。

张功富:《政府干预、环境污染与企业环保投资——基于重污染行业上市公司的经验证据》,《经济与管理研究》2013 年第 9 期。

张国清、赵景文、田五星:《内控质量与公司绩效:基于内部代理和信号传递理论的视角》,《世界经济》2015 年第 1 期。

张国兴、邓娜娜、管欣、程赛琰、保海旭:《公众环境监督行为、公众环境参与政策对工业污染治理效率的影响——基于中国省级面板数据的实证分析》,《中国人口·资源与环境》2019 年第 1 期。

张海姣、曹芳萍:《竞争型绿色管理战略构建——基于绿色管理与竞争优势的实证研》,《科技进步与对策》2013 年第 9 期。

张红波、王国顺:《资源松弛视角下企业技术创新策略选择的实物期权模型》,《中国管理科学》2009 年第 6 期。

张济建、于连超、毕茜等:《媒体监督、环境规制与企业绿色投资》,《上海财经大学学报》2016 年第 5 期。

张俊瑞、郭慧婷、贾宗武、刘东霖:《企业环境会计信息披露影响因素研究——来自中国化工类上市公司的经验证据》,《统计与信息论坛》2008 年第 3 期。

张三峰、卜茂亮:《嵌入全球价值链、非正式环规制与中国企业 ISO14001 认证》,《财贸研究》2015 年第 2 期。

张晓岚、沈豪杰、杨默:《内部控制信息披露质量与公司经营状况——基于面板数据的实证研究》,《审计与经济研究》2012 年第 2 期。

张悦:《环境投资与经济绩效关系研究——基于科技型企业的经验证据》,

《工业技术经济》2016 年第 1 期。
张曾莲、谢佳卫:《盈余质量、财务绩效与内部控制实证研究》,《会计与控制评论》2011 年第 2 期。
张菲菲、张在旭、马莹莹:《制造业绿色创新效率及增长趋势研究》,《技术经济与管理研究》2020 年第 2 期。
赵雅婷:《行业属性、企业环保支出与财务绩效》,《会计之友》2015 年第 7 期。
郑军、林钟高、彭琳:《高质量的内部控制能增加商业信用融资吗?——基于货币政策变更视角的检验》,《会计研究》2013 年第 6 期。
郑思齐、万广华、孙伟增、罗党论:《公众诉求与城市环境治理》,《管理世界》2013 年第 6 期。
中国进出口银行河北省分行课题组、边东海、陶旭鹏:《内部控制、股权集中度与企业绩效——基于沪市 A 股面板数据分析》,《河北金融》2018 年第 1 期。
周海华、王双龙:《正式与非正式的环境规制对企业绿色创新的影响机制研究》,《软科学》2016 年第 8 期。
周泓、李在卿:《环境管理体系认证提升环境管理绩效》,《环境与可持续发展》2013 年第 2 期。
周慧楠:《内部控制、环境政策与企业环保投资——来自重污染行业上市公司的经验证据》,《财会通讯》2019 年第 6 期。
邹海量、曾赛星、林翰、翟育明:《董事会特征、资源松弛性与环境绩效:制造业上市公司的实证分析》,《系统管理学报》2016 年第 2 期。

安志蓉:《企业环保投资机制研究》,博士学位论文,北京交通大学,2017 年。
令狐大智:《双寡头竞争环境下企业碳减排决策行为研究》,博士学位论文,华南理工大学,2017 年。
刘元凤:《内部控制质量对公司绩效的影响》,博士学位论文,东北财经大学,2015 年。
王瑾:《环境规制与企业环保投资——基于代理成本的视角》,博士学位论文,天津财经大学,2019 年。
熊鹰:《政府环境管制、公众参与对企业污染行为的影响分析》,博士学位论文，南京农业大学，2007 年。

周为：《公司高管教育背景与风险承受水平的研究》，博士学位论文，武汉大学，2014 年。

Abadie A. D. , Drukker J. L. , “Large Sample Properties of Matching Estimators for Average Treatment Effect”, *Econometrica*, No. 74, 2006.

Adizes I. , Hall P. , “Corporate Life Cycles: How and Why Corporations Grow and Die and What to Do about It”, *Long Range Planning*, Vol. 25, No. 1, 1992.

Ajzen I. , “The Theory of Planned Behavior”, *Organizational Behavior and Human Decision Processes*, Vol. 50, No. 2, 1991.

Al-Tuwaijria S. A. , Christensenb T. E. , Hughes II K. E. , “The Relations among Environmental Disclosure, Environmental Performance, and Economic Performance: a Simultaneous Equations Approach”, *Accounting, Organizations and Society*, No, 29, 2004.

Altuwaijri S. , Christensen T. E. , Hughes K. E. , et al. , “The Relations Among Environmental Disclosure, Environmental Performance, and Economic Performance: A Simultaneous Equations Approach”, *Accounting Organizations and Society*, Vol. 29, No. 5, 2004.

Amores-Salvadó J. G. , Castro M. D. and Navas-López J. E. , “Green Corporate Image: Moderating the Connection between Environmental Product Innovation and Firm Performance”, *Journal of Cleaner Production*, No. 83, 2014.

Arikan A. M. , Stulz R. M. , “Corporate Acquisitions, Diversification, and the Firm's Life Cycle”, *The Journal of Finance*, Vol. 71, No. 1, 2016.

Ashbaughskaife H. , Collins D. W. , Kinney W. R. , et al. , “The Effect of SOX Internal Control Deficiencies on Firm Risk and Cost of Equity”, *Journal of Accounting Research*, Vol. 47, No. 1, 2009.

Bagur-Femenías L. , Perramon J. , Amat O. , “Impact of Quality and Environmental Investment on Business Competitiveness and Profitability in Small Service Business: The Case of Travel Agencies”, *Total Quality Management & Business Excellence*, Vol. 26, No. 7 - 8, 2015.

Bagwell K. , Staiger R. W. , “The WTO as a Mechanism for Securing Market

Access Property Rights: Implications for Global Labor and Environmental Issues", *Journal of Economic Perspectives*, Vol. 15, No. 3, 2001.

Baliga B. R., Moyer R. C. and RAO R., "CEO Duality and Firm Performance: What's the Fuss?", *Strategic Management Journal*, Vol. 17, No. 1, 1996.

Banerjee S. B., Iyer E., Kashyap R. K., "Corporate Environmentalism: Antecedents and Influence of Industry Type", *Journal of Marketing*, Vol. 67, No. 2, 2003.

Bansal P., "From Issues to Actions: The Importance of Individual Concerns and Organizational Values in Responding to Natural Environmental Issues", *Organization Science*, Vol. 14, No. 5, 2003.

Bansal P., Roth K., "Why Companies Go Green: A Model of Ecological Responsiveness", *Academy of Management Journal*, Vol. 43, No. 4, 2000.

Bao G. M., Zhang W., Xiao Z. R., Hine D., "Slack Resources and Growth Performance: The Mediating Roles of Product and Process Innovation Capabilities", *Asian Journal of Technology Innovation*, No. 28, 2020.

Barney J., "Firm Resources and Sustained Competitive Advantage", *Journal of Management*, Vol. 17, No. 1, 1991.

Bourgeois L. J., "On the Measurement of Organizational Slack", *Academy of Management Review*, Vol. 6, No. 1, 1981.

Brammer S., Pavelin S., "Voluntary Environmental Disclosures by Large UK Companies", *Journal of Business Finance & Accounting*, Vol. 33, No. 7, 2006.

Bromiley P., "Testing a Causal Model of Corporate Risk Taking and Performance", *Academy of Management Journal*, Vol. 34, No. 1, 1991.

Brown N. C., Pott C., Wompener A., et al., "The Effect of Internal Control and Risk Management Regulation on Earnings Quality: Evidence from Germany", *Journal of Accounting and Public Policy*, Vol. 33, No. 1, 2014.

Burke L., Logsdon J. M., "How Corporate Social Responsibility Pays Off", *Long Range Planning*, Vol. 29, No. 4, 1996.

Chang N. J., Fong C. M., "Green Product Quality, Green Corporate Image, Green Customer Satisfaction, and Green Customer Loyalty", *African Journal of Business Management*, Vol. 4, No. 13, 2010.

Cheng M., Dhaliwal D., Zhang Y., "Does Investment Efficiency Improve after the Disclosure of Material Weaknesses in Internal Control over Financial Reporting?", *Journal of Accounting & Economics*, Vol. 56, No. 1, 2013.

Chen Y. S., "The Driver of Green Innovation and Green Image——Green Core Competence", *Journal of Business Ethics*, Vol. 81, No. 3, 2008.

Chen Y. S., "The Drivers of Green Brand Equity: Green Brand Image, Green Satisfaction, and Green Trust", *Journal of Business Ethics*, Vol. 93, No. 2, 2010.

Chiou T. Y., Chan H. K., Lettice F., et al., "The Influence of Greening the Suppliers and Green Innovation on Environmental Performance and Competitive Advantage in Taiwan", *Transport at ion Research Part E*, No. 47, 2011.

Chiu S. C., Sharfman M., "Legitimacy, Visibility, and the Antecedents of Corporate Social Performance: An Investigation of the Instrumental Perspective", *Journal of Management*, Vol. 37, No. 6, 2001.

Coffey B. S., Wang J., "Board Diversity and Managerial Control as Predictors of Corporate Social Performance", *Journal of Business Ethics*, No. 17, 1998.

Cole M. A., "Trade, the Pollution Haven Hypothesis and the Environmental Kuznets Curve: Examining the Linkages", *Ecological Economics*, No. 48, 2004.

Coles J. L., Daniel N. D., Naveen L., "Boards: Does One Size Fit All?", *Journal of Financial Economics*, Vol. 87, No. 2, 2008.

Cooper C. B., "Rule 10b - 5 at the Intersection of Greenwash and Green Investment: The Problem of Economic Loss", *Boston College Environmental Affairs Law Review*. Vol. 42, No. 2, 2015.

Copeland B. R., Taylor M. S., "North-South Trade and the Environment", *The Quarterly Journal of Economics*, Vol. 109, No. 3, 1994.

Copeland B. R., Taylor M. S., "Trade, Growth, and the Environment", *Journal of Economic Literature*, Vol. 42, No. 1, 2004.

Creyer E. H., "The Influence of Firm Behavior on Purchase Intention: Do Consumers Really Care about Business Ethics?", *Journal of Consumer Marketing*, Vol. 14, No. 6, 1997.

Cyert R. M. , Feigenbaum E. A. , March J. G. , "Models in a Behavioral Theory of the Firm", *Journal of the Society for General Systems Research*, Vol. 4, No. 2, 1959.

Daft R. L. , Lengel R. H. , "Information Richness. A New Approach to Managerial Behavior and Organization Design", *Texas A and M Univ College Station Coll of Business Administration*, 1983.

Dalton D. R. , Daily C. M. , Ellstrand A. E. , Johnson J. L. , "Meta-analytic Reviews of Board Composition, Leadership Structure, and Financial Performance", *Strategic Management Journal*, Vol. 19, No. 3, 1998.

Dass N. , Kini O. , Nanda V. , Onal B. , Wang J. , "Board Expertise: Do Directors from Related Industries Help Bridge the Information Gap?", *Review of Financial Studies*, Vol. 27, No. 5, 2014.

Davis G. F. , Stout S. K. , "Organization Theory and the Market for Corporate Control: A Dynamic Analysis of the Characteristics of Large Takeover Targets, 1980 – 1990", *Administrative Science Quarterly*, Vol. 37, No. 4, 1992.

Deckop J. R. , "The Effects of CEO Pay Structure on Corporate Social Performance", *Journal of Management*, Vol. 32, No. 3, 2006.

Deephouse D. L. , "Does Isomorphism Legitimate?", *Academy of Management Journal*, Vol. 39, No. 4, 1996.

Delmas M. A. , Burbano V. C. , "The Drivers of Green Washing", *California Management Review*, Vol. 54, No. 1, 2011.

Delmas M. , Blass VD. , "Measuring Corporate Environmental Performance: the Trade-offs of Sustainability Ratings", *Business Strategy and the Environment*, Vol. 19, No. 4, 2010.

Demirel P. , Kesidou E. , "Stimulating Different Types of Eco-innovation in the UK: Government Policies and Firm Motivations", *Ecological Economics*, Vol. 70, No. 8, 2011.

De Sousa Jabbour A. B. L. , Jabbour C. J. C. , Latan H. , et al. , "Quality Management, Environmental Management Maturity, Green Supply Chain Practices and Green Performance of Brazilian Companies with ISO14001 Certification: Direct and Indirect Effects", *Transportation Research Part E: Logistics and Transportation Review*, No. 67, 2014.

Dharwadkar R., Guo J., Shi L., Yang R., "Corporate Social Irresponsibility and Boards: The Implications of Legal Expertise", *Journal of Business Research*, No. 125, 2021.

Dickinson V., "Cash Flow Patterns as a Proxy for Firm Life Cycle", *The Accounting Review*, Vol. 86, No. 6, 2011.

DiMaggio P. J., Powell W. W., "The Iron Cage Revisited: Institutional Isomorphism and Collective Rationality in Organizational Fields", *American Sociological Review*, No. 48, 1983.

Donaldson T., Preston L. E., "The Stakeholder Theory of the Corporation: Concepts, Evidence, and Implications", *Academy of Management Review*, Vol. 20, No. 1, 1995.

Drumwright M. E., "Socially Responsible Organizational Buying: Environmental Concern as a Noneconomic Buying Criterion", *Journal of Marketing*, Vol. 58, No. 3, 1994.

Dungumaro E. W., Madulu N. F., "Public Participation in Integrated Water Resources Management: the Case of Tanzania", *Physics and Chemistry of the Earth*, No. 28, 2003.

Dyreng S. D., Mayew W. J., Williams C. D., "Religious Social Norms and Corporate Financial Reporting Religious", *Journal of Business Finance and Accounting*, Vol. 39, No. 8, 2012.

Epstein M. J., Roy M. J., "Integrating Environmental Impacts into Capital Investment Decisions", *Greener Management International*, No. 17, 1997.

Escrig-Olmedo E., Muñoz-Torres M. J., Fernández-Izquierdo M. Á, Rivera-Lirio J. M., "Measuring Corporate Environmental Performance: A Methodology for Sustainable Development", *Business Strategy and the Environment*, Vol, 26, No. 2, 2017.

Eskeland G. S., Harrison A. E., "Moving to Greener Pastures? Multinationals and the Pollution Haven Hypothesis", *Journal of Development Economics*, Vol. 70, No. 1, 2003.

Eyraud L., Clements B., Wane A., "Green Investment: Trends and Determinants", *Energy Policy*, Vol. 60, 2013.

Fama E., "Agency Problem and the Theory of the Firm", *Journal of Political*

Economy, No. 88, 1980.

Fama E. F., Jensen M. C., "Agency Problems and Residual Claims", *Journal of Law and Econimic*, Vol. 26, No. 2, 1983.

Fineman S., "Constructing the Green Manager", *British Journal of Management*, Vol. 8, No. 1, 1997.

Finkelstein S., D'Aveni R. A., "CEO Duality as a Double-Edged Sword: How Boards of Directors Balance Entrenchment Avoidance and Unity of Command", *The Academy of Management Journal*, Vol. 37, No. 5, 1994.

Fortune G., Ngwakwe C. C., Ambe C. M., "Corporate Image as A Factor that Supports Corporate Green Investment Practices in Johannesburg Stock Exchange Listed Companies", *International Journal of Sustainable Economy*, Vol. 8, No. 1, 2016.

Freedman M., Jaggi B., "An investigation of the Long-run Relationship Between Pollution Performance and Economic Performance: the Case of Pulp and Paper Firms", *Critical Perspectives on Accounting*, Vol. 3, No. 4, 1992.

Freeman, R. E., *Stategic Management: A Stakeholder Approach*, Pieman Publishing Inc, 1984.

Fritsch O., "Integrated and Adaptive Water Resources Management: Exploring Public Participation in the UK", *Regional Environmental Change*, No. 4, 2016.

Ganapathy S. P., Natarajan J., Gunasekaran A., et al., "Influence of Eco-innovation on Indian Manufacturing Sector Sustainable Performance", *International Journal of Sustainable Development & World Ecology*, Vol. 21, No. 3, 2014.

Gavronski I., Klassen R. D., Vachon S., et al., "A Resource-Based View of Green Supply Management", *Transportation Research Part E: Logistics and Transportation Review*, Vol. 47, No. 6, 2011.

George G., "Slack Resources and Performance of Privately Held Firms", *Academy of Management Journal*, Vol. 48, No. 4, 2005.

Ge W., Mcvay S. E., "The Disclosure of Material Weaknesses in Internal Control after the Sarbanes-Oxley Act", *Accounting Horizons*, Vol. 19, No. 3, 2005.

Grant R. M. , "Towards A Knowledge-Based View Theory of the Firm", *Strategic Management Journal*, Vol. 17, No. S2, 1996.

Graves S. B. , Waddock S. A. , "Institutional Owners and Corporate Social Performance", *Academy of Management Journal*, Vol. 37, No. 4, 1994.

Greenley G. , Oktemgil M. A. , "Comparison of Slack Resources in High and Low Performing British Companies", *Journal of Management Studies*, No. 35, 1998.

Grossman S. J. , Hart O. D. , "The Costs and Benefits of Ownership: A Theory of Vertical and Lateral Integration", *Journal of Political Economy*, Vol. 94, No. 4, 1986.

Hambrick D. C. , Mason P. A. , "Upper Echelons: the Organization as A Reflect of Its Top Managers", *Academy of Management Review*, Vol. 9, No. 2, 1984.

Hamel G. , *Prahalad C K. Strategic Intent*, Harvard Business Press, 2010.

Hart S. L. , "A Natural-Resource-Based View of the Firm", *Academy of Management Review*, Vol. 20, No. 4, 1995.

Hillman A. J. , Dalziel T. , "Boards of Directors and Firm Performance: Integrating Agency and Resource Dependence Perspectives", *The Academy of Management Review*, Vol. 28. No. 3, 2003.

Homroy S. , Slechten A. , "Do Board Expertise and Networked Boards Affect Environmental Performance?", *Journal of Business Ethics*, No. 158, 2019.

Hong H. , Kacperczyk M. , "The Price of Sin: The Effects of Social Norms on Markets", *Journal of Financial Economics*, Vol. 93, No. 1, 2009.

Horbach J. , "Determinants of Environmental Innovation-New Evidence from German Panel Data Sources", *Research Policy*, Vol. 37, No. 1, 2008.

Horbach J. , Rammer C. , Rennings K. , "Determinants of Eco-Innovations by Type of Environmental Impact—The Role of Regulatory Push/Pull, Technology Push and Market Pull", *Ecological Economics*, No. 78, 2012.

Horte S. A. , Halila F. , "Success Factors for Eco-innovations and Other Innovations", *International Journal of Innovation and Sustainable Development*, Vol. 3, No. 3 -4, 2008.

Horváthová E. , "The Impact of Environmental Performance on Firm Performance: Short-term Costs and Long-term Benefits?", *Ecological Economics*, No. 84, 2012.

Hung H., "Directors' Roles in Corporate Social Responsibility: A Stakeholder Perspective", *Journal of Business Ethics*, No. 103, 2011.

Inoue E., Arimura T. H., Nakano M., "A New Insight into Environmental Innovation: Does the Maturity of Environmental Management Systems Matter?", *Ecological Economics*, No. 94, 2013.

James B. G., "The Theory of the Corporate Life Cycle. Long Range Planning", Vol. 6, No. 2, 1973.

Jensen M. C., Meckling W. H., "Specific and General Knowledge and Organizational Structure", *Journal of Applied Corporate Finance*, Vol. 8, No. 2, 1995.

Jensen M., Meckling W., "Theory of the Firm: Managerial Behavior Agency Cost and Ownership Structure", *Journal of Financial Economic*, No. 3, 1976.

Johnstone N., Labonne J., "Environmental Policy, Management and R&D", *OECD Economic Studies*, No. 42, 2006.

Jordan A., Wurzel R. K. W., Zito A. R., "New Instruments of Environmental Governance: Patterns and Pathways of Change", *Environmental Politics*, Vol. 12, No. 1, 2003.

Kahn M. E., Kotchen M. J., "Business Cycle Effects on Concern About Climate Change: The Chilling Effect of Recession", *Climate Change Economics*, Vol. 2, No. 3, 2011.

Kang M., Yang S. U., "Comparing Effects of Country Reputation and the Overall Corporate Reputations of a Country on International Consumers' Product Attitudes and Purchase Intentions", *Corporate Reputation Review*, Vol. 13, No. 1, 2010.

Kathuria V., "Informal Regulation of Pollution in a Developing Country: Evidence from India", *Ecological Economics*, Vol, 63, No. 2 – 3, 2007.

Kesidou E., Demirel P., "On the Drivers of Eco-Innovations: Empirical Evidence from the UK", *Research Policy*, Vol. 41, No. 5, 2012.

Kim H., Lee P. M., "Ownership Structure and the Relationship between Financial Slack and R&D Investments: Evidence from Korean Firms", *Organization Science*, Vol. 19, No. 3, 2008.

Klassen R., McLaughlin C. P., "The Impact of Environmental Management on Firm Performance", *Management Science*, Vol. 42, No. 8, 1996.

Konar S., Cohen M. A., "Does the Market Value Environmental Performance?", *Review of Economics and Statistics*, Vol. 83, No. 2, 2001.

Krishnan J., Wen Y., Zhao W., "Legal Expertise on Corporate Audit Committees and Financial Reporting Quality", *The Accounting Review*, Vol. 86, No. 6, 2011.

Leiter A. M., Parolini A., Winner H., "Environmental Regulation and Investment: Evidence from European Industry Data", *Ecological Economics*, No, 70, 2011.

Lewis B. W., Walls J. L., Dowell G. W. S., "Difference in Degrees: CEO Characteristics and Firm Environmental Disclosure", *Strategic Management Journal*, Vol. 35, No. 5, 2014.

Liao Z., Long S., "CEOs' Regulatory Focus, Slack Resources and Firms' Environmental Innovation", *Corporate Social Responsibility and Environmental Management*, Vol. 25, No. 5, 2018.

Li H., Zhao Q. W., Provincial Environmental Competition, Internal Control and Corporate Environmental Protection Investment: Based on the Study of Two-Stage Intentional legalization. *Financ. Econ*, No. 3, 2020.

Lin R. J., Chen R. H., Nguyen T. H., "Green Supply Chain Management Performance in Automobile Manufacturing Industry under Uncertainty", *Procedia-Social and Behavioral Sciences*, No. 25, 2011.

Litov L. P., Sepe S. M., Whitehead C. K., "Lawyers and Fools: Lawyer-Directors in Public Corporations", *Cornell Law Faculty Publications*, Vol. 102, No. 2, 2014.

Li Y., Lu Y., Zhang X., et al., "Propensity of Green Consumption Behaviors in Representative Cities in China", *Journal of Cleaner Production*, No. 133, 2016.

López-Gamero M. D., Molina-Azorín J. F., Claver-Cortés E., "The Whole Relationship between Environmental Variables and Firm Performance: Competitive Advantage and Firm Resources as Mediator Variables", *Journal of Environmental Management*, Vol. 90, No. 10, 2009.

Lucas R. E. B., Wheeler D., Hettige H., *Economic Development, Environmental Regulation, and the International Migration of Toxic Industrial Pollution, 1960 – 88*, World Bank Publications, 1992.

Luken R., Van Rompaey F., "Drivers for and Barriers to Environmentally Sound Technology Adoption by Manufacturing Plants in Nine Developing Countries", *Journal of Cleaner Production*, Vol. 16, No. 1, 2008.

Lundgren T., "A Real Options Approach to Abatement Investments and Green Goodwill", *Environmental and Resource Economics*, Vol. 25, No. 1, 2003.

Mackenzie C., Rees W., Rodionova T., "Do Responsible Investment Indices Improve Corporate Social Responsibility? FTSE4 Good's Impact on Environmental Management", *Corporate Governance: An International Review*, Vol. 21, No. 5, 2013.

Madero V., Morris N., "Public Participation Mechanisms and Sustainable Policy-Making: A Case Study Analysis of Mexico City's Plan Verde", *Journal of Environmental Planning and Management*, Vol. 59, No. 10, 2016.

Mallette P., Fowler K. L., "Effects of Board Composition and Stock Ownership on the Adoption of 'Poison Pills'", *Academy of Management Journal*, No. 35, 1992.

María D., "López-Gamero, José F. Molina-Azorín, Enrique Claver-Cortés. The Potential of Environmental Regulation to Change Managerial Perception, Environmental Management, Competitiveness and Financial Performance", *Journal of Cleaner Production*, Vol. 18, No. 10 – 11.

Maxwell J. W., Decker C. S., "Voluntary Environmental Investment and Responsive Regulation", *Environmental & Resource Economics*, No. 33, 2006.

McCloskey J., Maddock S., "Environmental Management: Its Role in Corporate Strategy", *Management Decision*, Vol. 32, No. 1, 1994.

McGuire J. B., Schneeweis T., Branch B., "Perceptions of Firm Quality: A Cause or Result of Firm Performance", *Journal of Management*, Vol. 16, No. 1, 1990.

McGuire J. B., Sundgren A., Schneeweis T., "Corporate Social Responsibility and Firm Financial Performance", *Acadcmy of Management Journal*, Vol. 31, No. 1, 1988.

Meltzer J., "A Carbon Tax as a Driver of Green Technology Innovation and the Implications for International Trade", *Energy Law Journal*, No. 35, 2014.

Meyer J. W., Rowan B., "Institutionalized Organizations: Formal Structure as Myth and Ceremony", *American Journal of Sociology*, Vol. 83, No. 2, 1977.

Miles M. P., Covin J. G., "Environmental Marketing: A Source of Reputational, Competitive, and Financial Advantage", *Journal of Business Ethics*, Vol. 23, No. 3, 2000.

Miller D., Friesen P. H., "A Longitudinal Study of the Corporate Life Cycle", *Management Science*, Vol. 30, No. 10, 1984.

Milliman S. R., Prince R., "Firm Incentives to Promote Technological Change in Pollution Control", *Journal of Environmental Economics and Management*, Vol. 17, No. 3, 1989.

Moch M. K., Pondy L. R., "The Structure of Chaos: Organized Anarchy as a Response to Ambiguity", *Administrative Science Quarterly*, No. 22, 1997.

Modi S. B., Mishra S., "What Drives Financial Performance-Resource Efficiency or Resource Slack? Evidence from U. S. Based Manufacturing Firms from 1991 to 2006", *Journal of Operations Management*, Vol. 29, No. 3, 2011.

Nakamura M., Takhashi T., Vertinsky I., "Why Japanese Firms Choose to Certify: A Study of Managerial Responses to Environmental Issues", *Journal of Environmental Economics and Management*, Vol. 42, No. 1, 2001.

Newell R. G., Jaffe A. B., Stavins R. N., "The Induced Innovation Hypothesis and Eenergy-Saving Technological Change", *The Quarterly Journal of Economics*, Vol. 114, No. 3, 1999.

Nohria N., Gulati R., "Is Slack Good or Bad for Innovation?", *Academy of Management Journal*, Vol. 39, No. 5, 1996.

Oliver C., "Sustainable Competitive Advantage: Combining Institutional and Resource-Based Views", *Strategic Management Journal*, Vol, 18, No. 9, 1997.

Orsato R. J., "Competitive Environmental Strategies: When Does It Pay to be

Green?", *California Management Review*, Vol. 48, No. 2, 2006.

Ortiz-de-Mandojana N., Aragon-Correa J. A., Delgado-Ceballos J., Ferrón-Vílchez V., "The Effect of Director Interlocks on Firms' Adoption of Proactive Environmental Strategies", *Corporate Governance: An International Review*, Vol. 20, No. 2, 2012.

Ottman J., Books N. B., "Green Marketing: Opportunity for Innovation", *The Journal of Sustainable Product Design*, Vol. 60, No. 7, 1998.

Pascal D., Mersland R., Mori N., "The Influence of the CEO's Business Education on the Performance of Hybrid Organizations: The Case of the Global Microfinance Industry", *Small Business Economics*, Vol. 49, No. 2, 2017.

Pekovic S., Grolleau G., Mzoughi N., "Environmental Investments: Too Much of a Good Thing?", *International Journal of Production Economics*, Vol. 197, No. 3, 2018.

Porter M. E., "America's Green Strategy", *Scientific American*, Vol. 264, No. 4, 1991.

Porter M. E., Linde C. V. D., "Towards A New Conception of the Environment Competitiveness Relationship", *Journal of Economic Perspectives*, No. 4, 1995.

Porter M. E., Van D. LC, "Green and Competitive: Ending the Stalemate", *Harvard Business Review*, No. 73, 1995.

Rajvanshi A., "Promoting Public Participation for Integrating Sustainability lssues in Environmental Decision-Making: the Indian Experience", *Journal of Environmental Assessment Policy and Management*, Vol. 5, No. 3, 2003.

Ramus C. A., Steger U., "The Roles of Supervisory Support Behaviors and Environmental Policy in Employee 'Ecoinitiatives' at Leading-edge European Companies", *Academy of Management Journal*, Vol. 43, No. 4, 2000.

Rao K. K., Tilt C. A., "Corporate Governance and Corporate Social Responsibility: A Critical Review", *Proceedings of the 7th Asia Pacific Interdisciplinary Research in Accounting Conference*, 2013.

Rao K., Tilt C., "Board Composition and Corporate Social Responsibility: The Role of Diversity, Gender, Strategy and Decision Making", *Journal of Business Ethics*, No. 38, 2016.

Rechner P. L. , Dalton D. R. , "The Impact of CEO as Board Chairperson on Corporate Performance: Evidence VS. Rhetoric", *The Academy of Management*, Vol. 3, No. 2, 1989.

Remmen A. , Holgaard J. E. , " Environmental Innovations in the Product Chain", *Innovating for Sustainability*, No. 4, 2004.

Rennings K. , Ziegler A. , Ankele K. , Hoffman E. , "The Influence of Different Characteristics of the EU Environmental Management and Auditing Scheme on Technical Environmental Innovations and Economic Performance", *Ecological Economics*, Vol. 57, No. 1, 2006.

Rio P. D. , Moran M. A. T. , Albnana F. C. , " Analysing the Determinants of Environmental Technology Investments. A Panel-Data Study of Spanish Industrial Sectors", *Journal of Cleaner Production*, No. 19, 2011.

Rowlands I. H. , Scott D. , Parker P. , "Consumers and Green Electricity: Profiling Potential Purchasers", *Business Strategy and the Environment*, Vol. 12, No. 1, 2003.

Russo M. V. , Fouts P. A. , "A Resource-Based Perspective on Corporate Environmental Performance and Profitability", *Academy of Management Journal*, No. 40, 1997.

Saygili M. , " Pollution Abatement Costs and Productivity: Does the Type of Cost Matter?", *Letters in Spatial and Resource Sciences*, Vol. 9, No. 1, 2016.

Schwartz M. S. , Carroll A. B. , "Corporate Social Responsibility: A Three-Domain Approach", *Business Ethics Quarterly*, Vol. 13, No. 4, 2003.

Scott W. R. , " Institutions and Organizations: Foundations for Organizational Science", *Management Science and Engineering*, Vol. 5, No. 1B, 1995.

Seifert B. , Morris S. A. , Bartkus B. R. , " Having, Giving, and Getting: Slack Resources, Corporate Philanthropy, and Firm Financial Performance", *Business & Society*, Vol. 43, No. 2, 2004.

Shane P. B. , Spicer B. H. , " Market Response to Environmental Information Produced Outside the Firm", *The Accounting Review*, No. 3, 1983.

Siciliano J. I. , "The Relationship of Board Member Diversity to Organizational Performance", *Journal of Business Ethics*, No. 15, 1996.

Slater D. J., Dixon-Fowler H. R., "The Future of the Planet in the Hands of MBAs: An Examination of CEO MBA Education and Corporate Environmental Performance", *Academy of Management Learning & Education*, Vol. 9, No. 3, 2010.

Song H., Zhao C., Zeng J., "Can Environmental Management Improve Financial Performance: An Empirical Study of A-Shares Listed Companies in China", *Journal of Cleaner Production* No. 141, 2017.

Stafford S. L., "Can Consumers Enforce Environmental Regulations? The Role of the Market in Hazardous Waste Compliance", *Journal of Regulatory Economics*, Vol. 31, No. 1, 2007.

Stavins R. N., "Market-Based Environmental Policies", *Ecological Economics*, Vol. 63, No. 2, 2007.

Suchman M. C., "Managing Legitimacy: Strategic and Institutional Approaches", *Academy of Management Review*, Vol. 20, No. 3, 1995.

Tan J., Peng M. W., "Organizational Slack and Firm Performance During Economic Transitions: Two Studies from an Emerging Economy", *Strategic Management Journal*, Vol. 24, No. 13, 2003.

Thompson J. D., *Organizations in Action.* New York: McGraw-Hill, 1967.

Toyozumi T., "Strategic Environmental Management (in Japanese)", *Chuo Keizaisha*, 2007.

Tseng C., Jian J., "Board Members' Educational Backgrounds and Branding Success in Taiwanese Firms", *ASIA Pacific Management Review*, No. 21, 2016.

Vanacker T., Collewaert V., Zahra S. A., "Slack Resources, Firm Performance, and the Institutional Context: Evidence from Privately Held European Firms", *Strategic Management Journal*, Vol. 38, No. 6, 2017.

Villiers C. D., Naiker V., Staden C. J. V., "The Effect of Board Characteristics on Firm Environmental Performance", *Journal of Management*, Vol. 37, No. 6, 2011.

Voss G. B., Sirdeshmukh D., Voss Z. G., "The Effects of Slack Resources and Environmental Threat on Product Exploration and Exploitation", *Academy of Management Journal*, Vol. 51, No. 1, 2008.

Wanger M. , Schaltegger S. , “The Effect of Corporate Environmental Strategy Choice and Environmental Performance on Competitiveness and Economic Performance: An Empirical Study of EU Manufacturing”, *European Management Journal*, Vol. 22, No. 5, 2004.

Wang H. , Di W. H. , “The Determinants of Government Environmental Performance: An Empirical Analysis of Chinese Townships”, *Policy Research Working Paper*, No. 2937, 2002.

Weisbach M. S. , “Outside Directors and CEO Turnover”, *Journal of Financial Economics*, Vol. 20, No. 1, 1988.

Wei Z. , Shen H. , Zhou K. Z. , et al. , “How Does Environmental Corporate Social Responsibility Matter in a Dysfunctional Institutional Environment? Evidence from China”, *Journal of Business Ethics*, Vol. 140, No. 2, 2017.

Wei Z. , Shen H. , Zhou K. Z. , et al. , “How Does Environmental Corporate Social Responsibility Matter in a Dysfunctional Institutional Environment? Evidence from China”, *Journal of Business Ethics*, Vol. 140, No. 2, 2017.

Weng, M. H. & Lin, C. , “Determinants of Green Innovation Adoption for Small and Medium-Size Enterprises (SMES)”, *African Journal of Business Management*, No. 5, 2011.

Wernerfelt B. , “A Resource-Based View of the Firm”, *Strategic Management Journal*, Vol. 5, No. 2, 1984.

Wesley, Luiz, “The Voluntary Disclosure of Financial Information on the Internet and the Firm Value Effect in Companies across Latin America”, *SSRN Working Paper*, 2004.

Whisenant S. , Sankaraguruswamy S. , Raghunandan K. , et al. , “Market Reactions to Disclosure of Reportable Events”, *Auditing-a Journal of Practice & Theory*, Vol. 22, No. 1, 2003.

Yadav P. L. , Han S. H. , Rho J. J. , “Impact of Environmental Performance on Firm Value for Sustainable Investment: Evidence from Large US Firms”, *Business Strategy and the Environment*, Vol. 25, No. 6, 2016.

Yadav R. , Dokania A. K. , Pathak G. S. , “The Influence of Green Marketing Functions in Building Corporate Image: Evidences from Hospitality Industry in a Developing Nation”, *International Journal of Contemporary Hospitality*

Management, Vol. 28, No. 10, 2016.

Yang T., Zhao S., "CEO Duality and Firm Performance: Evidence from an Exogenous Shock to the Competitive Environment", *Journal of Banking & Finance*, No. 49, 2014.

Zhu Q., Sarkis J., "Relationships between Operational Practices and Performance among Early Adopters of Green Supply Chain Management Practices in Chinese Manufacturing Enterprises", *Journal of Operations Management*, Vol. 22, No. 3, 2004.